KB146381

현대 아이오닉5

전기자동차 데이터로 답하다

HANS Network · H&T HUMAN AND TECHNOLOGY 차량기계기술법인 · APES 사단법인 차량기술사회

GoldenBell
www.gbbook.co.kr

전기 자동차 기술은 끊임없는 혁신과 발전으로 엔지니어부터 일반 대중까지 높은 관심을 받는 분야이다. 주요 키워드인 환경, 배터리 화재, 전비, 탄소량 등은 현재의 핫 토픽으로 자리 잡고 있다. 더불어 이미 우리의 일상에서도 전기 자동차는 친숙한 존재가 되었다.

그러나 전기 자동차에 대한 정확한 정보는 여전히 제한적이며, 기술적인 질문에 대한 답변은 인터넷에서 검색되는 정보에 의존해야 하는 실정이다. 25년 넘게 자동차 엔지니어로 살아온 필자 또한 잘못된 정보와 선입관에 오염되어 있다는 것을 인지하고, 이런 상황을 개선하고자 직접 테스트한 데이터를 통해 전기 자동차에 대한 이해를 정립하고자 노력하였다.

데이터에 대한 관심은 높아지고 있지만, 이를 쉽게 접할 수 있는 환경은 아직 부족하다. 또한, 자동차를 연구하는 기업이나 엔지니어는 보안으로 인해 테스트 데이터를 공유하지 않는다. 이 책은 현대자동차의 아이오닉5 차량을 대상으로 각종 테스트를 통해 측정한 데이터를 기반으로 내용을 서술하였다.

이 교재에서 사용된 데이터는 연구소의 엄격한 시험 환경이 아닌, 일상생활 및 도로주행 시험장에서 측정한 것이므로 제작사에서 제시하는 성능과는 다를 수 있다. 따라서 데이터의 최종 결과 수치를 가지고 논의하기보다는 데이터를 생성하는 과정, 측정한 데이터를 해석하고 활용하는 관점에서 활용되기를 바란다.

생활 속에서 옆을 지나가는 전기 자동차를 마주칠 때마다 자동차 내부에서 열심히 일하는 제어기들이 만들어내는 데이터 관점에서 자동차를 바라볼 수 있는 시각을 얻을 수 있기를 기대한다.

집필하는 동안 데이터 관점에서 기술적인 접근을 시도하였으나, 명확히 이해되지 않은 부분도 많았으며, 이 책에서 활용하지 못한 많은 테스트 데이터들을 볼 때마다 필자의 부족함을 느꼈다. 이에 대해 독자 여러분의 지적과 조언을 기다리며, 성실히 수정하고 보완해 더 나은 내용으로 보답하겠다.

마지막으로 이 책의 출판을 위해 물심양면으로 지원해 주신 (주)골든벨 관계자 여러분께 깊은 감사의 인사를 드린다.

2024년 5월

차량기술사 김용현, 윤재곤, 김성호 일동

CONTENTS

PART 03

충전 시스템

PART 04

냉·난방 시스템

PART 05

보조 배터리

PART
06
부록

이번 교재에 활용한 대부분의 측정 데이터는 현대 아이오닉5 롱레인지 차량에서 획득하였다. 이는 주로 일상생활에서의 주행 데이터와 주행 시험장에서의 데이터를 포함하고 있다. 또한, 일부 데이터는 EV6, 코나, 니로 차량에서 측정한 것도 포함되어 있다.

본 교재에서 기술한 내용에 사용된 데이터들이 조금이나마 피부에 와 닿을 수 있도록 테스트 과정을 보여주는 사진을 첨부한다.

1. 테스트 차량 주요제원

구 분		기본형		항속형	
		2WD(후륜)	4WD	2WD(후륜)	4WD
고전압 배터리 용량(kWh)		58		72.6	
구동 모터 타입		영구 자석형 동기 모터			
구동 모터 최고속(rpm)		15,000 (konaEV 11,200rpm)			
구동 모터 출력 (kW/환산 마력 PS)	전	·	173(235)	·	225(306)
	후	125(170)		160(218)	
제로-백(초) _ 예상		8.0	6.0	7.2	5.2
최고 속도(kph)		전진 185 / 후진 50			
냉각 방식		유냉 : EOP / ATF SP4M-1			
오일 교체 주기		기본 무교환/ 가혹 시 12만km(오일 필터는 무교환)			

구 분	기본 사양	옵션 사양
모터 최대 출력	후륜 160kW	전륜 160kW
최대 토크	350Nm	350Nm

2. 테스트 사진

장소 : 한국교통안전공단 자동차성능 테스트장

▲ 테스트 차량(아이오닉5)
▶ 차량 충전

▲ 테스트 차량
◀ 필자

PART 01

고전압 배터리

01. 계기판에 표시되는 SOC는 실제 배터리 충전량일까?
02. 고전압 배터리에는 얼마나 많은 에너지가 충전될까?
03. 급속 충전 시 고전압 배터리 온도는 얼마나 올라가나?
04. 급속 충전 시 고전압 배터리 냉각은 어떻게 하나?
05. 충전 경고등 점등 후 얼마나 주행이 가능하나?
06. 주행 여건에 따른 고전압 배터리 온도는 어떻게 변할까?
07. 회생 제동 단계에 따른 회생 에너지는 얼마나 될까?
08. 충전 시 충전 전압과 전류는 어떻게 결정되나?
09. 회생 제동으로 생성된 에너지는 얼마나 될까?
10. 주행 여건에 따라 고전압 배터리 버스바 온도는 얼마나 올라가는가?
11. 겨울철 운전자가 체감하는 주행 거리 감소량은?

고전압 배터리

01

계기판에 표시되는 SOC는 실제 배터리 충전량일까?

차량의 계기판과 운전자 정보 디스플레이는 운전자에게 차량의 상태 및 운전 정보를 제공하는 중요한 시스템 중 하나이다. 특히, 전기자동차의 경우 고전압 배터리의 충전 상태를 나타내는 SOC(Status Of Charge)는 운전자가 충전 여부를 결정하는 데 이용되는 핵심적인 정보이다. 그러나 계기판에 표시되는 SOC 값이 고전압 배터리의 실제 충전 상태를 정확히 반영하는지를 확인하기 위해 이번 테스트를 진행하였다.

가. 테스트 조건

차 종	현대 아이오닉 5 롱레인지
주행거리	102,680km
외기온도	31℃
충전시간	3,000초

전기자동차 내 고전압 배터리팩의 에너지를 모두 방전시키기 위해 SOC가 0% 된 이후에도 차량이 멈출 때까지 주행하였다. 그리고 차량이 멈춘 후 급속 충전기를 연결하여 계기판에 표시된 SOC가 100%가 될 때까지 충전하였다. 완충하는데 약 50분가량 소요되었다.

나. 측정 데이터 해석

고전압 배터리의 충전 상태를 나타내는 SOC는 BMS(Battery Management System)에서 시스템을 제어하는 데 사용하는 실제 SOC와 계기판을 통해 운전자에게 정보를 제공하는 계기판 SOC로 구분된다. Fig. 1은 완전 방전된 상태에서 100% 충전까지 충전하는 동안 실제 SOC와 계기판 SOC의 변화량을 시계열로 표시한 데이터이다.

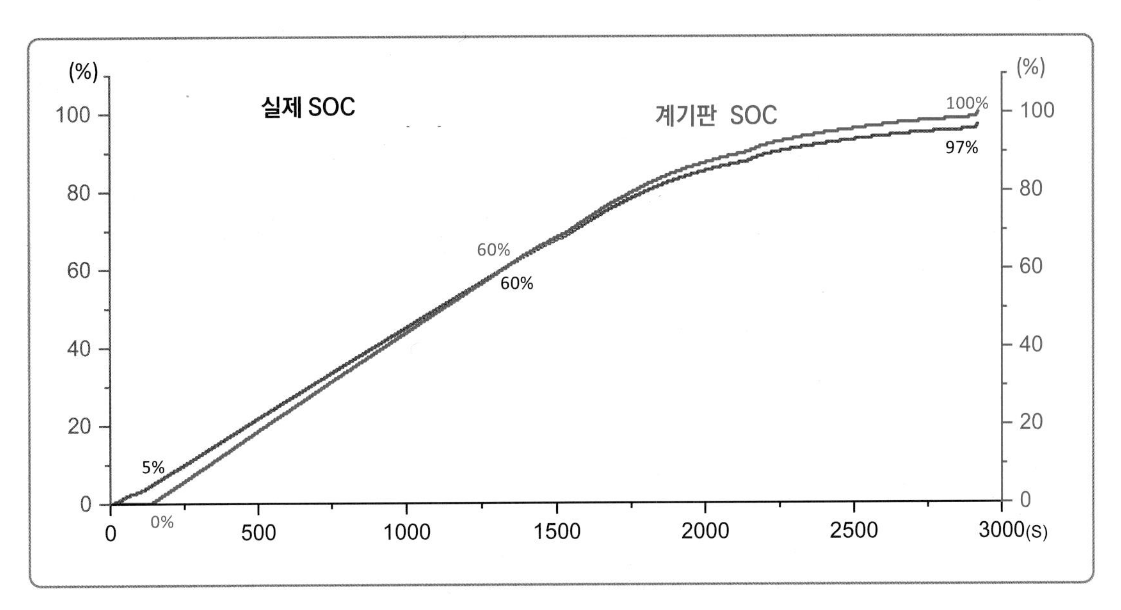

Fig. 1 급속 충전 시 SOC 변화량

Fig. 1의 급속 충전 과정의 실험 결과를 정리하면 다음과 같다.

1) 계기판 SOC가 0%인 지점

실제 SOC : 5%	계기판 SOC : 0%

계기판에 고전압 배터리 충전량은 0%로 표시되어 있지만, 실제 충전량은 5% 남아 있음을 나타낸다.

2) 실제 SOC와 계기판 SOC가 교차되는 지점

실제 SOC : 60%	계기판 SOC : 60%

실제 SOC와 계기판 표시 SOC가 일치하는 지점으로 계기판에 표시되는 충전량이 실제 충전량과 동일하다는 것을 의미한다.

3) 계기판 SOC가 100%인 지점

실제 SOC : 97%	계기판 SOC : 100%

계기판에 고전압 배터리 충전량은 100%로 표시되어 있지만, 실제 충전량은 97%이다.

다. 요 약

계기판에 표시되는 충전량은 내연기관 차량이 연료량을 표시하는 목적과 같이 전기자동차 운전자에게 고전압 배터리의 정확한 충전량 정보를 제공하면서 고전압 배터리의 안전을 고려하여 표시된다. 완전 방전 시에는 실제 SOC보다 5%가량 낮게 설정하여 고전압 배터리 내 에너지가 소진되어 차량이 정지되기 전에 운전자가 충전을 준비할 수 있는 시간을 확보하고, 완전 충전 시에는 실제 SOC보다 3% 높게 표시하여 운전자에게는 100% 충전이라는 심리적인 안정감을 제공하면서도 고전압 배터리에 과충전으로 인한 스트레스를 감소시키는 전략을 사용하는 것으로 보인다.

추가 테스트

차 종	현대 아이오닉
외기온도	28℃
주행거리	159,888km
충전시간	2,400초

Fig. 2는 아이오닉(모델명 : AE) 차량의 충전 시 SOC 변화량을 나타낸다. SOC가 높은 지점에서는 계기판 SOC가 실제 SOC보다 5%가량 높게 나타나며, SOC가 낮은 지점에서는 계기판 SOC와 실제 SOC가 거의 유사하게 표시된다. 이는 아이오닉5와는 다른 경향을 보여준다.

두 차량의 데이터에서 보듯이 운전자에게 보여주는 계기판 SOC는 차량에 따라 약간씩 다르게 표시해 주는 것을 알 수 있다. 계기판을 통해 배터리의 충전량에 대한 정확한 정보를 전달하면서도 운전자의 심리와 배터리의 안전에 접근하는 방식에 따라 미묘한 차이가 있어 보인다. 이러한 미묘한 차이에 대해 고민하고 나름의 방식을 찾아가는 것이 곧 차량 제작사의 노하우와 전략이지 않을까 생각한다.

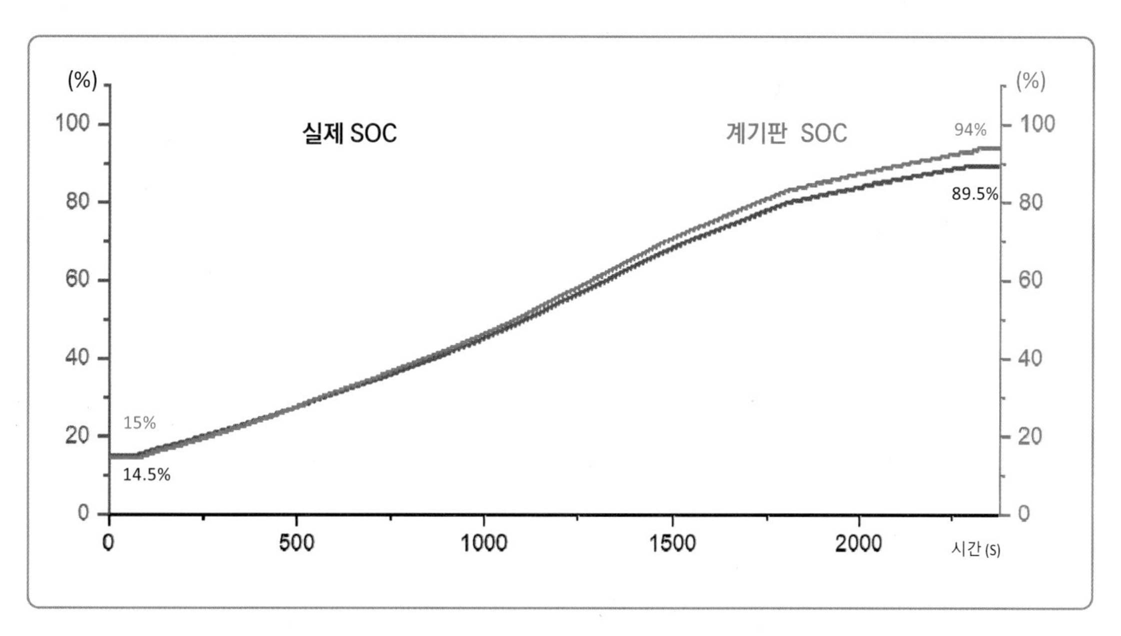

Fig. 2 아이오닉 차량의 급속 충전 시 SOC 변화량

TIP

고전압 배터리는 화학적인 안정성과 배터리 수명을 고려하여, 배터리 충전량이 25~75% 구간에서 사용하는 것을 권장한다.

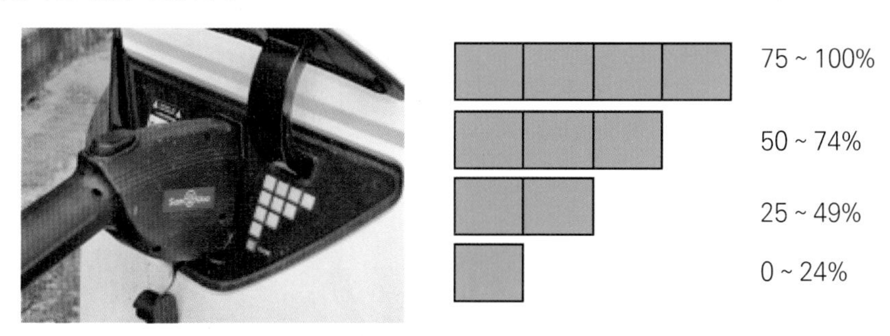

Fig. 3 충전률에 따른 충전구 램프 점등표시 상태

고전압 배터리

02 고전압 배터리에는 얼마나 많은 에너지가 충전될까?

제작사 정비 지침서에 따르면 아이오닉5 롱레인지 테스트 차량에 장착된 고전압 배터리의 에너지양은 72.6kWh로 확인된다. 그럼 72.6kWh 에너지를 모두 사용 가능한지, 아니면 고전압 배터리의 안정적인 수명 유지를 위해 72.6kWh에서 일부 에너지만 사용되는지 궁금하다. 이를 확인하기 위해 차량이 멈출 때까지 주행하여 배터리를 완전히 방전시킨 후, 충전기를 연결하여 100% 충전 시까지 얼마나 많은 에너지가 충전되는지 확인해 보기로 했다. 필자가 테스트한 환경은 제작사에서 하는 엄격한 시험조건과 다르므로 정비 지침서에서 제공하는 결과와 상이하게 나올 수 있음을 감안해야 한다.

가. 테스트 조건

차 종	현대 아이오닉 5 롱레인지
주행거리	102,680km
외기온도	31℃
측정시간	3,300초

실제 시험 차량은 주행 중 계기판에 SOC가 0%를 표시한 이후에도 계속 주행을 반복하여 고전압 배터리의 에너지를 완전히 방전시켰다. 정차 상태가 될 때까지 주행한 후, 급속 충전기를 연결하여 3회에 걸쳐 충전을 실시하였다. 충전 과정에 충전기에서 차량에 공급한 충전 전력량은 Fig. 4에서 확인할 수 있다.

또한 충전기에서 제공하는 정보에 따르면, 3회의 충전을 통해 배터리에 충전된 전체 충전량은 81kWh이며, 이에 따른 결제 금액은 28,122원이다. Fig. 5는 충전 후 충전기로부터 받은 결제 문자 내용이다.

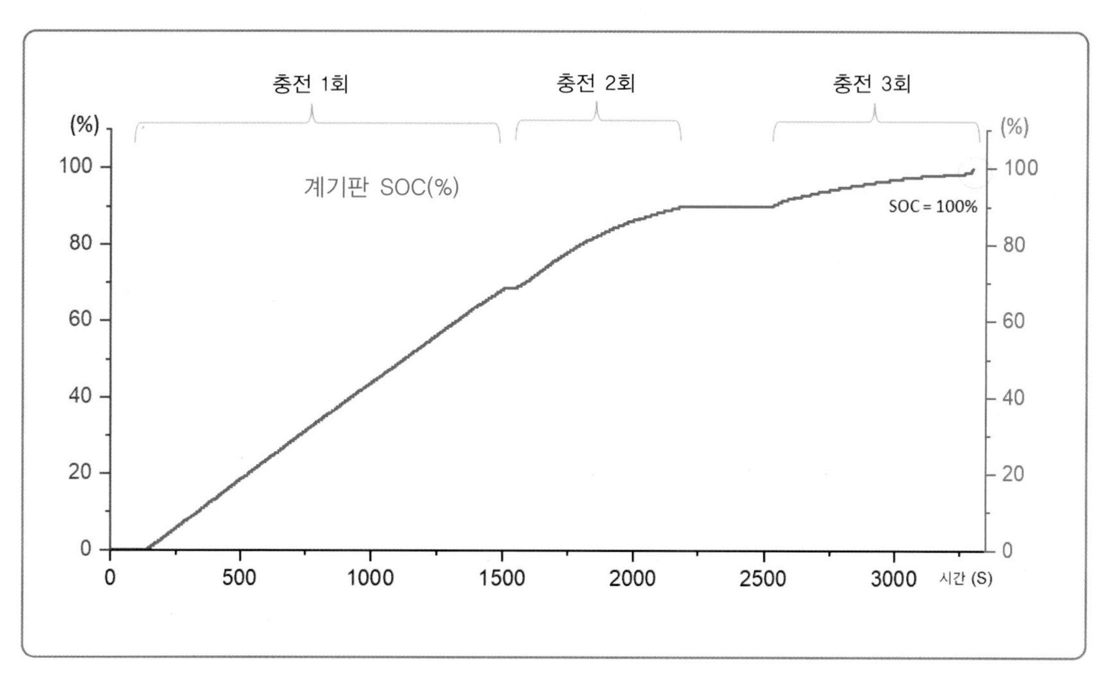

Fig. 4 급속 충전 시 SOC 변화량

[Web발신]
자동차안전연구원 충전소 43 충전기 충전이 완료되었습니다.
충전 완료 후 차량 미 이동시 『환경친화적 자동차의 개발 및 보급 촉진에 관한 법률 제16조 1항』 에 의거하여
과태료가 부과될 수 있으니 신속히 이동하여 주시기 바랍니다.
==충전정보==
충전량 : 57.750KWh
충전금액 : 20050원
충전시간 : 00:25:27

[Web발신]
자동차안전연구원 충전소 43 충전기 충전이 완료되었습니다.
충전 완료 후 차량 미 이동시 『환경친화적 자동차의 개발 및 보급 촉진에 관한 법률 제16조 1항』 에 의거하여
과태료가 부과될 수 있으니 신속히 이동하여 주시기 바랍니다.
==충전정보==
충전량 : 7.310KWh
충전금액 : 2538원
충전시간 : 00:13:26

[Web발신]
자동차안전연구원 충전소 43 충전기 충전이 완료되었습니다.
충전 완료 후 차량 미 이동시 『환경친화적 자동차의 개발 및 보급 촉진에 관한 법률 제16조 1항』 에 의거하여
과태료가 부과될 수 있으니 신속히 이동하여 주시기 바랍니다.
==충전정보==
충전량 : 15.940KWh
충전금액 : 5534원
충전시간 : 00:10:47

Fig. 5 3회 충전 시 충전량과 충전요금

나. 측정 데이터 해석

Fig. 6은 급속 충전을 3회 하는 동안 고전압 배터리팩 전류와 전압을 시계열로 표시한 데이터이다. 1회 충전 시에는 200A가량의 전류가 공급되었으며, 2회 및 3회 충전 시에는 배터리의 충전량이 높아짐에 따라 고전압 배터리팩 전류는 낮아진다. 그리고 고전압 배터리팩 전압은 충전 초기에는 500V에서 급속하게 상승하였으며, 배터리 충전량이 높아짐에 따라 서서히 상승하여 충전 종료 시 750V가 된다.

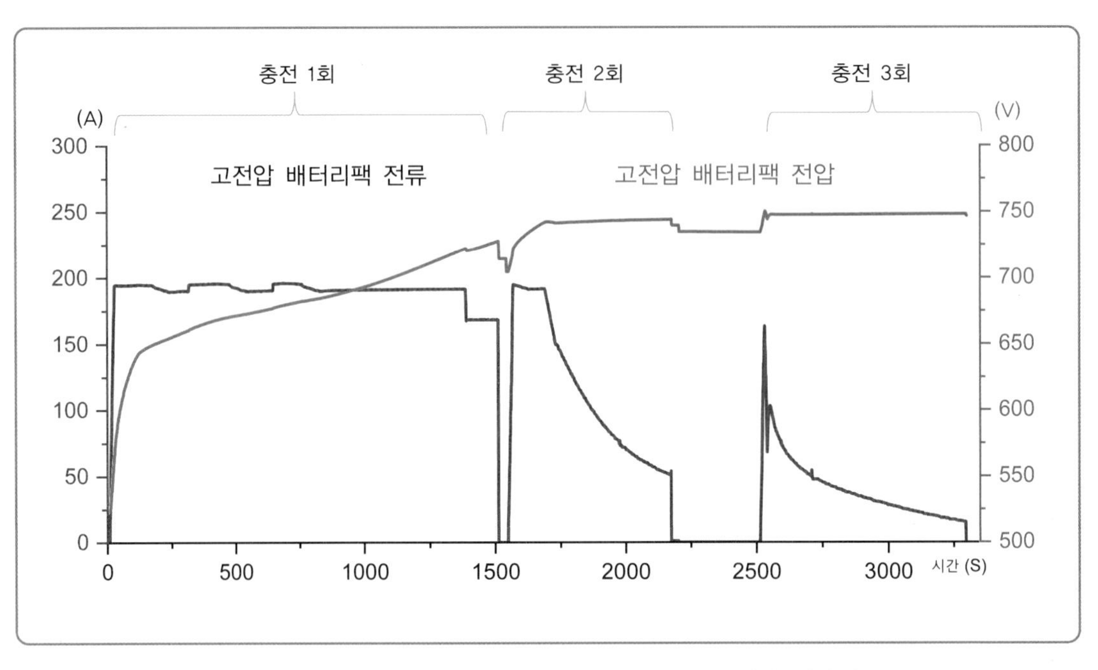

Fig. 6 **급속 충전 시 고전압 배터리팩 전류와 전압 변화량**

충전 과정에 측정된 고전압 배터리 전압과 고전압 배터리 전류를 사용하여 계산하면 배터리에 충전된 에너지양은 74.9kWh이다. 그리고 시간에 따른 누적 충전량을 시계열로 표시하면 Fig. 7과 같이 나타난다.

에너지양(kWh)

= Σ(고전압 배터리 전압 × 고전압 배터리 전류 / 3,600 / 1,000)

시간 (초)	고전압 배터리 전압 (V)	고전압 배터리 전류 (A)	에너지 (kWh)	비고
1	523.4	0.6	0.000087	
2	523.6	1.2	0.000175	
3	525.7	17.1	0.002497	
4	526.5	19.1	0.002793	
⋮	⋮	⋮	⋮	
3,302	752	21.4	0.004470	
3,303	752	21.8	0.004554	
3,304	752	21.7	0.004533	
	합 계		74.915004	

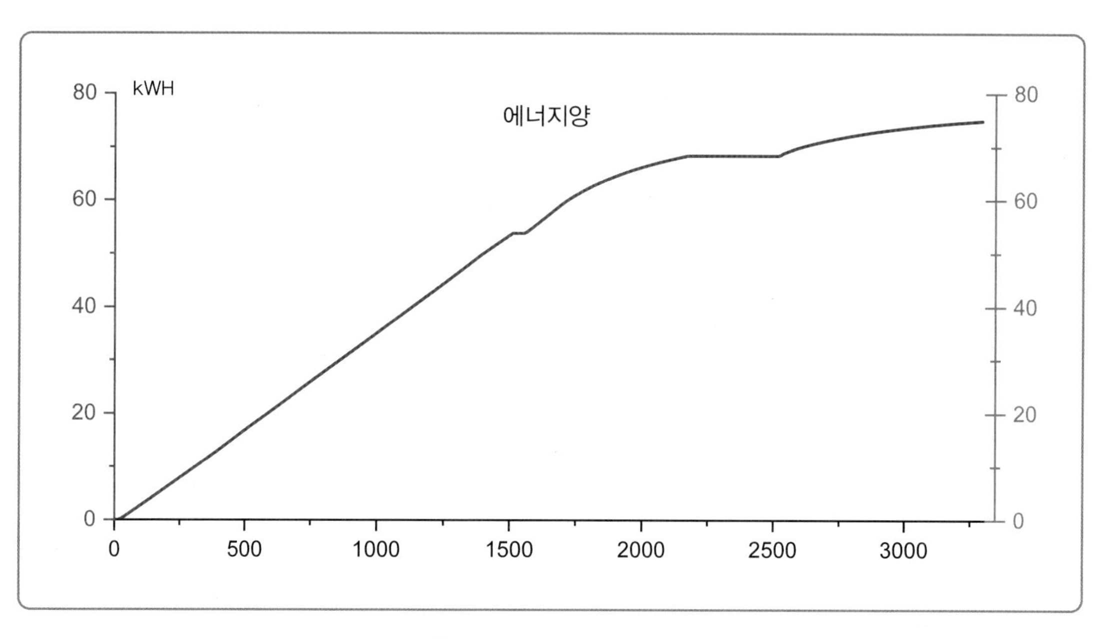

Fig. 7 충전 시간에 따른 에너지양 적산값

다. 요 약

3회에 걸친 충전 과정에서 충전기 정보에 따른 충전 공급량은 81kWh이고, 실제 고전압 배터리에 충전된 에너지양은 74.9kWh로 나타났다. 충전하는 과정에 충전기에서 공급된 에너지가 고전압 배터리 입구까지 도달하는 동안 6.1kWh가량의 에너지 손실이 발생하였다. 이러한 에너지 손실에 대한 내용은 충전기 편에서 자세히 다루려 한다.

테스트 차량에 장착된 고전압 배터리 에너지는 제원상에는 72.6kWh로 확인되며, 3회에 걸친 테스트를 통해 계산된 에너지는 74.9kWh이다. 이는 제작사와 다른 환경에서 측정한 데이터이므로 결과는 다르게 나올 수 있다. 이를 감안하면, 제원에 표시된 에너지는 실제 사용이 가능한 에너지, 즉 주행에 사용할 수 있는 실제 에너지임을 추정할 수 있다.

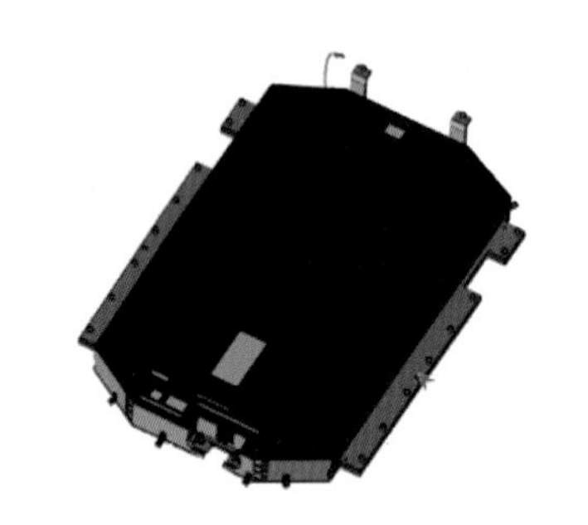

[초기형(롱레인지 기준)]

항목	제원
셀 구성	180셀
정격전압(V)	653.4(450~756)
공칭용량(Ah)	111.2
에너지(kWh)	72.6

[초기형(2022년 이후)]

항목	제원
셀 구성	셀
정격전압(V)	697
공칭용량(Ah)	
에너지(kWh)	77.4

[페이스리프트 (2024년)]

항목	제원
셀 구성	셀
정격전압(V)	697
공칭용량(Ah)	
에너지(kWh)	84

Fig. 8 아이오닉5 롱레인지 고전압 배터리팩 제원

고전압 배터리

03

급속 충전 시 고전압 배터리 온도는 얼마나 올라가나?

충전 중 고전압 배터리의 온도 상승은 배터리 폭발과 고전압 배터리의 성능 저하로 이어질 수 있기 때문에 고전압 배터리의 온도는 배터리 제어 시스템에서 모니터링하는 중요한 요소이다. 그리고 고전압 배터리가 최적의 온도 범위 내에서 충전되도록 냉각 시스템 제어가 잘 돼야 한다.

충전 시 배터리 제어 시스템은 다음과 같은 기능을 수행하여 고전압 배터리가 적절한 온도에서 충전이 이루어질 수 있도록 한다.

1. **온도 모니터링** : 충전 중에 고전압 배터리 온도가 안전한 범위 내에 있는지를 상시 모니터링한다.
2. **냉난방 시스템 제어** : 온도가 기준 이상 상승하는 경우, 냉방 시스템을 활성화해 배터리를 냉각하고, 온도가 낮은 경우에는 난방 시스템을 작동시켜 안정적인 온도를 유지하도록 한다.
3. **충전량 제어** : 온도 상승 정도에 따라 고전압 배터리에 충전되는 충전 요구 전류량을 충전기에 전송하여 배터리에 충전되는 충전량을 조절한다.
4. **안전 중단** : 온도가 과도하게 상승하는 경우 충전을 일시 중단시켜 배터리 손상을 방지한다.

급속 충전하는 동안 고전압 배터리 온도 데이터를 통해 배터리 제어 시스템이 어떻게 온도를 관리하는지 그 특성들을 살펴보도록 하자.

가. 테스트 조건

차 종	현대 아이오닉 5 롱레인지
주행거리	103,293km
외기온도	26℃
측정시간	1,250초

차량의 SOC가 17% 남아 있는 상태에서 E-Pit 충전기에 연결하여 충전을 시작한다. E-Pit 충전기의 정격출력은 DC 1,000V/400A로 해당 차량에는 최대 400A까지 충전이 가능한 충전기이다. 충전 초기단계에서는 전류량이 305A로 충전을 시작하며, SOC 값이 상승함에 따라 충전 전류는 서서히 낮아지는 경향을 보인다. 그리고 SOC가 68.5% 지점에서 고전압 배터리 전류는 150A로 낮아지고, 감소한 상태에서 충전은 일정 기간 유지된다.

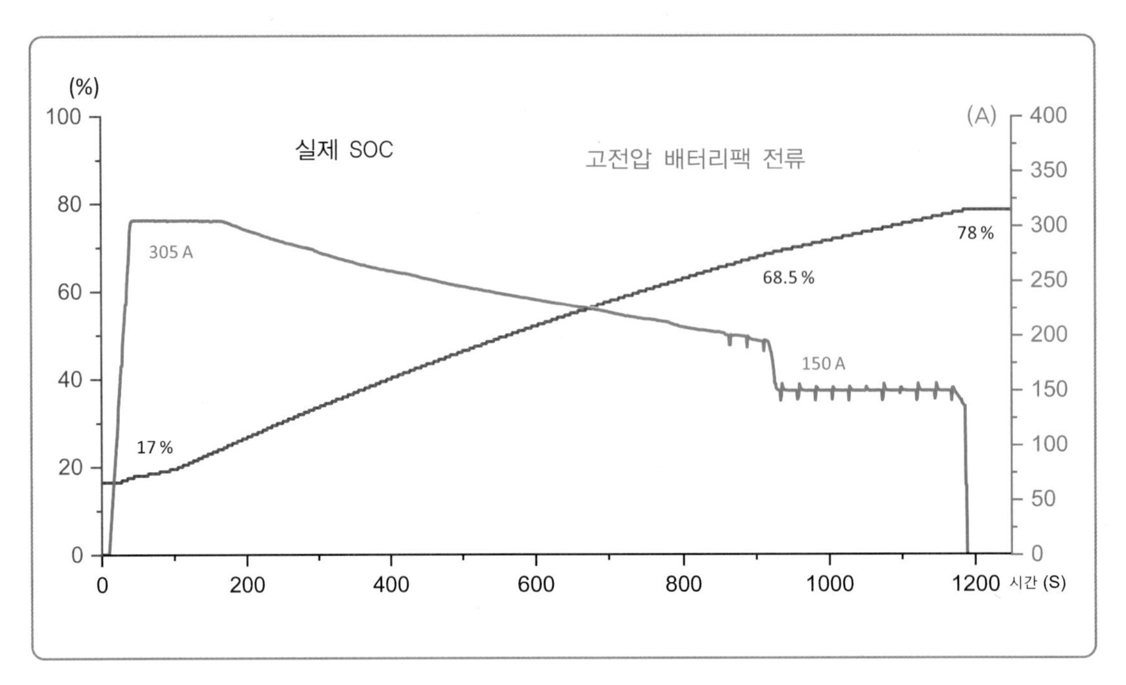

Fig. 9 E-Pit 충전 시 SOC와 고전압 배터리팩 충전 전류 변화량

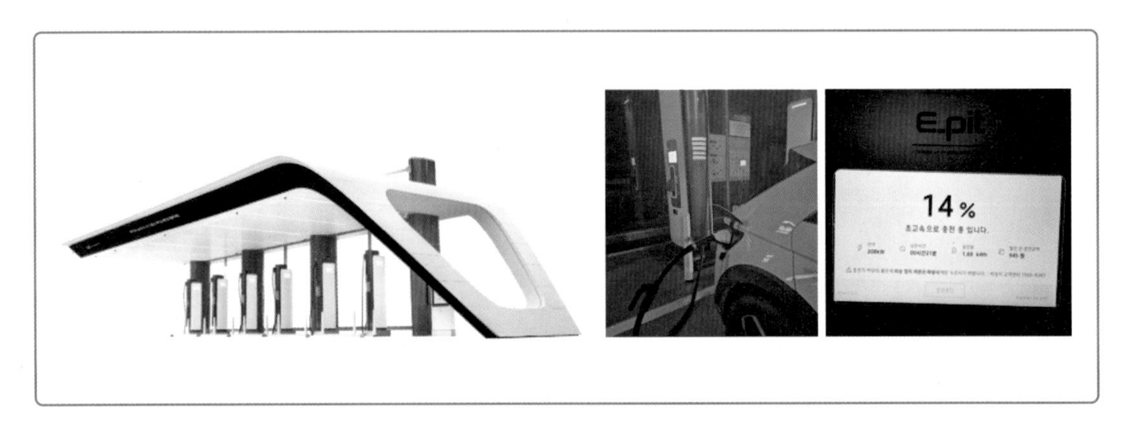

Fig. 10 현대 E-Pit 충전소에서 충전하는 모습

나. 데이터 확인

해당 차량의 고전압 배터리팩에는 상부와 하부에는 총 18개의 온도센서가 설치되어 있다. 01 ~ 16번의 온도 센서는 고전압 배터리 모듈 상단에 있으며, 17번과 18번의 온도 센서는 고전압 배터리 모듈 하단에 있다. 모듈별 온도 센서의 구체적인 배치는 Fig. 11에 표시되어 있다.

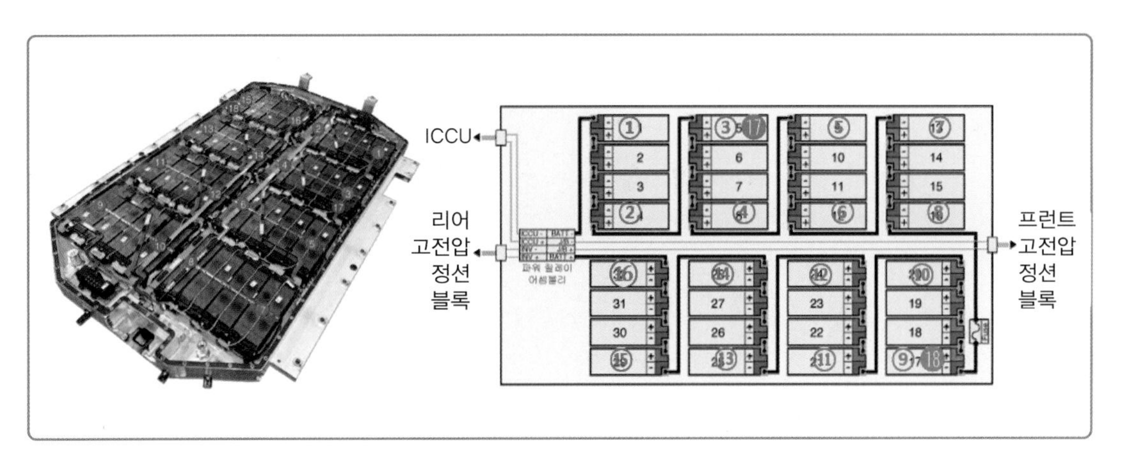

Fig. 11 **고전압 배터리팩 내부 온도센서 위치**

Fig.12는 온도센서 중 배터리팩 상부 안쪽에 위치한 온도센서 14번의 온도 변화를 나타낸다. 온도센서 14번은 충전 시작 시 35℃이며, 충전하는 동안 50℃까지 상승한다. 그리고 더 이상의 온도 상승 없이 안정된 상태를 유지한다.

온도가 50℃에 이르는 시점에 고전압 배터리팩의 전류는 150A로 감소 된다. 이는 고전압 배터리팩 내부의 온도가 49 ~ 50℃ 지점에 도달하면, 고전압 배터리의 내부 온도 제어를 위해 충전 전류량을 제한하는 것으로 판단된다. 이후에도 충전은 계속되며 차량의 냉각 시스템도 함께 작동한다. 고전압 배터리팩의 냉각 시스템에 의한 온도 제어에 대해서는 다음 장에서 자세히 다루도록 하겠다.

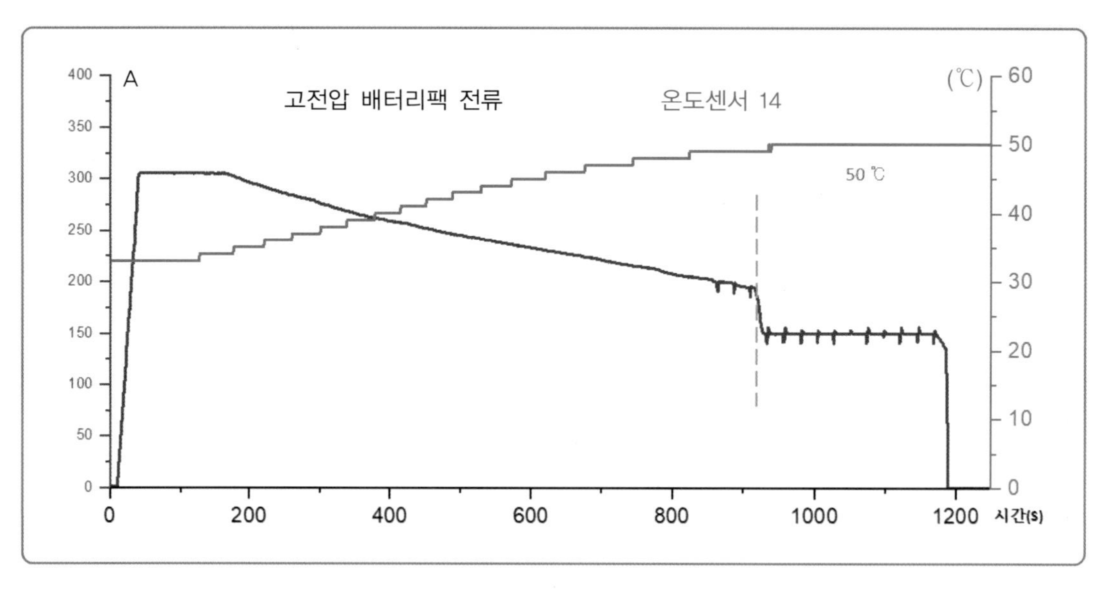

Fig. 12 **충전 시 고전압 배터리팩 온도에 따른 충전 전류 변화**

충전 초기 단계에서는 18개의 온도센서 모두 30℃의 온도를 나타내고 있었다. 충전이 시작되면서 전체적으로 온도가 상승하며, 충전 후 400초가 지난 시점에서는 각 온도센서의 위치에 따라 온도 상승이 다르게 나타난다.

- 01, 03, 05, 07, 09, 11, 13, 15번 온도센서(배터리팩 상단 바깥쪽 위치) : 43~46℃
- 02, 04, 06, 08, 10, 12, 14, 16번 온도센서(배터리팩 상단 안쪽 위치): 49~50℃
- 17, 18번 온도센서(배터리팩 하단 위치) : 35~36℃

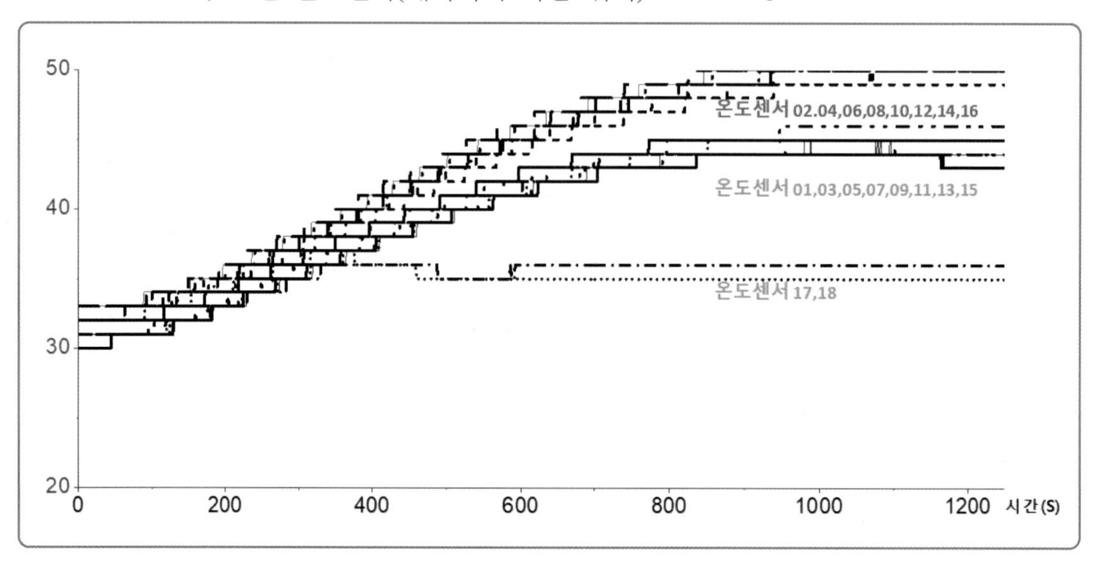

Fig. 13 **급속 충전 시 온도센서 18개의 온도 변화**

다. 요 약

고전압 배터리 충전 시 충전 전류에 의해 고전압 배터리 모듈의 온도가 상승하며, 급격한 온도 상승을 방지하기 위해 전류량을 제한하거나 냉각 시스템을 가동하여 일정 온도를 유지한다. Fig. 14에서 볼 수 있듯이, 고전압 배터리팩 바깥쪽에 위치한 모듈은 중심에 위치한 모듈보다 상대적으로 낮은 온도를 유지하고 있다. 또한, 모듈 하단은 모듈 상단보다 15℃가량 낮은 온도를 유지한다. 이는 고전압 배터리팩 냉각 시스템의 냉각 회로가 배터리팩 하단에 있기 때문에 냉각 장치의 영향으로 낮은 온도를 유지하고 있는 것으로 판단된다.

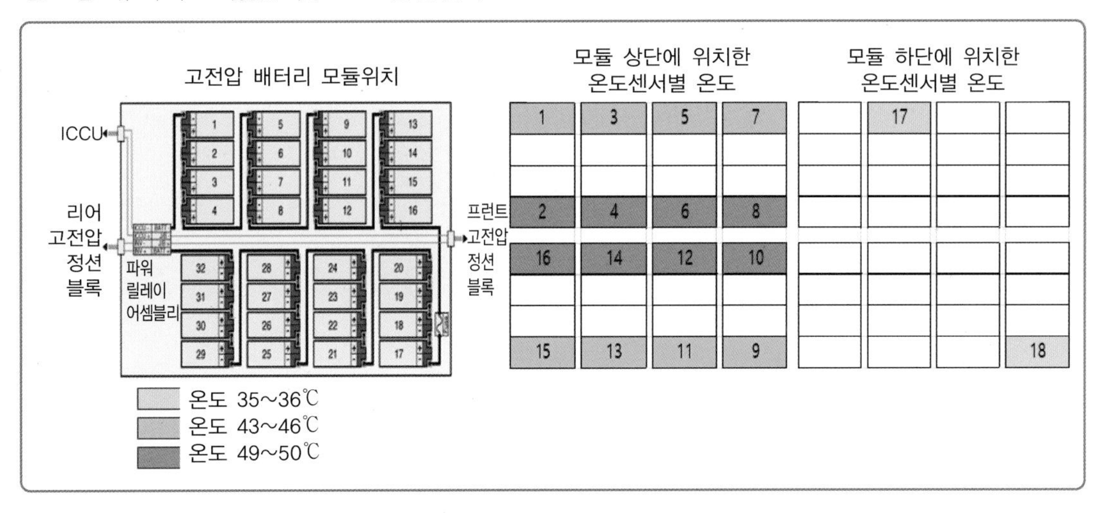

Fig. 14 **급속 충전 시 온도센서 위치별 온도 분포도**

배터리팩 온도 모델링이란

배터리팩 온도 모델링은 배터리 시스템의 열역학적 특성을 예측하고 모델링하는 프로세스를 의미한다. 이 모델링은 배터리의 충·방전, 온도 상승, 냉각 시스템 작동 등 다양한 요인을 고려하여 배터리의 온도 동태를 추정하는 데 사용된다. 일반적으로 배터리팩 온도 모델은 여러 가지 입력 변수와 파라미터를 고려한다. 이에는 배터리 셀의 열역학적 특성, 주행 조건, 충·방전 패턴, 외부 온도, 냉각 시스템의 성능 등이 포함된다. 이러한 배터리팩 온도 모델링은 충전 제어, 열 관리 및 안전성, 주행 거리 예측, 수명 예측 등 다양한 목적으로 활용된다.

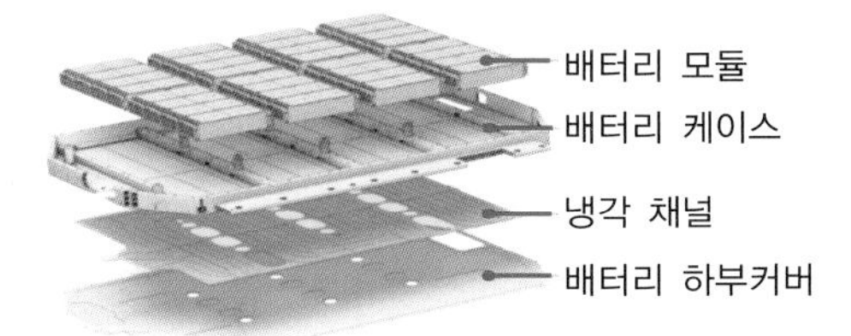

고전압 배터리

04

급속 충전 시 고전압 배터리 냉각은 어떻게 하나?

전기자동차의 냉난방 시스템은 기존 내연기관과는 다르게 복잡한 구조로 되어 있다. 특히 배터리 충전 과정에서 발생하는 열을 효과적으로 관리하여 배터리의 수명을 증가시키고 화재 등의 안전 문제를 예방하는 기능을 수행한다. 급속 충전 시 냉각시스템이 어떻게 배터리를 관리하는지 시험 데이터를 통해 살펴보자.

가. 테스트 조건

차 종	현대 아이오닉 5 롱레인지
주행거리	103,293km
외기온도	26℃
측정시간	1,250초

차량의 SOC가 17%가 남아있는 상태에서 E-Pit 충전기에 연결하여 충전을 시작한다. 초기 충전 단계에서는 전류량이 305A에서 충전을 시작하며, SOC 값이 상승함에 따라 충전 전류가 서서히 낮아지는 경향으로 나타난다. 그리고 SOC가 68.5% 지점에서 고전압 배터리 전류는 150A로 떨어진 후, 일정 기간 충전을 유지한 후 충전을 종료한다.

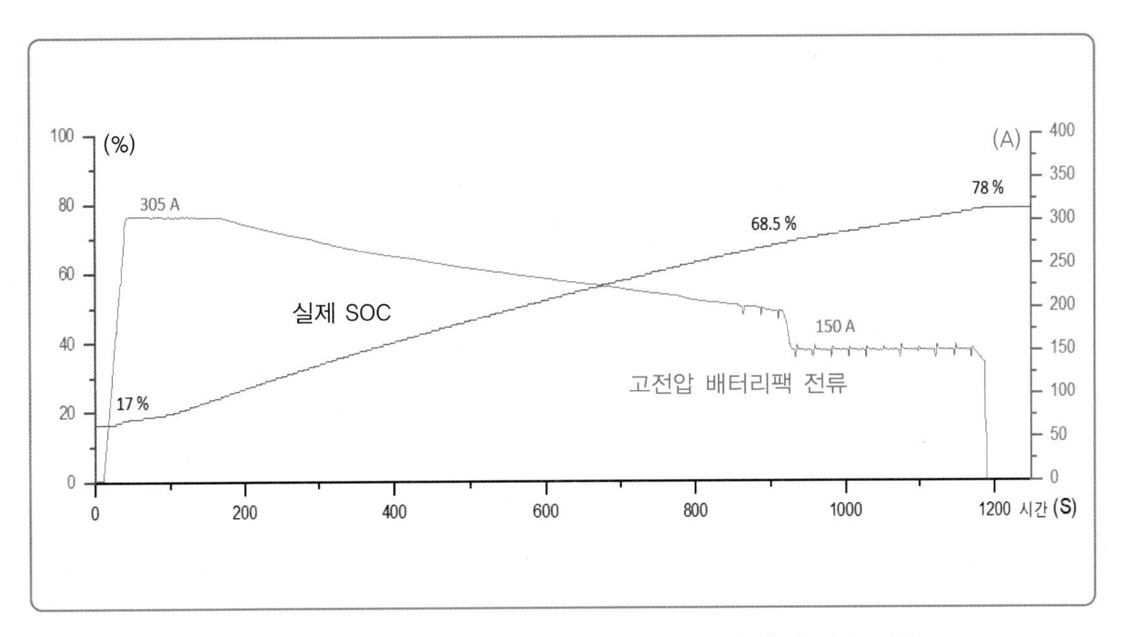

Fig. 15 E-Pit 충전 시 SOC와 고전압 배터리팩 충전 전류 변화

나. 측정 데이터 해석

고전압 배터리팩에는 18개의 온도센서가 장착되어 있다. 이 중에서 17번과 18번 센서는 고전압 배터리셀 하단부에 있으며, 냉각 회로에 가장 가까운 지점에 위치하고 있다. 따라서 냉난방 시스템이 작동할 때 17번, 18번 센서에 가장 빠르게 냉각 열이 전달된다.

온도센서 17번의 변화량을 살펴보면 충전 초기에는 32℃에서 시작되어 37℃까지 빠르게 상승한 후, 냉각시스템이 작동되는 시점에 35℃로 낮아졌다가 유지되는 것을 확인할 수 있다. 이러한 온도 변화 패턴을 통해 냉각 시스템이 효과적으로 고전압 배터리의 열을 제어하고 배터리 온도를 안정화하는 과정을 볼 수 있다.

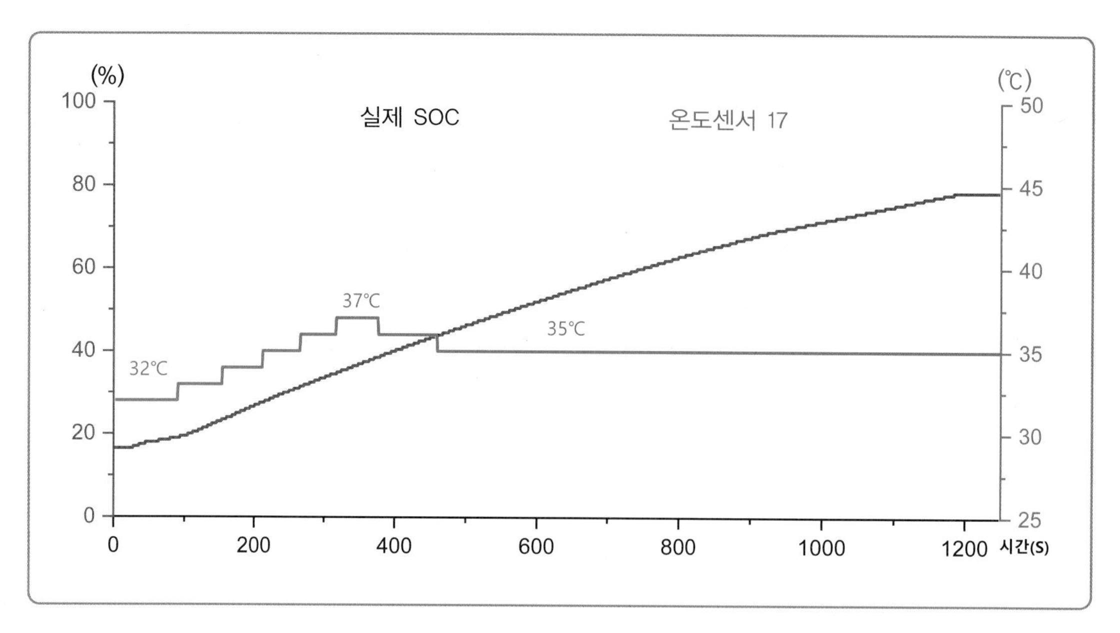

Fig. 16 E-Pit 충전 시 온도센서 17번의 온도 변화

Fig. 17에 고전압 배터리팩에 장착된 18개의 온도센서 중 상대적으로 높은 온도를 나타내는 온도센서 02번을 컴프레서 회전속도와 함께 표시하였다.

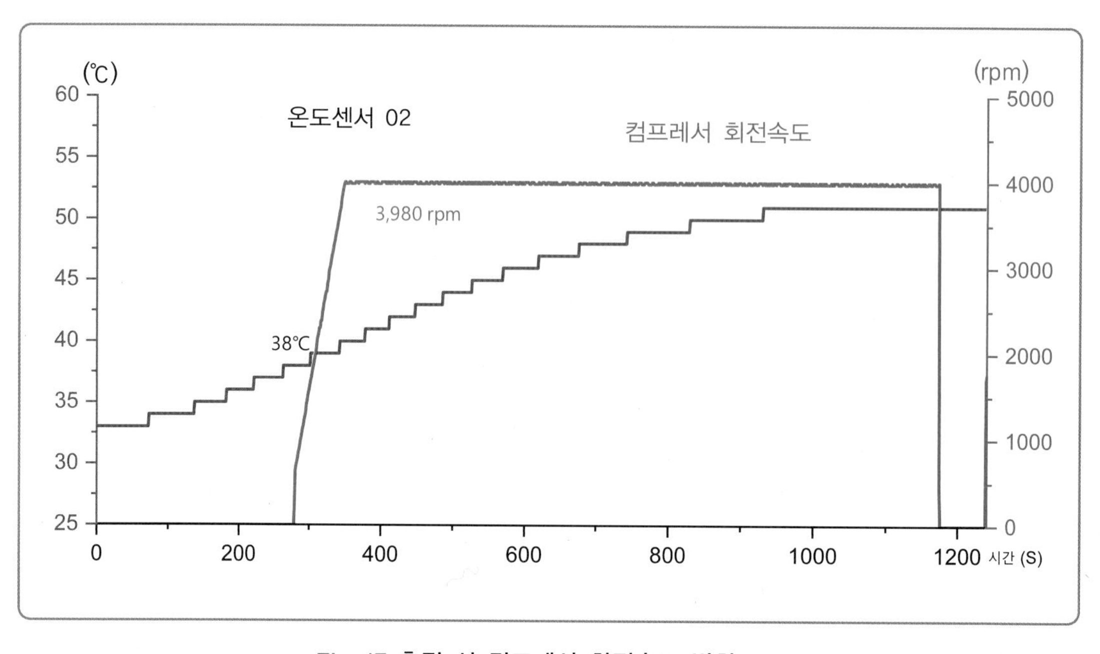

Fig. 17 충전 시 컴프레서 회전속도 변화

급속 충전 중 고전압 배터리를 냉각시키기 위해 에어컨 컴프레서가 3,980rpm의 속도로 작동한다. 에어컨 컴프레서 작동이 시작되는 시점의 온도 센서 02번의 온도는 38℃이다. 고전압 배터리에는 총 18개의 온도 센서가 장착되어 있으며, 그 중 온도 센서 02번의 온도를 예제로 표시한 것이다. 온도 센서 02번의 온도에 의해 냉각 모드가 작동될 수 있겠지만, 고전압 시스템을 구성하는 다른 부품들의 영향도 있기 때문에 한정된 데이터만으로 에어컨 컴프레서 작동 조건을 판단하기에는 부족함이 있다.

배터리팩 냉각수 흐름을 원활히 유지하기 위해 두 개의 펌프가 작동되며, 냉각 모드가 활성화되는 구간에서 두 펌프 모두 3,660rpm으로 동일하게 작동하는 것을 확인할 수 있다.

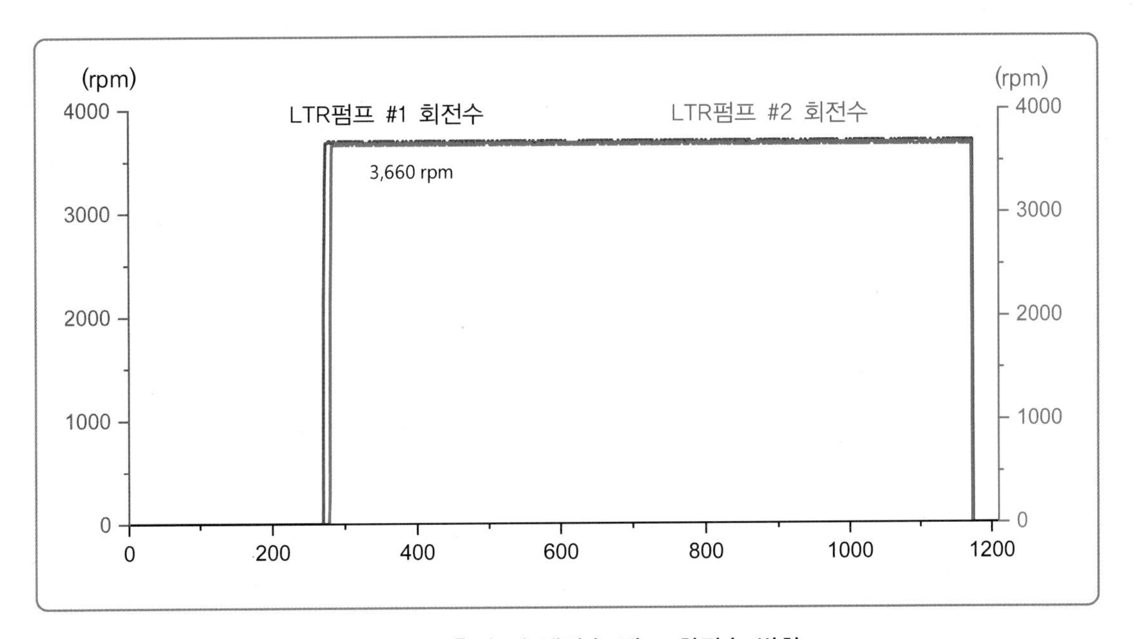

Fig. 18 충전 시 냉각수 펌프 회전수 변화

배터리팩 입구의 냉각수 온도는 충전 시에 32℃이었으나, 냉각 모드가 작동하면서 온도가 21℃까지 감소한다. 이후 냉각된 냉각수는 충전으로 발열된 배터리팩 내부를 통과하면서 39℃로 상승한다. 배터리팩 내부를 통과하는 냉각수를 통해 충전 중 발생되는 배터리팩 내부 열을 흡수시키는 것을 확인할 수 있다.

- LTR 펌프 #1 : 저온 제어 라디에이터용 전자식 냉각 펌프 1
- LTR 펌프 #2 : 저온 제어 라디에이터용 전자식 냉각 펌프 2

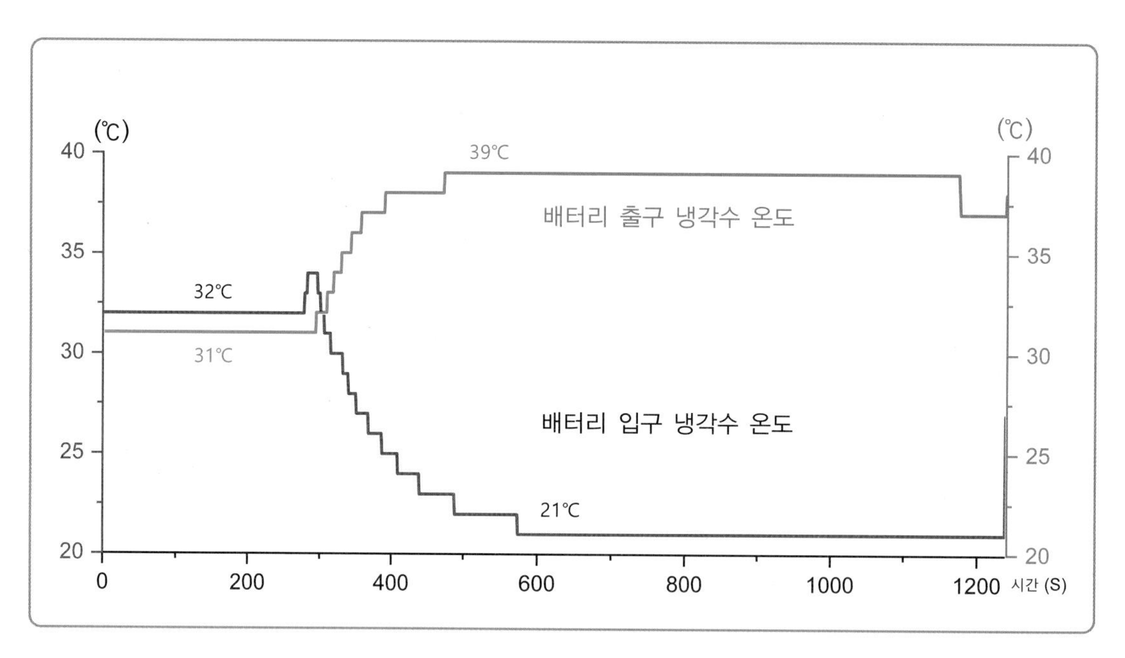

Fig. 19 **충전 시 배터리 냉각수 온도 변화량**

다. 요 약

전기자동차의 냉각 시스템은 고전압 배터리와 고전압 시스템을 구성하는 부품들을 신속하게 냉각하거나 가열하여 최적의 성능이 발휘되도록 온도를 유지한다.

냉각 시스템은 배터리 냉각수 펌프, 냉매/냉각수 열 교환기, 그리고 A/C 컴프레서를 포함한다. 이들 구성품의 작동을 통해 배터리팩의 온도를 조절하여 배터리의 안전성을 확보하고 성능을 최적화한다.

특히, 배터리 충전 시에는 배터리 내부에서 발생하는 열을 효과적으로 제어해야 한다. 전류가 충전되는 과정에 배터리팩이 자체적으로 발생하는 열이 증가하게 되는데, 이를 냉각 시스템이 효과적으로 조절한다. 냉각 시스템은 냉각수를 순환시켜 배터리를 신속히 냉각하고, 필요에 따라 냉각수를 가열하여 배터리의 온도를 안정화한다.

고전압 배터리팩 냉각모드

고전압 배터리팩 냉각모드는 2가지 주요 기능이 결합되어 작동한다.

1) 실내 냉각 모드 : 내연기관에서 사용하는 냉각 시스템 작동원리와 동일함

2) 고전압 배터리 냉각 모드 : 냉각된 냉매를 칠러를 통해 배터리 냉각수 온도를 낮춤

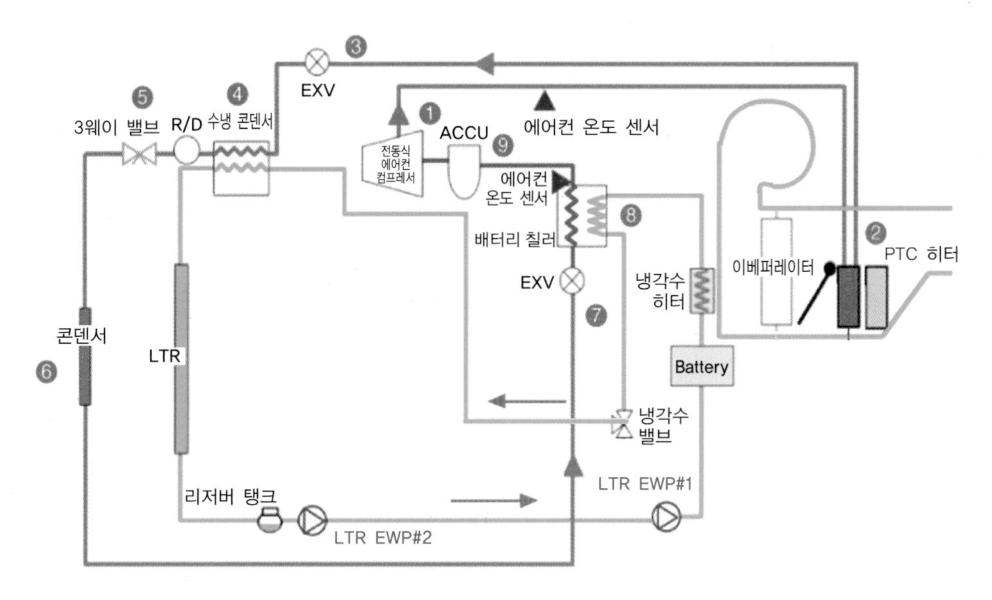

Fig. 20 **배터리 냉각모드 흐름도**

1. 실내 냉각 모드

① 전동식 에어컨 컴프레서 작동으로 냉매 압축
② 압축된 냉매는 실내 PTC 히터를 지남
③ 압축된 냉매는 팽창밸브를 바이패스 시킴
④ R/D 수냉콘덴서에서 고온 고압가스 냉매를 응축시켜 고온 고압의 액상 냉매로 만든다.
⑤ 3웨이밸브를 통해 콘덴서로 이동시킨다.
⑥ 응축된 고온 고압의 액상 냉매를 한번 더 응측시켜 준다.
⑦ 팽창밸브(EXV)에서 고온 고압의 액상 냉매를 저온 저압의 기체 냉매로 만들어 준다.
⑧ 칠러에서 배터리 냉각수와 냉매가 열 교환하여 배터리 냉각수 온도를 낮춘다.
⑨ 어큐뮬레이터에 유입된 냉매는 기체와 액체로 분리되어 기체 냉매만 컴프레서에 공급된다.

2. 고전압 배터리 냉각모드

배터리 칠러에서 열 교환으로 차가워진 배터리팩 냉각수는 두 개의 LTR Low Temperature Radiator EWP#1(저온 제어용 라디에이터용 전자식워터펌프1), Electric Water Pump와 LTR EWP#2(저온 제어용 라디에이터용 전자식워터펌프2)에 의해 순환한다.

Ⓐ 배터리 냉각수 밸브작동으로 배터리 냉각수는 LTR 라인으로 유입된다.
Ⓑ 배터리 냉각수는 LTR(Low Temperature Radiator)에서 다시 한번 냉각된다.
Ⓒ 배터리 냉각수는 리저버 탱크를 지나 LTR EWP#2의 작동으로 배터리 냉각 라인으로 유입된다.
Ⓓ 배터리 냉각수는 LTR EWP#1의 작동으로 배터리 냉각수를 배터리에 공급한다.
Ⓔ 배터리팩 입구 온도센서는 배터리에 유입되는 배터리 냉각수 온도를 감지한다.
Ⓕ 배터리팩 내 유로를 통해 배터리를 냉각시킨다.
Ⓖ 배터리팩 출구 온도센서는 배터리에서 토출되는 냉각수 온도를 감지한다.
Ⓗ 배터리 냉각수는 냉각수 히터를 지나 칠러로 다시 공급된다.

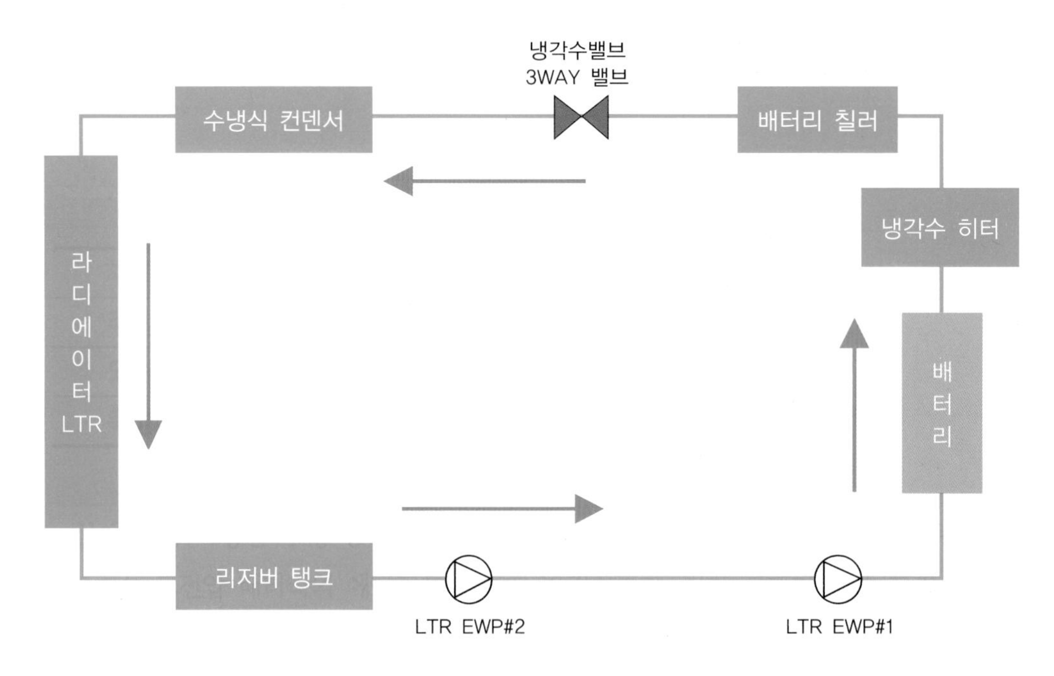

[배터리 냉각수 흐름도]

고전압 배터리

05

충전 경고등 점등 후 얼마나 주행이 가능하나?

내연기관 차량은 주유소가 상대적으로 널리 분포되어 있어 언제든지 주유할 수 있으며, 연료 경고등이 점등되더라도 일정 거리 이상 주행이 가능하다는 것을 대부분 인지하고 있다. 하지만, 전기자동차는 충전소의 접근성이 제한적이고 충전량 부족에 대한 경험이 부족하기 때문에 더 불안해하는 경향이 있다.

전기자동차인 아이오닉 5는 충전 경고등이 점등된 상태에서 어느 정도 주행이 가능한지 실제 주행을 통해 확인해 보자.

가. 테스트 조건

차　　종	현대 아이오닉 5 롱레인지
주행거리	102,645km
외기온도	32℃
측정시간	2,300초

주행 시작 시 계기판 SOC가 10%에 도달하면서 경고등과 경고 메시지가 잠시 점등되었고, 이때 주행 가능한 거리는 31km로 표시되었다. 계속 주행하여 SOC가 5% 되는 시점에 경고 메시지가 다시 점등되었고, 이때 주행 가능한 거리는 16km로 나타났다. SOC가 0%가 된 이후 차량을 약 20분 동안 시속 20~40km/h 정도의 속도로 주행한 후에야 멈추었으며 더 이상 주행이 불가능하였다.

Fig. 21은 SOC가 12%인 지점에서 차량이 완전 방전되는 시점까지 계기판 SOC와 차량 속도의 변화량을 시계열로 표시한 데이터이다.

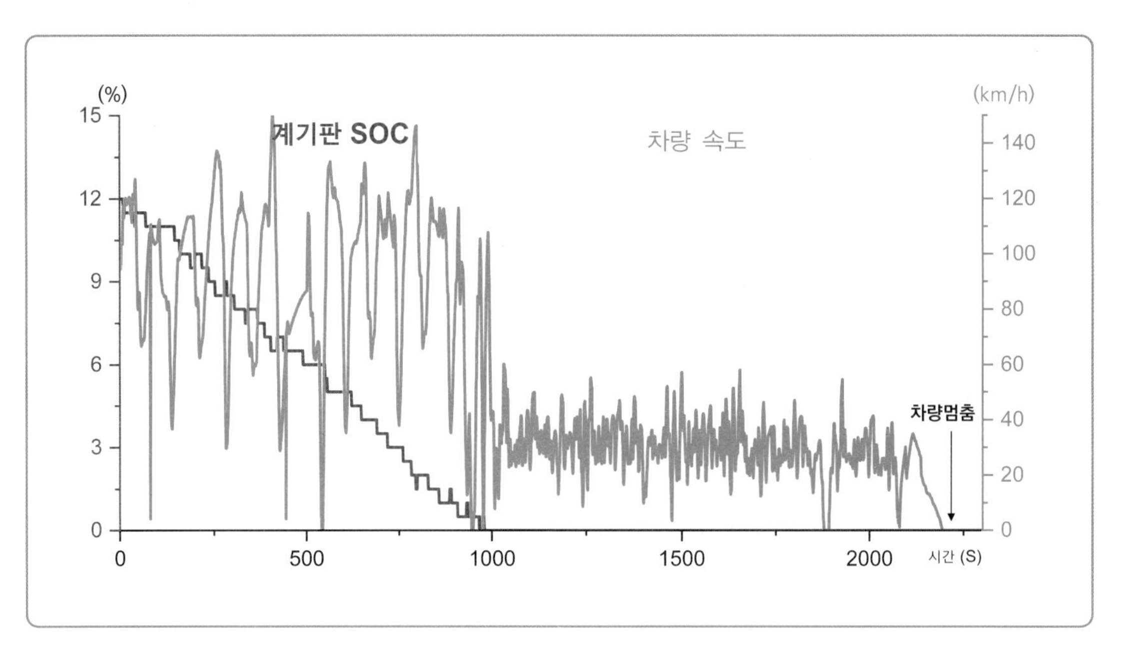

Fig. 21 배터리 방전 주행 시 계기판 SOC와 차량 속도 변화

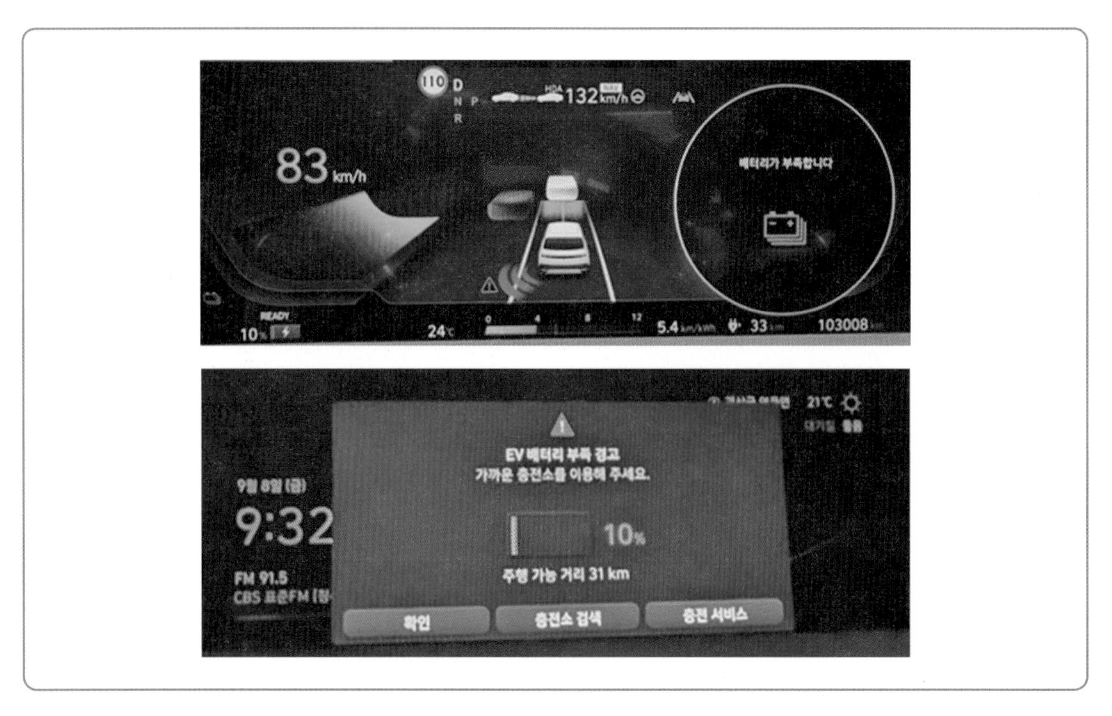

Fig. 22 계기판과 AVN에 표시되는 충전 경고등

나. 측정 데이터 해석

각 구간별 주행한 거리는 계기판에 표시되는 적산 주행 거리로도 계산은 가능하지만, 측정한 데이터 중 차량 속도(km/h)를 활용하여 각 구간에 따른 정확한 주행거리를 계산해 보았다. 측정된 데이터는 1초 단위이므로, 초 단위 주행 거리를 구간별로 합산하여 주행 거리를 얻었다. 계기판 SOC 변화에 따른 계산된 주행 거리는 다음과 같다.

초당 주행 거리(km/s) = 차량 속도(km/h) / 3,600

- 계기판 SOC 10% ~ 5% 구간 = 9.80km
- 계기판 SOC 5% ~ 0% 구간 = 10.76km
- 계기판 SOC 0% ~ 차량 멈춤 = 10.08km

계기판 SOC가 10%에서 경고 메시지가 표출된 이후 차량이 완전히 방전되어 멈출 때까지 주행한 총 거리는 30.64km이며, 이는 계기판에 SOC가 10%인 시점에 표시된 주행 가능한 거리(31km)와 일치한다.

다. 요 약

테스트 차량에서는 계기판에 표시되는 주행 가능 거리가 실제 주행 가능한 거리와 일치하는 것을 확인했다. 그리고 계기판 SOC가 0%가 되더라도 차량이 즉시 멈추는 것은 아니며, 도로 상황에 따라 다를 수 있지만, 시험 테스트 조건에서는 10km 정도는 운행이 가능하였다. 혹시나 계기판에 충전 경고등이 점등되었다고 하더라도 30km 가량은 추가로 주행이 가능하기 때문에 침착하게 주변 충전소를 검색하여 이동하면 된다. 그렇지만, 계기판에 표시된 주행 거리를 항상 인지하고, 충전을 미리 하여 운행 중 차량이 멈추는 불편한 상황을 피하길 바란다.

추가 테스트

SOC가 0%가 된 이후에 차량이 더 이상 주행이 불가능한 시점까지 냉각시스템이 작동하는 것을 확인할 수 있었다. SOC가 낮은 경우에는 주행 가능 거리를 더 확보하기 위해 운전자에게는 조금 불편할 수 있지만 냉각 시스템 작동을 멈추게 했다면 주행 가능 거리를 조금 더 늘릴 수 있지 않았을까 생각해 본다. 그러나 주행 거리를 조금 더 늘리기 위해 냉각 시스템 작동을 멈추게 된다면, 고전압 시스템을 구성하는 부품들의 온도를 냉각시키지 못하기 때문에 차량 손상을 초래할 수도 있다.

따라서 냉각 시스템 작동을 멈추게 하여 주행 거리를 조금 더 늘리든지, 아니면 주행이 더 이상 불가능한 상태에 이를 때까지 고전압 배터리 시스템을 보호하기 위한 냉각 시스템을 작동시킬 것인지에 대한 결정은 차량을 개발할 때 세심한 고려가 있었을 것으로 추측한다.

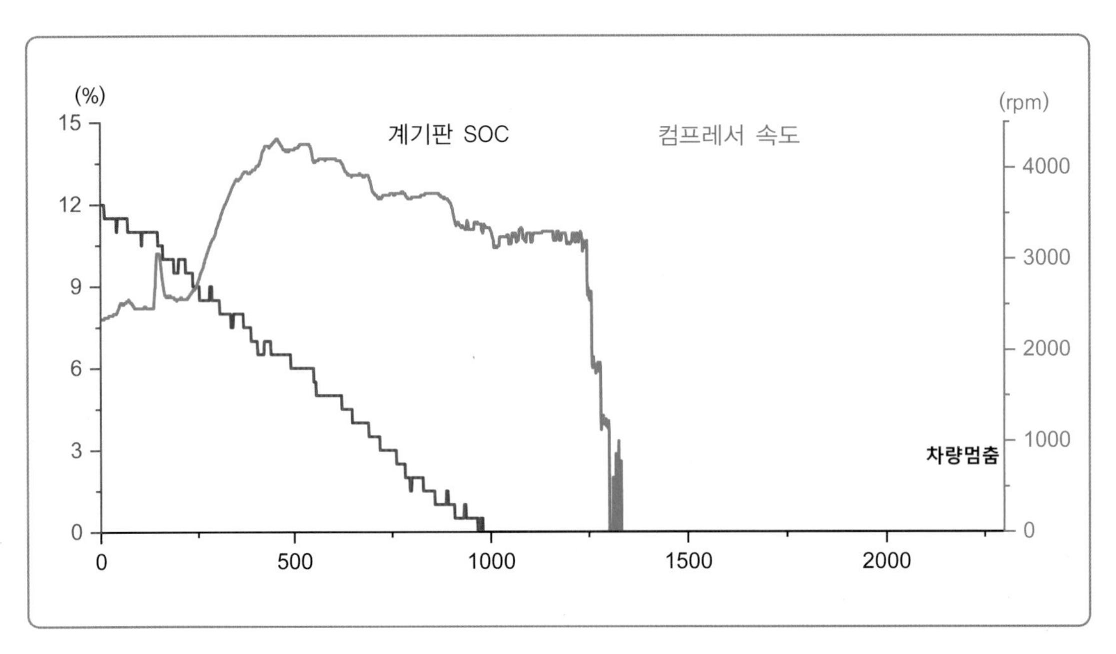

Fig. 23 SOC 방전 주행시 컴프레서 속도 변화량

TIP

SOC 잔량이 0%에 이르면 주행할 수 있는 거리는 0km로 표시된다. 그리고 이후에 10km가량을 더 주행할 수 있다. 이 시점에 계기판에는 거북이 모양의 심벌과 함께 "파워가 제한됩니다"라는 문구가 표시된다.

고전압 배터리

06 주행 여건에 따른 고전압 배터리 온도는 어떻게 변할까?

전기자동차의 주요 구성품 중 하나인 고전압 배터리는 반복적인 충·방전 과정을 통해 배터리의 수명이 점차 노후화된다. 따라서 충·방전 사이클을 잘 관리하고 고전압 배터리의 온도를 적절히 제어하는 것은 매우 중요하다. 이를 통해 배터리 성능을 최대한 유지하고 내구성을 관리할 수 있다.

고전압 배터리의 온도는 주행, 충전 방식, 및 주변 상황에 따라 다르게 나타난다. 일반적으로 주행 중이나 충전 중에는 고전압 배터리 활동이 활발하여 온도가 높게 올라가는 것으로 알려져 있다. 여러 주행 조건에 따라 고전압 배터리의 온도가 어떻게 나타나는지 데이터를 통해 살펴보도록 하자.

가. 일반주행 조건에서의 온도 변화

차 종	현대 아이오닉 5 롱레인지
주행거리	102,457km
외기온도	30℃
측정시간	4,800초(80분)

Fig. 24는 이른 아침 출근 시간에 측정한 데이터이다. 50km를 40여 분 동안은 서행 운전하였으며, 나머지 40여 분은 고속도로를 운행하였다. 총 80여 분의 주행 동안 고전압 배터리팩 온도는 30℃ 부근에서 큰 변화 없이 유지되었다. 주행 도중 고전압 배터리 냉각 시스템은 작동하지 않았으며, 주행 시 자연적으로 발생하는 자연 냉각만 적용된 상태이다. 측정 데이터를 확인한 결과, 단순히 주행만으로는 고전압 배터리의 온도 상승에 크게 영향을 주지 않는다.

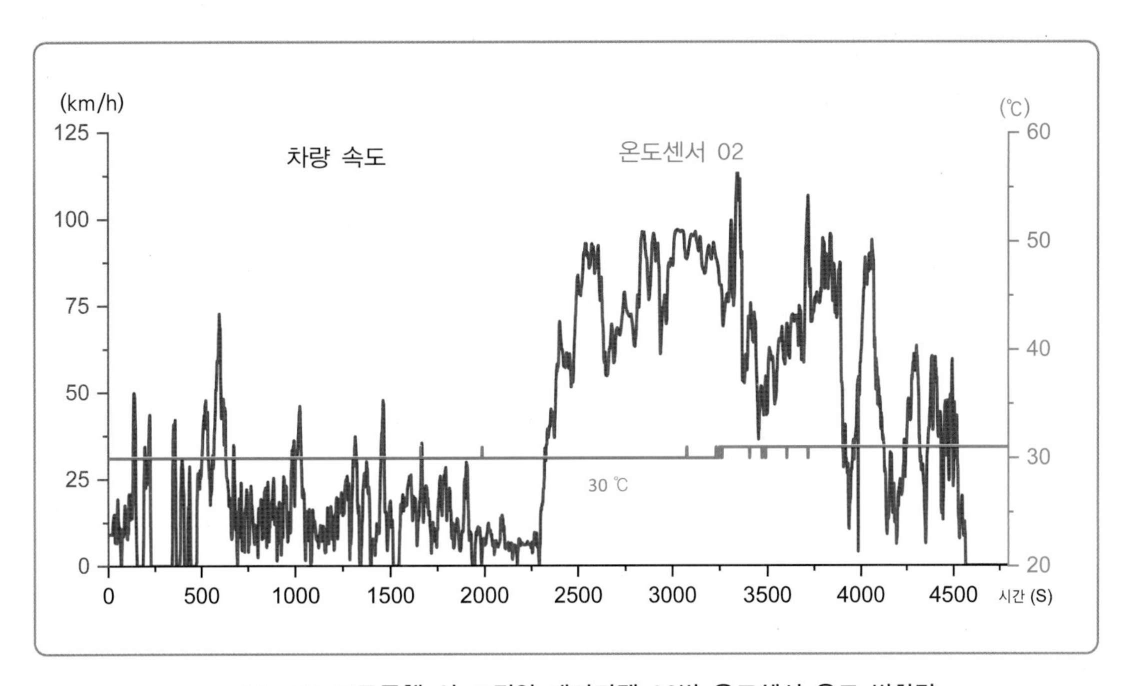

Fig. 24 도로주행 시 고전압 배터리팩 02번 온도센서 온도 변화량

나. 급가속 주행 조건에서의 온도 변화

차 종	현대 아이오닉 5 롱레인지
주행거리	102,537km
외기온도	30℃
측정시간	80초

Fig. 25는 차량의 가속페달을 100% 밟아 차량을 순간적으로 180km/h 이상 가속한 후 탄력(타력) 주행을 하였다. 급가속으로 인해 고전압 배터리팩에서는 268A 정도의 큰 전류가 30초가량 소모되었고, 탄력(타력) 주행 시에는 200A 정도의 회생 전류가 생성되어 고전압 배터리에 충전되었다. 고전압 배터리 입장에서는 매우 가혹한 주행 조건이라 볼 수 있다. 이러한 주행 조건에서 고전압 배터리팩의 온도는 32℃를 유지한다.

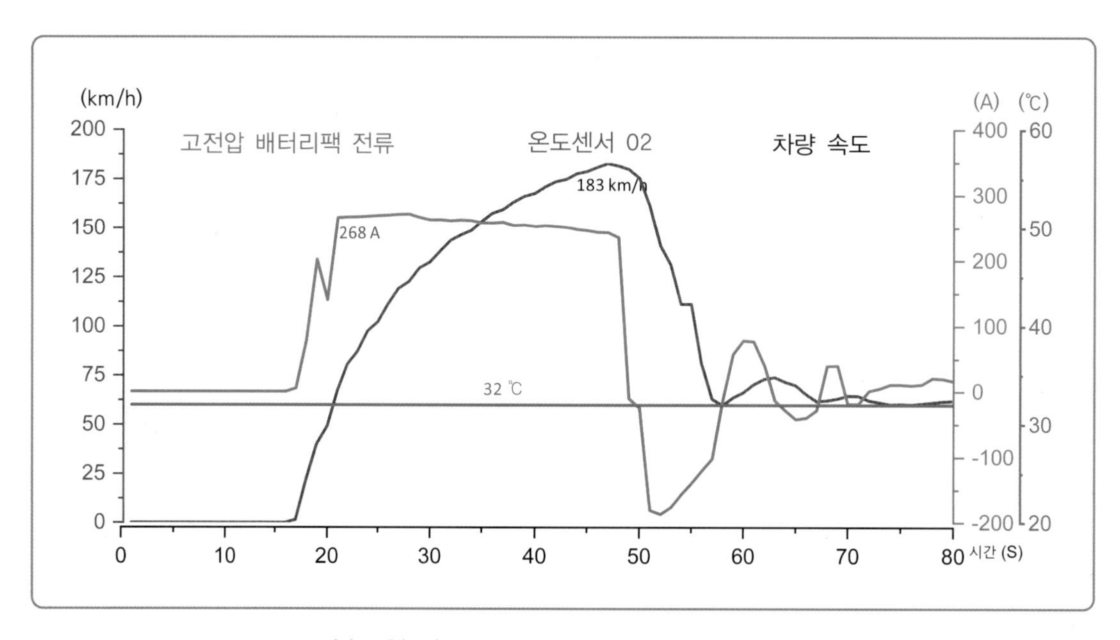

Fig. 25 급가속주행 시 고전압 배터리팩 02번 온도센서 온도 변화량

다. 급속 충전 조건에서의 온도 변화

차 종	현대 아이오닉 5 롱레인지
주행거리	103,293km
외기온도	24.5℃
측정시간	1,230초

Fig. 26은 차량에 초급속 충전기를 연결하여 충전하는 과정을 나타낸다. 충전 초기에는 305.8A 정도의 전류가 충전되었으며, 배터리 충전량이 증가함에 따라 충전 전류는 서서히 낮아지는 것을 알 수 있다. 이때 고전압 배터리 02번 온도센서는 충전 초기에는 32℃를 나타내다가 서서히 증가하여 충전 종료 시에는 51℃까지 올라간다. 급속 충전하는 동안 고전압 배터리가 일정 온도 이상 상승하지 않도록 냉각 시스템이 작동되었다.

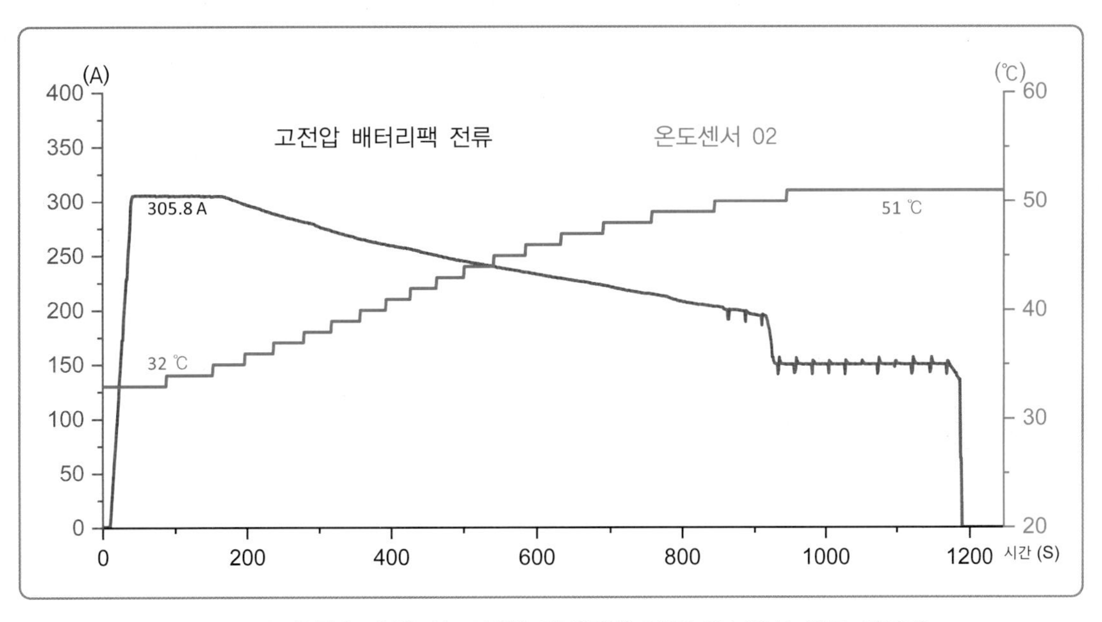

Fig. 26 초급속 충전 시 고전압 배터리팩 02번 온도센서 온도 변화량

라. 완속 충전 조건에서의 온도 변화

차 종	현대 아이오닉 5 롱레인지
주행거리	65,985km
외기온도	24.5℃
측정시간	5시간

Fig. 27은 차량에 완속 충전기를 연결하여 충전하는 과정을 나타낸다. 충전 초기에는 9.4A의 전류가 충전되었으며, 고전압 배터리의 충전량이 증가함에 따라 서서히 낮아지는 것을 볼 수 있다. 충전하는데 소요된 시간은 총 5시간이다. 이 과정에서 고전압 배터리 02번 온도센서의 온도는 28℃에서 시작하여 34℃까지 상승한다. 급속 충전 시와 비교하면 온도 상승 폭은 매우 낮은 수준이다.

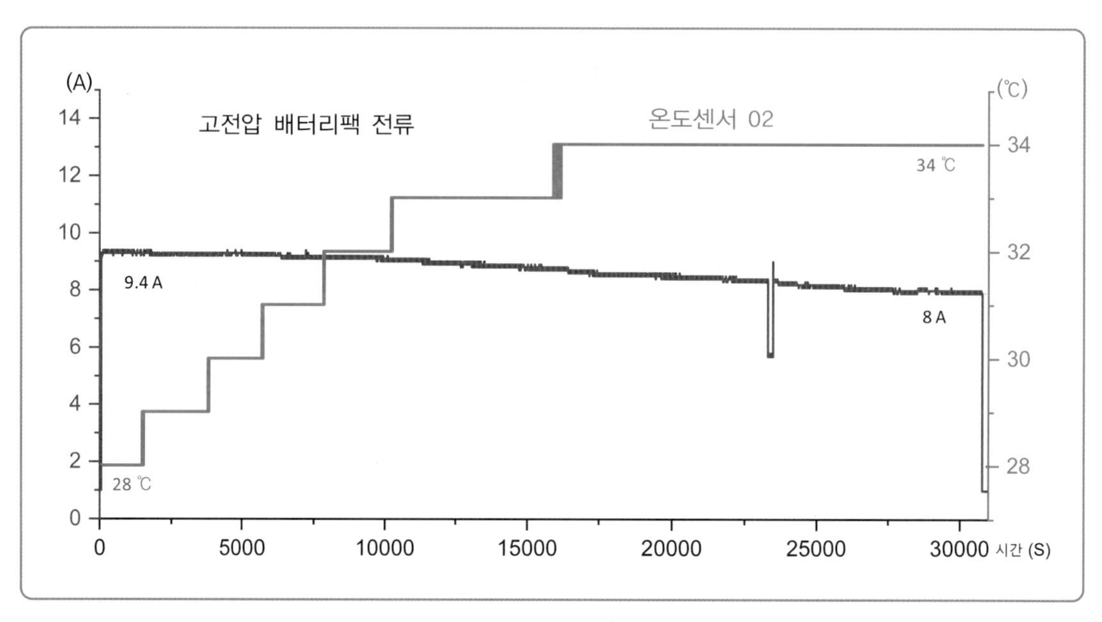

Fig. 27 **완속 충전시 고전압 배터리팩 온도센서 02번의 온도 변화량**

마. 요 약

4가지 테스트 조건에서 고전압 배터리의 온도 변화와 냉각 시스템 작동 여부를 확인하였다. 일반 시내 주행, 고속 주행을 포함하여 급가속 주행 등 고전압 배터리에서 전류가 방전되는 주행 조건에서는 고전압 배터리 온도는 크게 상승하지 않음을 확인할 수 있었다. 또한 완속 충전 시에도 충전 전류가 크지 않아 고전압 배터리 온도는 크게 상승하지 않았다. 초급속 충전 및 급속 충전 시에는 큰 전류가 일정 시간 이상 충전됨에 따라 고전압 배터리 온도가 상대적으로 높게 상승하였으며, 상승하는 온도를 제어하기 위해 냉각 시스템이 작동되는 것을 확인할 수 있었다.

요약하자면, 차량 주행으로 소모되는 전류로 인한 고전압 배터리 온도 상승 영향은 낮으며, 초급속이나 급속 충전과 같이 큰 전류가 일정 시간 이상 충전되는 조건에서 고전압 배터리 온도 상승 영향이 크게 나타나는 것을 알 수 있다.

고전압 배터리의 취급 및 온도 관리 기준(현대자동차 정비지침서 기준)

1. 사용하지 않는 배터리의 보관은 27℃ 이하의 건조하고 습하지 않은 장소에 직사광선을 피해 보관하여야 한다.
2. 차량에 장착된 배터리를 장시간 보관할 때는 자연 방전을 방지하기 위해서 정션박스의 배터리 퓨즈를 반드시 탈거하여야 한다.
   - 배터리 퓨즈를 장착한 상태에서 차량을 보관하였다면 1개월 안에 배터리 충전을 위한 차량 구동을 하여야 한다.
   - 배터리 퓨즈를 제거한 상태이더라도 최소 3개월 안에 배터리 충전을 위한 차량 구동을 하여야 한다.
3. 고전압 배터리는 평행을 유지한 상태로 보관 및 운반한다(배터리 성능 저하 또는 수명 단축 원인).
4. 고전압 배터리는 고온 장시간 노출 시 성능 저하가 발생할 수 있으므로 페인트 열처리 작업은 반드시 70℃ / 30분 또는 80℃ / 20분을 초과하지 않는다.
5. 손상된 고전압 배터리의 점검 시 기준(비접촉 온도계 기준)
   - 최초 온도에서 30분 후 온도 측정 후의 온도 변화가 3℃ 이하여야 하며, 최대온도는 35℃를 초과하지 않아야 한다.
   - 30분 간격으로 온도측정 결과 온도가 지속해서 상승하게 되면, 즉시 염수 침전 또는 방전 장비 등을 이용하여 완전 방전을 실시한다.

회생 제동 단계에 따른 회생 에너지는 얼마나 될까?

전기자동차의 회생 제동 시스템은 주로 전기 모터를 이용하여 에너지를 회수하는 기술을 말한다. 이 시스템은 주행 중에 차량이 감속하거나 제동할 때, 모터를 발전기로 변환하여 생성된 전기를 배터리로 되돌려 보내어 에너지를 회수한다. 이 과정을 통해 차량은 회생 제동 시스템을 활용하여 에너지를 재활용하고 배터리를 충전할 수 있다.

회생 제동 시스템은 일반적으로 차량의 제동 에너지를 회수함으로써 주행 거리를 향상하고 연료 효율성을 높이는 데 기여한다. 또한, 회생 제동은 차량의 브레이크를 미세하게 제어하여 부드러운 제동 효과를 제공하므로 운전자에게 더 편안한 주행 경험을 제공할 수 있다. 이러한 회생 제동 시스템은 전기자동차의 효율성을 향상하고 에너지를 더욱 효과적으로 활용할 수 있도록 도와주는 중요한 기술 중 하나이다.

테스트 차량에는 회생 제동의 단계를 조절할 수 있는 패들 시프트 스위치가 장착되어 있다. 패들 시프트를 조작하여 각 회생 제동 단계에서 발생하는 에너지양을 확인하고, 이를 통해 주행거리와의 관계를 측정된 데이터로 확인하고자 한다.

가. 테스트 조건

차 종	현대 아이오닉 5 롱레인지
주행거리	102,561km
외기온도	30℃
측정방식	회생 제동 패들시프트 0단계에서 4단계까지 조절하면서 주행

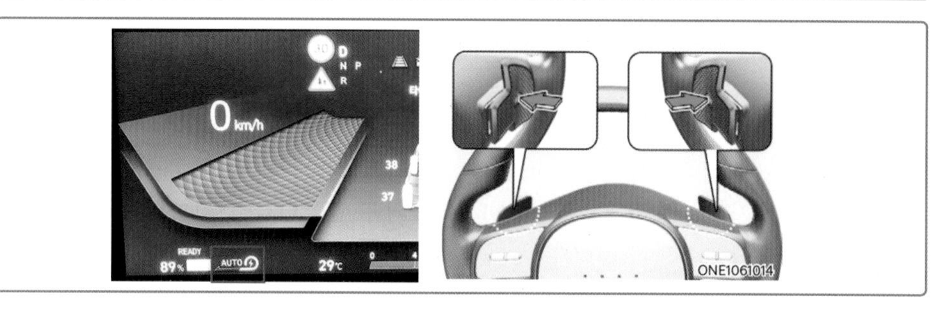

Fig. 28 계기판 내 회생 제동 표시와 회생 제동 패들시프트

나. 측정 데이터 확인

1) 회생 제동 0단계

시속 100km/h의 속도로 유지하던 차량의 가속페달에서 발을 뗀 상태로 시속 8km/h에 이르기까지 주행하였다. 회생 제동은 0단계로 설정되어 있어, 주행 중에 발생하는 회생 에너지는 거의 없다. 이는 관성 주행과 동일한 주행 상황으로 간주할 수 있다.

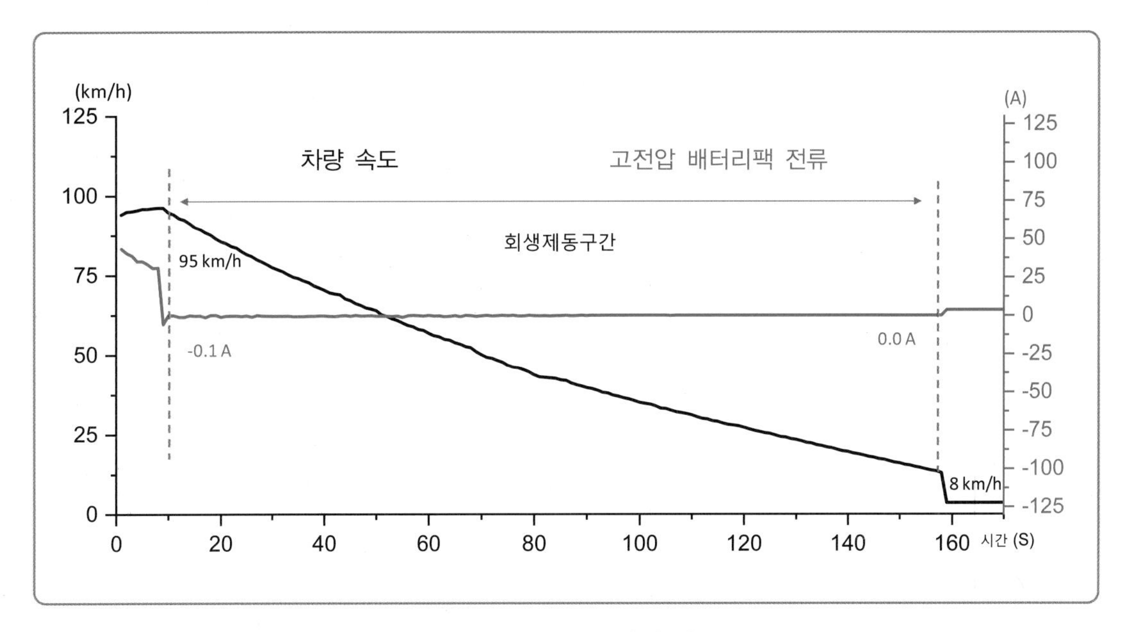

Fig. 29 회생 제동 0단계 테스트

계기판 속도는 시속 100km/h이었으나, 실제 속도와는 약간의 차이가 있다. 측정된 데이터 기준으로 시속 95km/h 지점에서 가속페달에서 발을 떼었으며 관성 주행으로 150초간 주행한 후 시속 8km/h에 이르렀다.

8km/h 속도는 크립(Creep) 주행속도이므로 이 속도에 이르는 시점까지의 회생 에너지양 주행거리를 계산해보자.

- 회생 제동 에너지양(kWh) = Σ전류(A) × 전압(V) / 3,600 / 1,000 = 0.006
- 회생 제동 시 주행한 거리(km) = Σ차량 속도(km/h) /3,600 = 1.93

2) 회생 제동 1단계

시속 100km/h의 속도로 주행 중인 차량에서 가속페달에서 발을 떼어 낸 상태에서 주행하였다. 회생 제동은 1단계로 설정되어 있다.

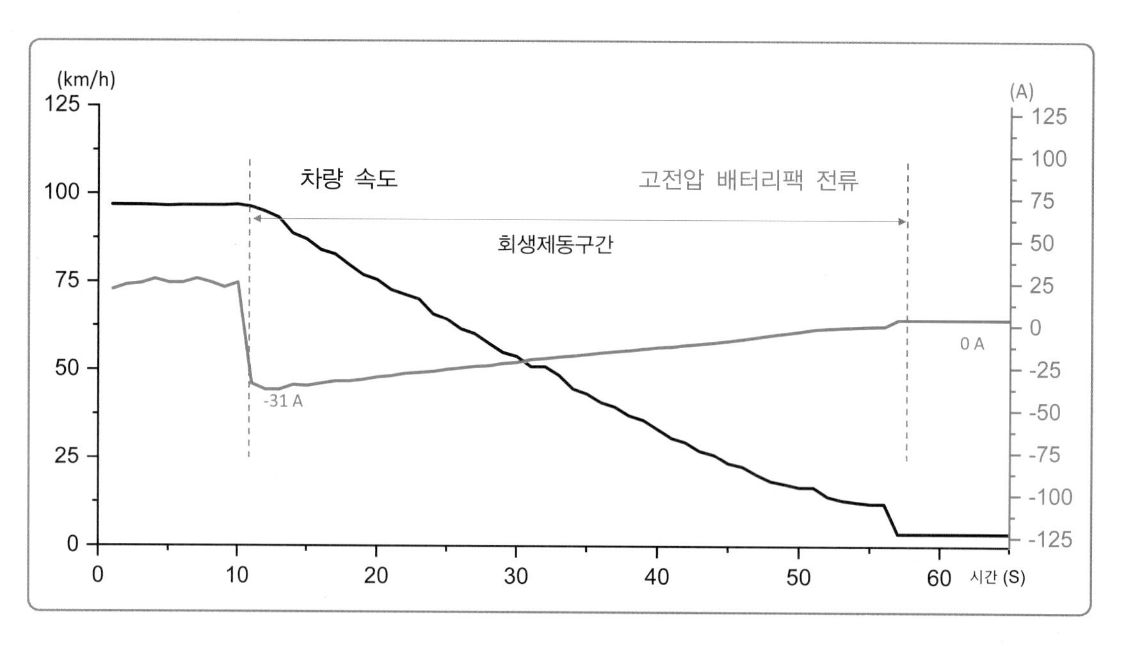

Fig. 30 **회생 제동 1단계 테스트**

가속페달을 떼는 순간 회생하는 최대 전류는 31A이며 회생 제동 구간 시간은 45초가량이다. 회생 제동 0단계와 동일하게 회생 제동 에너지양과 주행 거리 계산 결과는 아래와 같다.

- 회생 제동 에너지양(kWh)
  = Σ전류(A) x 전압(V) / 3,600 / 1,000 = 0.158
- 회생 제동구간 주행 거리(km) = Σ차량 속도(km/h) / 3,600 = 0.620

3) 회생 제동 2단계

시속 100km/h의 속도로 주행 중인 차량에서 가속페달에서 발을 떼어 낸 상태에서 주행하였다. 회생 제동은 2단계로 설정되어 있다.

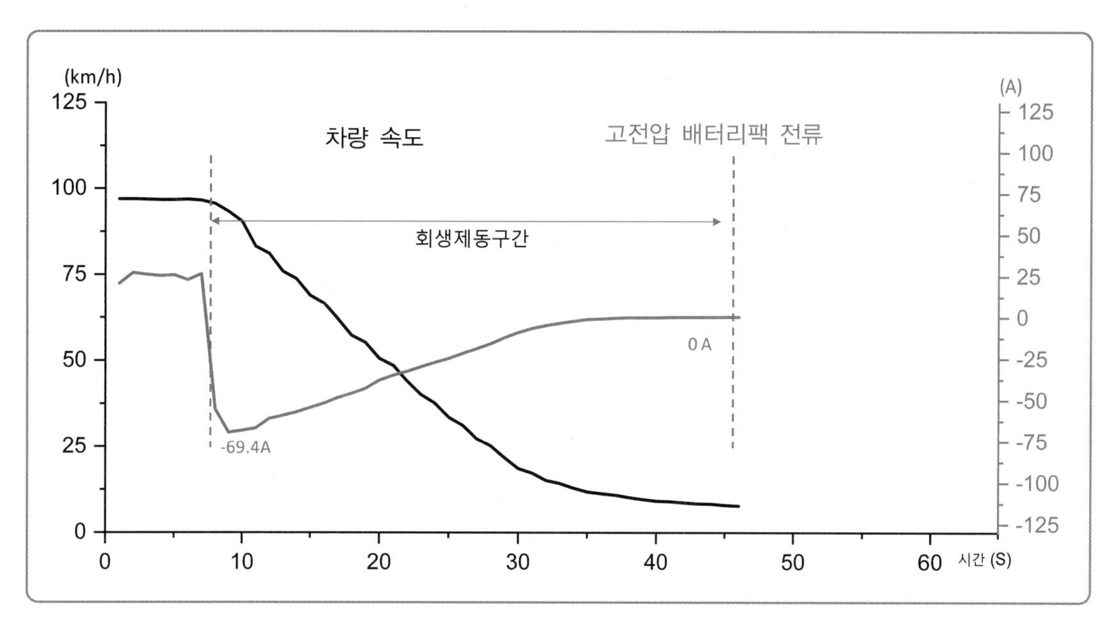

Fig. 31 **회생 제동 2단계 테스트**

가속페달을 떼는 순간 회생하는 최대 전류는 69.4A이며 회생 제동 구간 시간은 38초가량이다. 회생 제동 0단계와 동일하게 회생 제동 에너지양과 주행 거리 계산 결과는 아래와 같다.

- 회생 제동 에너지양(kWh)
  = Σ전류(A) x 전압(V) / 3,600 / 1,000 = 0.178
- 회생 제동구간 주행 거리(km) = Σ차량 속도(km/h) / 3,600 = 0.450

회생 제동 에너지양은 회생 제동 1단계에 비해 약 11% 정도 증가하고, 주행거리는 27%가량 감소하였다.

4) 회생 제동 3단계

시속 100km/h의 속도로 주행 중인 차량에서 가속페달에서 발을 떼어 낸 상태에서 주행하였다. 회생 제동은 3단계로 설정되어 있다.

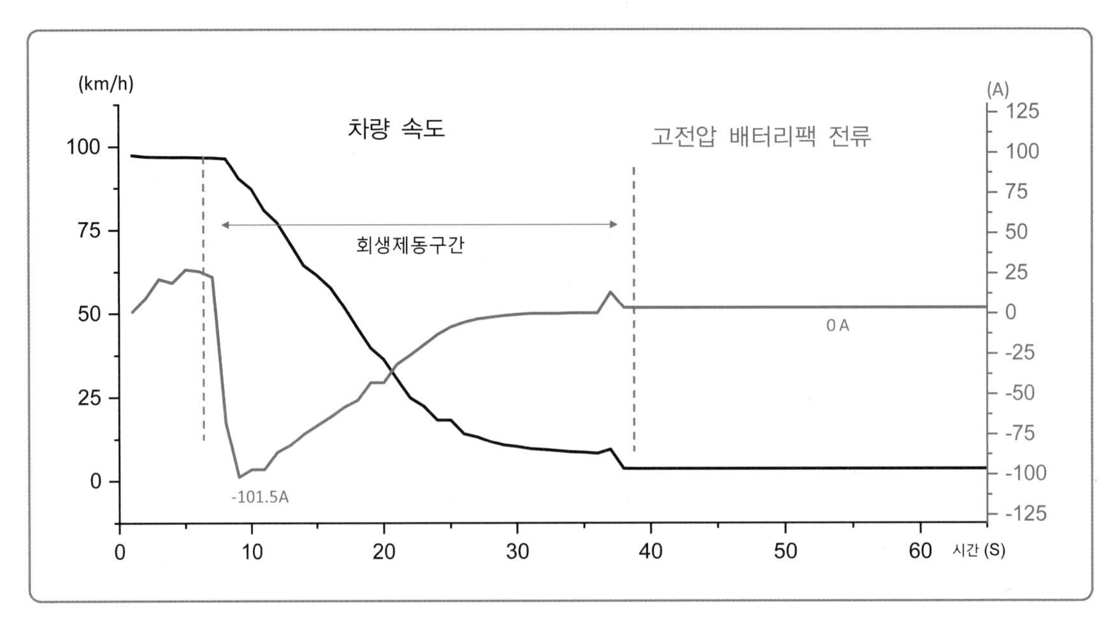

Fig. 32 **회생 제동 3단계 테스트**

가속페달에서 발을 떼는 순간 회생하는 최대 전류는 101.5A이며 회생 제동 구간 시간은 30초가량이다. 회생 제동 0단계와 동일하게 회생 제동 에너지양과 주행 거리 계산 결과는 아래와 같다.

- 회생 제동 에너지양(kWh) = ∑전류(A) x 전압(V) / 3,600 / 1,000 = 0.196
- 회생 제동구간 주행 거리(km) = ∑차량 속도(km/h) /3,600 = 0.304

회생 제동 에너지양은 회생 제동 2단계에 비해 약 10% 정도 증가하고, 주행 거리는 32%가량 감소하였다.

5) 회생 제동 4단계

시속 100km/h의 속도로 주행 중인 차량에서 가속페달에서 발을 떼어 낸 상태에서 주행하였다. 회생 제동은 4단계로 설정되어 있다.

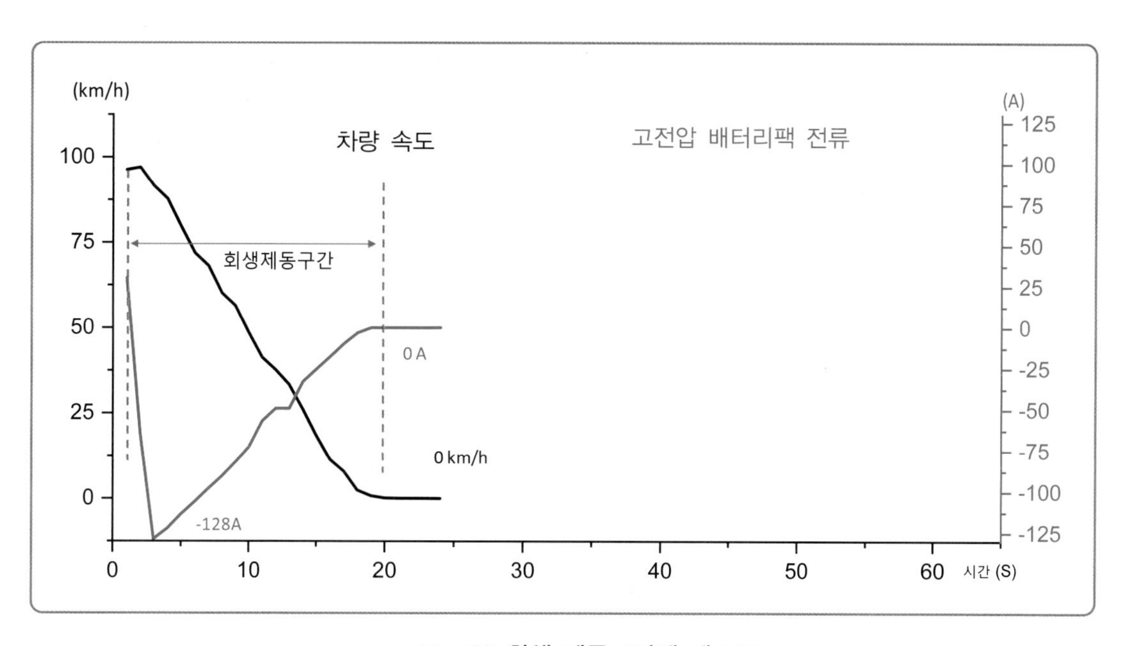

Fig. 33 회생 제동 4단계 테스트

가속페달을 떼는 순간 회생하는 최대 전류는 128A이며 회생 제동 구간 시간은 17초가량이다. 그리고 차량은 크립(Creep)주행은 하지 않고 멈추었다. 회생 제동 0단계와 동일하게 회생 제동 에너지양과 주행 거리 계산 결과는 아래와 같다.

- 회생 제동 에너지양(kWh) = Σ전류(A) x 전압(V) / 3,600 / 1,000 = 0.209
- 회생 제동구간 주행 거리(km) = Σ차량 속도(km/h) /3,600 = 0.233

회생 제동 에너지양은 회생 제동 3단계에 비해 약 6% 정도 증가하고, 주행거리는 23%가량 감소하였다.

다. 요 약

회생 제동 단계가 증가할수록 최대 회생 전류는 증가하지만, 이로 인해 회생 제동 구간 및 실제 주행거리는 상대적으로 감소함을 확인할 수 있다. 회생 제동으로 발생한 에너지는 배터리에 충전되어 주행에 다시 사용된다.

회생 제동 0단계에서는 회생 에너지가 거의 발생하지 않았지만 탄력주행으로 최장 거리를 주행하였다. 그리고 회생 제동 4단계에서는 회생 에너지는 상대적으로 크지만 그만큼 주행거리는 짧아졌다.

이번 테스트에서는 단순한 사례를 비교한 것이므로, 회생 제동이 에너지 효율성에서 효과가 없다는 것은 아니다. 실제 도로의 구배와 차량 상태, 교통 상황 등 여러 요소를 고려할 때, 특정 구간에서는 회생 제동이 효과적이지만 일부 구간에서는 탄력주행이 더 효율적일 수 있음을 간접적으로 나타내고 있다.

회생 제동	최대회생전류 (A)	회생구간 (s)	회생에너지 (kWh)	주행거리 (km)
0단계	0.1	150	0.006	1.93
1단계	31	45	0.158	0.620
2단계	69.4	38	0.178	0.405
3단계	101.5	30	0.196	0.304
4단계	128	17	0.209	0.233

Fig. 34 **회생 제동 단계별 회생 에너지 및 주행거리 비교**

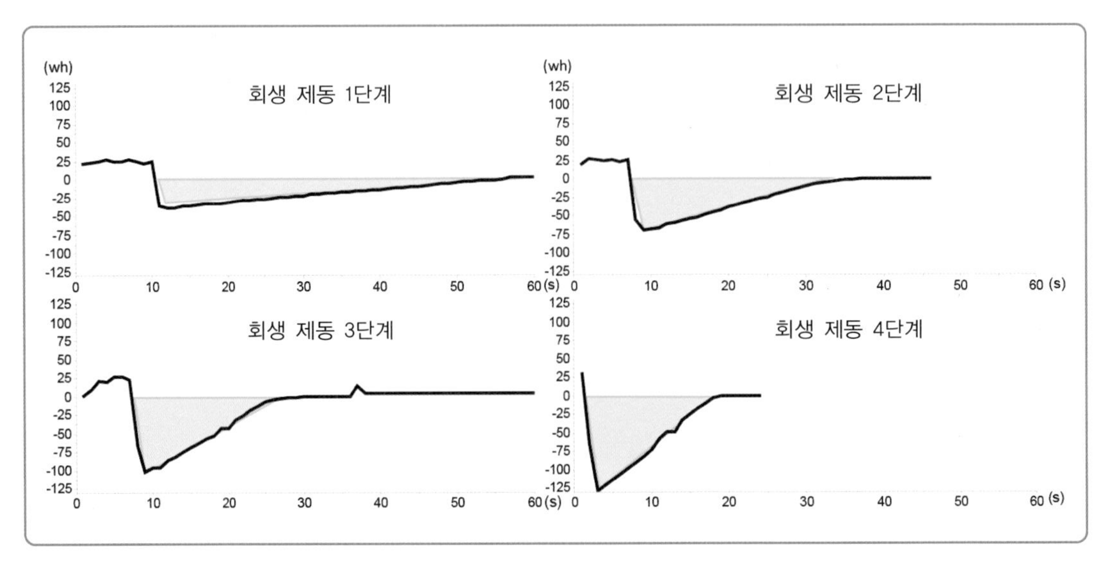

Fig. 35 **회생 제동 단계별 회생 전력량 비교**

고전압 배터리

08

충전 시 충전 전압과 전류는 어떻게 결정되나?

전기자동차는 운행에 필요한 전력을 충전기를 통해 얻는다. 충전기는 정격용량에 따라 초급속 충전기(300kW 이상), 급속 충전기(50~300kW), 완속 충전기(3~7kW)로 구분된다. 이 구분은 충전기의 전력 용량에 따라 전기자동차에 공급할 수 있는 최대 전력량이 결정되며, 충전 속도에도 영향을 미친다.

고전압 배터리의 충전 상태와 배터리 셀의 온도 및 기타 정보에 따라 고전압 배터리에 충전이 이루어진다. 어떤 과정을 통해 충전기로부터 전류가 공급되는지 데이터를 통해 살펴보자

가. 테스트 조건

차 종	현대 아이오닉 5 롱레인지
주행거리	102,407km
외기온도	27.5℃
측정시간	2,700초(45분)

Fig. 36은 차량에 급속 충전기를 연결하여 충전하는 과정을 나타낸다. 충전 초기의 실제 SOC는 17.55%이며, 충전 종료 시 실제 SOC는 87.5%를 나타낸다. 고전압 배터리 충전 전류는 충전 초기에는 135A를 나타내다가, 충전 시작 2,000초 지점에서 4.7A로 잠시 낮아진 후 115A로 올라갔다가 다시 39A로 떨어진다. 그리고 일정 시간 동안 39A로 충전을 유지하다가 실제 SOC가 87.5% 되는 지점에서 충전이 종료된다.

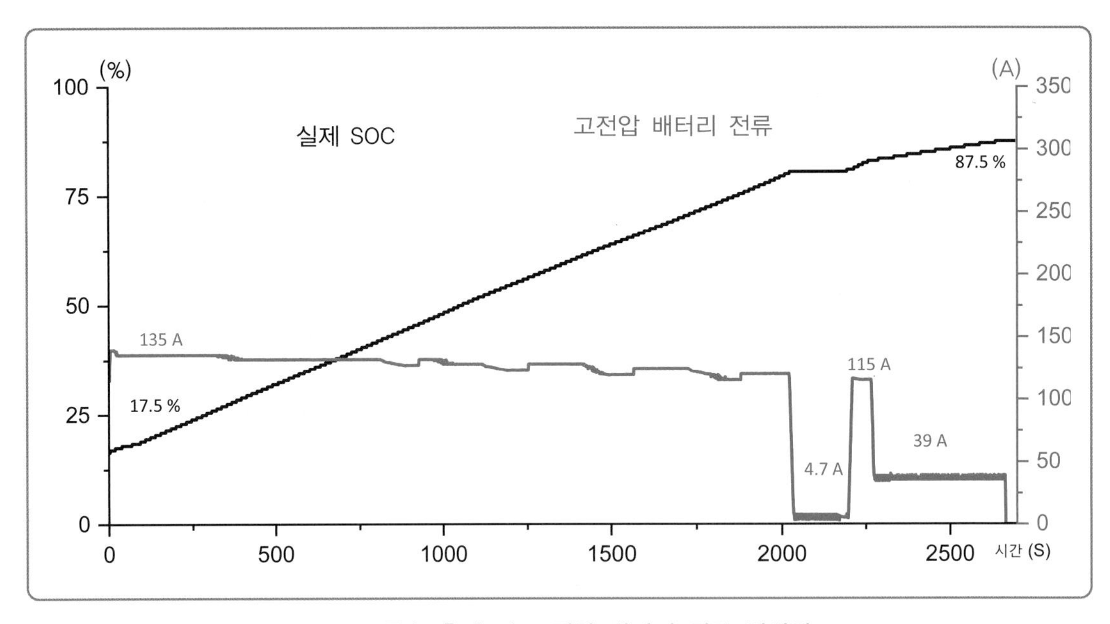

Fig. 36 **급속 충전 시 고전압 배터리 전류 변화량**

나. 측정 데이터 해석

Fig. 37에서 보듯이 차량 충전 관리 시스템(VCMS)에서 충전기에 요구하는 전류량은 초기에 305A로 시작한다. 그러나 고전압 배터리에 충전되는 실제 전류는 135A이다. 이는 테스트 차량에 연결된 충전기가 공급할 수 있는 최대 용량의 전류가 135A이기 때문이다. 전류량으로 보면 테스트 차량에 연결된 충전기는 100kW급으로 추정된다.(공급전압 740V × 공급전류 135A = 99.9kW)

이후, VCMS에서 충전기에 요구하는 전류량이 305A에서 168A로 감소한다. 하지만 이 구간에서도 충전기가 공급할 수 있는 최대 전류량은 135A이므로 동일한 전류를 계속 공급한다. 하지만 충전량이 높아질수록 공급전압도 조금씩 올라가기 때문에 동일한 충전기에서 공급하는 전류량은 반대로 조금씩 낮아진다.

마지막으로, VCMS에서 충전기에 요구하는 전류량이 4.7A 그리고 39A로 감소하는 구간에서는 동일한 전류를 충전기에서 공급하는 것을 확인할 수 있다. 이러한 변화는 충전기의 용량 조절 및 안전한 충전을 지원하기 위해 VCMS에서 충전기에 요구하는 전류량에 따라 충전기에서 적절하게 반응하는 것을 확인할 수 있다.

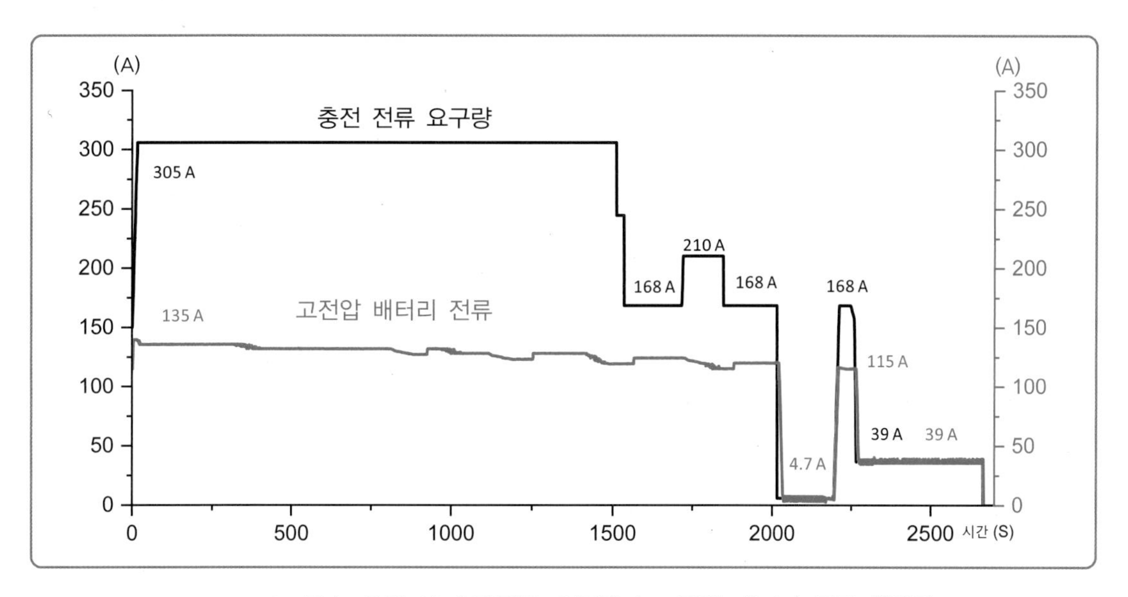

Fig. 37 **급속 충전 시 충전전류 요구량과 고전압 배터리 전류 변화량**

차량 충전 관리 시스템(VCMS)에서 충전기에 요구하는 전압은 774V로 충전 구간 내내 일정하다. 이에 반해 충전기에서 공급되는 전압은 충전 시작 시 665V에서 충전 완료 시 740V까지 변한다. 충전기는 전류 제어를 통해 충전을 진행하므로 고전압 배터리의 충전량과 충전기에서 공급하는 충전 전류량에 따라 고전압 배터리의 전압이 결정된다. 차량 충전 관리 시스템(VCMS)에서 요구하는 충전 전압 이내에서 고전압 배터리의 전압이 나타난다면 이는 정상적인 충전 동작으로 판단할 수 있다.

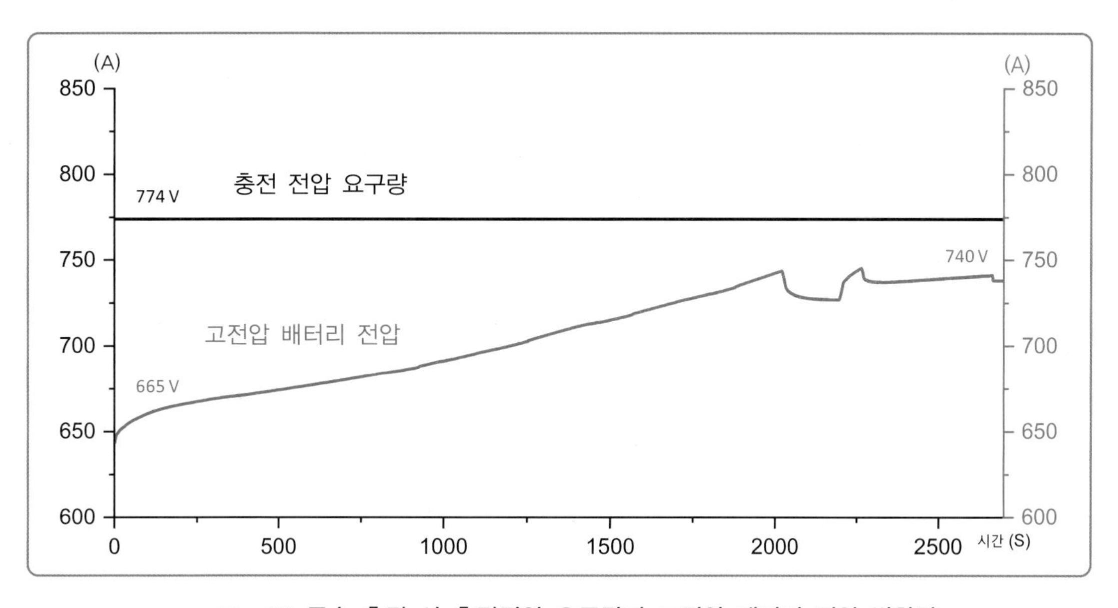

Fig. 38 **급속 충전 시 충전전압 요구량과 고전압 배터리 전압 변화량**

다. 요 약

충전기는 차량 충전 관리 시스템(VCMS)의 요구에 따라 전류와 전압을 정확히 제어하면서 차량에 전력을 공급해 주어야 한다. 만일 정확히 제어되지 않은 전류와 전압이 차량에 공급된다면 충전과 관련된 부품들의 수명에 영향을 줄 수 있다. 그리고 충전기는 불특정 다수가 사용하고 열악한 환경에 노출되어 있으므로 고장 및 내구성에 취약하므로 체계적인 관리가 필요하다.

충전기를 통해 차량에 충전될 때에 충전기 용량 및 고전압 배터리의 충전 상태, 셀 온도 등 요인으로 인해 충전되는 패턴은 다양하다. 충전 전류가 단계적으로 올라가다가 떨어지기도 하며, 일시적으로 충전 전류를 감소시켰다가 다시 증가시키기도 한다. 또한 충전 중 냉각시스템이 작동되는 구간에서는 충전 전류가 5A가량 낮아지기도 한다.

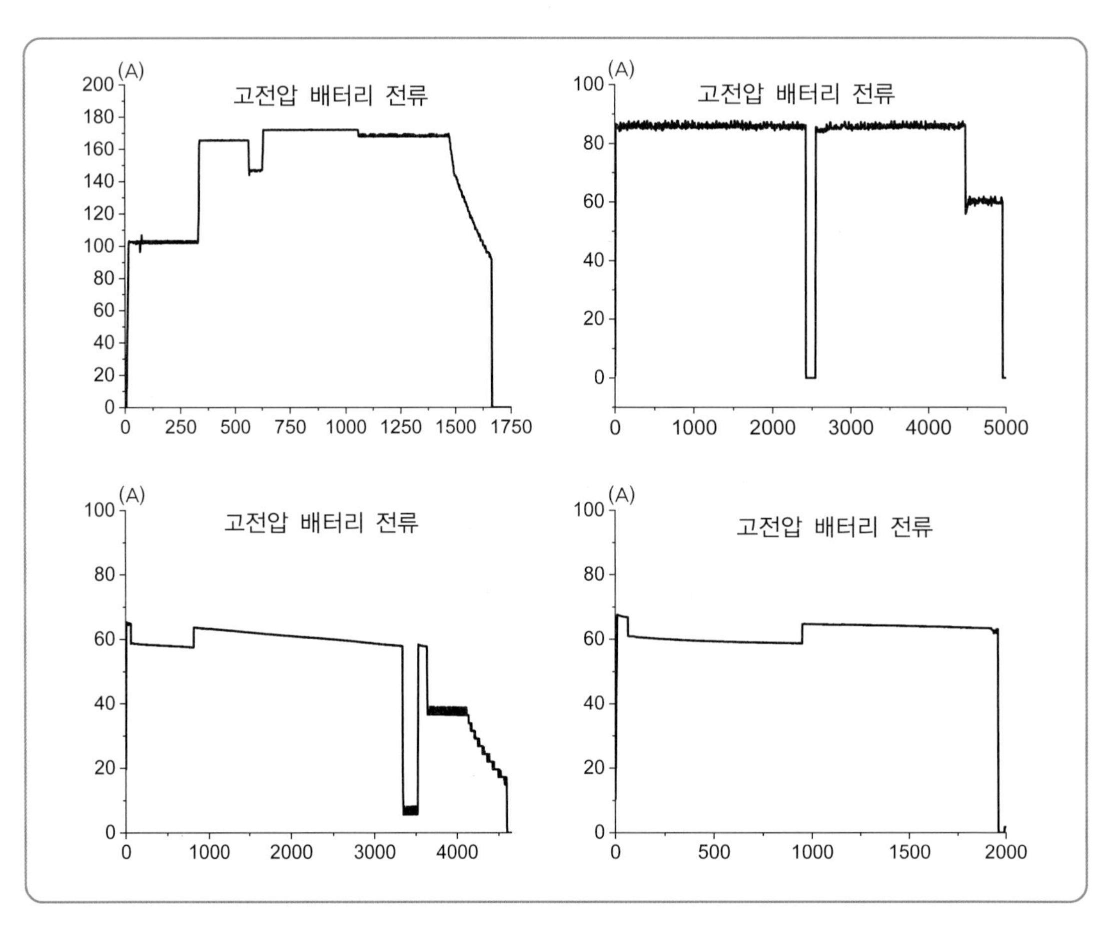

[각종 충전 전류 패턴]

 TIP

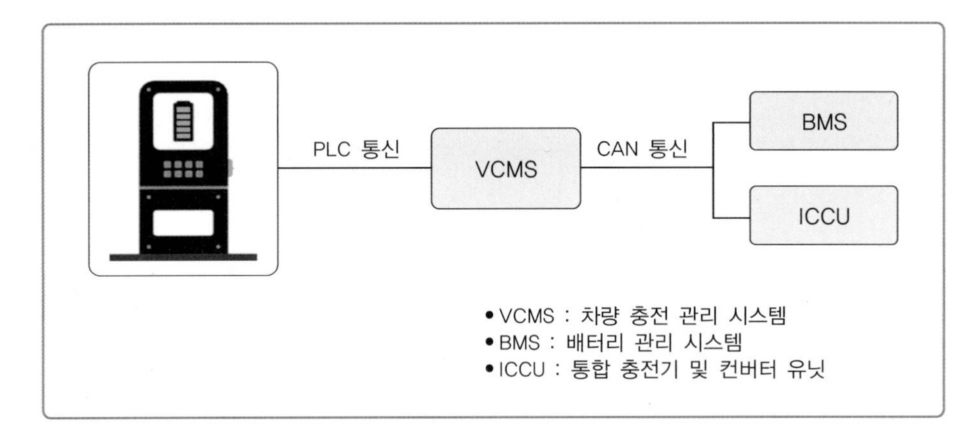

Fig. 39 충전기와 차량 충전 관리 시스템 통신 개략도

전기자동차 내 차량 충전 관리 시스템(VCMS)은 배터리 관리 시스템(BMS)과 통합 충전기 및 컨버터 유닛(ICCU)과 CAN 통신선으로 연결되어 있다. 이 시스템은 실시간으로 고전압 배터리의 충전 상태와 온도를 모니터링하여 최적의 충전 조건을 결정한다.

충전기가 차량에 연결되면 VCMS는 PLC 통신 방식을 이용하여 충전기와 소통한다. 이 과정에서 최적의 충전 전류와 충전 전압을 요청하는 메시지를 충전기에 전송한다. 이로써 고전압 배터리는 안전하고 효율적으로 충전될 수 있도록 조절된다. VCMS는 BMS의 데이터를 실시간으로 수신하여 충전 상태를 모니터링하고, 충전이 완료되면 적절한 명령을 PLC 통신을 통해 충전기에 전송하여 충전기와 차량 간의 통신을 종료한다.

TIP

차량 충전 관리 제어기(VCMS : Vehicle Charge Management System)는 차량 충전과 관련된 충전, V2L, PnC 등의 제어 기능을 수행한다.

NO	기능	설　명
1	충전	• AC 완속 충전 제어 • 인버터를 활용한 멀티입력(400V, 800V) DC 급속 충전 제어 • PLC 통신을 이용한 충전기와 VCMS간 충전 관련 정보 송·수신 • 충전기 체결 감지 • 커넥터 단자 온도 감지
2	V2L	• 양방향 ICCU(OBC)를 활용한 배터리 전력 공급 제어
3	PnC (간편 결제 시스템)	• 충전 시 자동 인증/결제/과금 진행되는 충전 인터페이스 기능 • PnC기능을 위한 인증서 저장, 삭제 등 인증서 관리

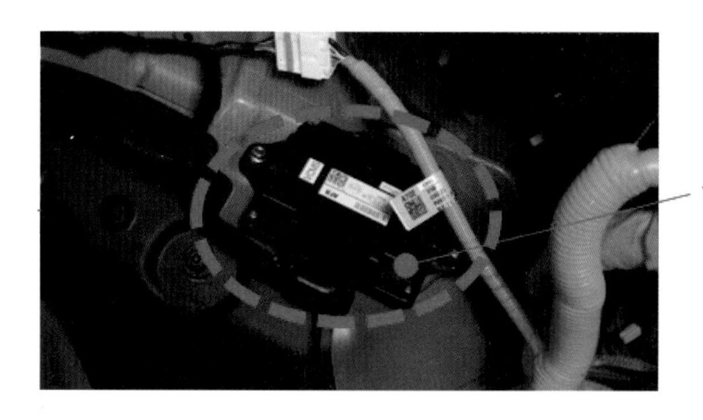

고전압 배터리

09 회생 제동으로 생성된 에너지는 얼마나 될까?

전기자동차는 주행 중 발생하는 에너지를 회생 제동 시스템을 통해 회수하여 고전압 배터리에 저장함으로써 내연기관을 사용하는 차량에 비해 높은 효율성을 보인다. 이는 전기자동차의 핵심 특성 중 하나로, 회생 에너지의 생성량은 주행 중 감속 또는 브레이킹 시에 발생하므로, 운전자가 이러한 특성을 적극 활용하면 더 높은 회생 효율을 기대할 수 있다.

그뿐만 아니라, 차량의 회생 시스템의 효율성도 주요한 역할을 한다. 회생 제동으로 인한 효율의 차이가 실제 주행거리 및 연비에 큰 영향을 미치기 때문에, 이러한 정보는 차량의 대시보드에 표시되어 운전자가 최적의 운전 습관을 찾아내는 데 도움이 된다.

따라서, 회생 에너지가 얼마나 연비에 영향을 미치는지를 살펴보기 위해 고속도로 주행과 시내 주행 데이터를 통해 분석해 보자

가. 테스트 1

차 종	현대 아이오닉 5 롱레인지
주행거리	102,409km
외기온도	27.5℃
측정시간	3,350초
회생 제동 모드	I-PEDAL 모드

이번 테스트에서는 I-Pedal 모드에서 주행하는 상황에서 회생 제동이 가장 많이 이루어지도록 하여 50km 정도의 거리를 주행하였다. I-Pedal 모드는 가속페달에서 발을 떼면 차량이 급격하게 감속하며, 최종적으로 차량이 정차할 수 있는 모드이다.

차량이 없는 구간에서는 시속 80~100km/h 정도로, 정체된 구간에서는 시속 40km/h정도로 주행하였다.

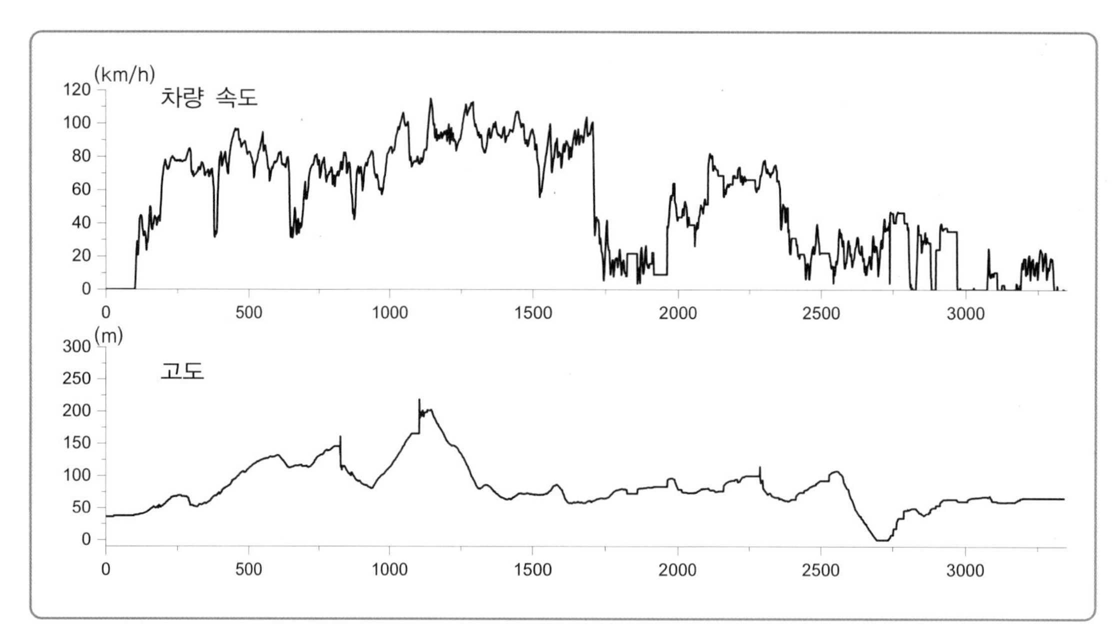

Fig. 40 일반도로 주행 시 차량 속도 및 고도 변화량

약 50km에 걸친 주행 테스트에서는 도로의 구배, 고도의 변화, 교통 체증 등 다양한 주행 조건에서 I-Pedal 모드를 활용한 주행이 이루어졌다. Fig. 41은 테스트 중 고전압 배터리의 전류와 전압 변화를 나타낸 그래프이다. 고전압 배터리 전류가 '0' 이상인 구간은 구동 모터 작동을 위해 소모되는 전류를 나타내며, '0' 이하 구간은 회생 주행으로 생성된 회생 전류를 나타낸다.

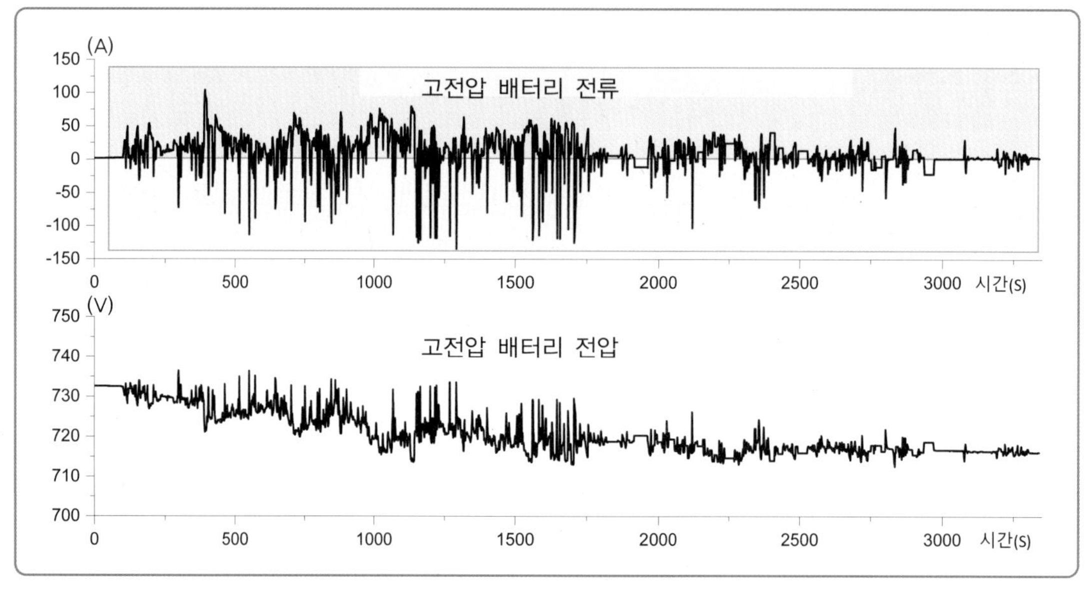

Fig. 41 일반도로 주행 시 고전압 배터리 전류와 전압의 변화

아래의 수식을 활용하여 전비를 구할 수 있으며 Fig. 42 예제를 참고하면 해당 방법을 쉽게 이해할 수 있다.

- 주행거리(km) = Σ 속도 (km/h) / 3,600
- 소모 전력량(kWh) = Σ 전류(A) x 전압(V) / 3,600 / 1,000 (전류 〉 0 구간)
- 회생 전력량(kWh) = Σ 전류(A) x 전압(V) / 3,600 / 1,000 (전류 〈 0 구간)

시간 (초)	고전압 배터리 전류 (A)	고전압 배터리 전압 (V)	전력량 (kWh)	비고
1	38.7	733.1	0.007880825	전류×전압/3600/1000
2	38.7	733.1	0.007880825	
3	40	432.9	0.008143333	
4	36.1	733.1	0.007351364	
5	35.9	733.1	0.007310636	
6	35.9	733.1	0.007310636	
7	24.7	734	0.005036056	
합 계			0.050913675	

Fig. 42 **전력량 계산 예제**

다음은 계산 결괏값이다.

- 주행거리 (km) = 48.1
- 소모 전력량 (kWh) = 9.80
- 회생 전력량 (kWh) = 3.11

차량이 48.1km를 주행하는 동안 소비된 전력은 총 6.69kWh이며, 이는 소모 전력량에서 회생 전력량을 뺀 값이다. 따라서 고속 도로 주행 시의 전비는 7.19km/kWh (48.1km / 6.69kWh)로 매우 높은 효율을 보여주고 있다.

또한, 48.1km를 주행하는 동안 총 소비된 전력량은 9.80kWh이지만 이 중 3.11kWh는 회생 제동을 통해 회수된 에너지이다. 회생 에너지는 전체 소비 전력량의 31.7%에 해당한다. 이는 주행 중에 발생한 에너지를 효율적으로 회수함을 의미하며, 회생 제동량이 차량 전비에 미치는 영향이 30% 이상임을 보여준다.

나. 테스트 2(니로 EV 시내 주행)

Fig. 43은 니로 EV 차량의 시내 주행을 시계열로 나열한 데이터이다. 아이오닉5차량의 고전압 배터리 전압은 730V이지만, 테스트 차량의 고전압 배터리 전압은 370V이다. 그러므로 테스트 차량이 아이오닉5와 동일한 출력을 만들기 위해서는 소모 전류가 2배 필요하다, Fig. 43 그래프에서 고전압 배터리 전류가 아이오닉5 측정 데이터보다 2배가량 높게 나타나는 것을 볼 수 있다.

수도권 지역 시내를 운행하는 니로 EV 택시의 하루 동안 주행한 데이터를 추가로 분석해 보았다. 운행 중 충전하는 구간은 제외시킨 후 그래프로 표시한 결과, 고전압 배터리 전압이 갑자기 높아지는 구간이 관찰되었다. 또한, 니로 EV 택시는 고전압 배터리 전압이 400V이므로 충전 전류는 아이오닉 5에 비해 상대적으로 높게 나타난다.

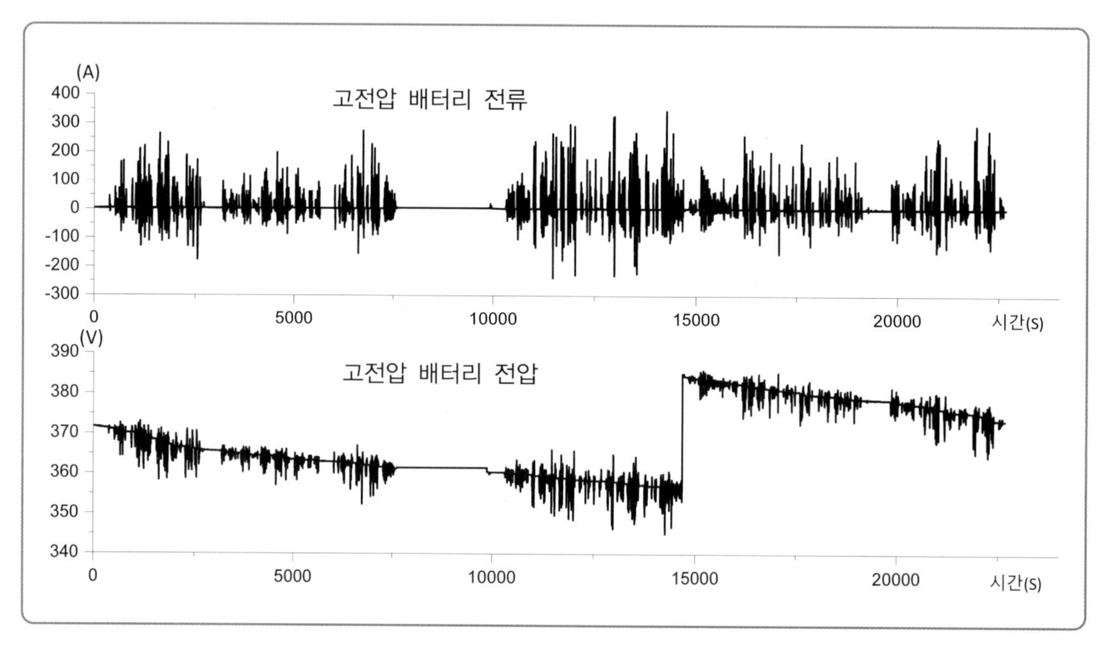

Fig. 43 **택시 니로 EV 시내 주행 시 전류와 전압의 변화량**

- 주행거리(km) = 108.4km
- 소모 전력량(kWh) = 30.44
- 회생 전력량(kWh) = 11.47 (소모 전력량의 37%에 해당됨)
- 전비(km/kWh) = 5.71

다. 테스트 3 (아이오닉5 고속도로 주행)

Fig. 44는 아이오닉5 차량의 고속 도로 주행을 시계열로 나열한 데이터이다. 전체 운행 구간 중 충전하는 구간의 데이터는 삭제하였다. 그 결과 완충 후 주행 시 고전압 배터리 전압이 갑자기 상승한 구간이 나타난다.

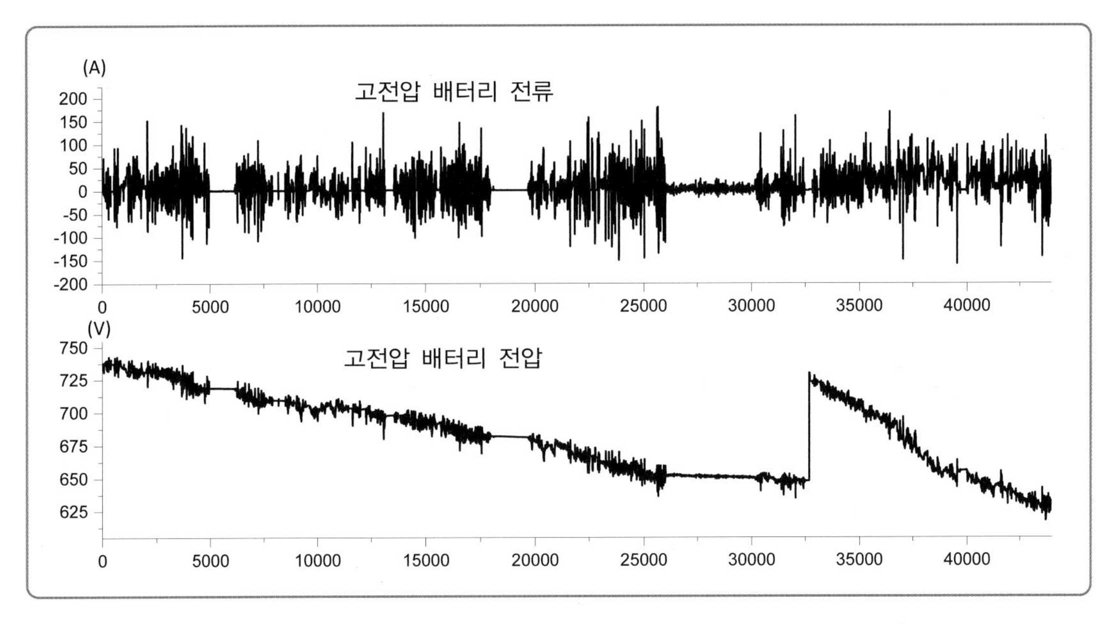

Fig. 44 아이오닉5 고속도로 주행 시 전류와 전압의 변화량

- 주행거리(km) = 622km
- 소모 전력량(kWh) = 120.6
- 회생 전력량(kWh) = 25.1 (소모 전력량의 20%에 해당됨)
- 전비(km/kWh) = 6.51

라. 요 약

전기자동차는 급감속 시 회생 제동으로 생성된 에너지를 고전압 배터리에 충전시킨 후 방전 시 다시 사용한다. 위 3가지 형태의 주행 데이터를 확인한 결과, 회생 제동으로 생성된 에너지양은 전체 방전 에너지에서 시내 주행 모드에서는 31~37%가량, 고속 도로 주행 시에는 20%가량 차지한다. 물론, 차량의 주행 속도, 도로 여건, 및 운전자의 운전 패턴 등 다양한 변수들의 영향으로 결과는 다르게 나올 수 있다. 하지만 회생 제동으로 생성된 에너지양은 개인적으로 가지고 있던 기대치보다 크다고 느꼈다.

주행 조건을 종합적으로 고려하며 회생 제동 에너지를 효율적으로 제어하고 관리한다면, 차량의 에너지 효율을 높일 수 있는 가능성이 크다는 결과를 얻었다. 이러한 데이터를 토대로 차량 운전자 및 관리자들이 향후 에너지 효율 개선을 위한 조치를 하는 데 도움이 되기를 바란다.

회생 제동 시 제동등이 점등될까?

회생 제동 시 제동등 점등은 감속이 1.3m/s^2 이상인 경우 브레이크 등이 점등 되도록 법규화 되어 있다. 1.3m/s^{2}는 1초당 1.3m/s의 속도변화이다.

- 회생 제동 0 또는 1단계는 감속도가 낮아 브레이크 램프 미 작동
- 0.7m/s^2 이하의 감속도 발생 시 소등
- 1.3m/s^2 이상의 감속도 발생 시 점등
- 1.3 ~ 0.7m/s^2 이상 감속 구간에서는 점등 가능

※「자동차 및 자동차부품의 성능과 기준에 관한 규칙[별표 5의2]」에서「긴급제동신호 및 전기회생 제동장치의 작동기준」에 기술되어 있음

고전압 배터리

10

주행 여건에 따라 고전압 배터리 버스바 온도는 얼마나 올라가는가?

고전압 배터리 버스바는 충전 시 고전압 배터리팩 모듈로 전류를 공급하고, 방전 시에는 고전압 배터리팩 내의 전류를 구동 모터와 냉난방을 위한 컴프레서에 공급하는 주요 통로이다. 이는 동금속이나 알루미늄 막대와 같은 바로 구성되어 전기 회로에서 전기 에너지를 전달하거나 분배하는 역할을 한다.

고전압 배터리 시스템에서 전기 에너지를 효율적으로 다른 부품으로 전달하기 위해 버스바가 활용되며, 전기 자동차나 하이브리드 차량의 성능과 효율성을 향상시키는 데 사용되는 중요한 구성 요소이다. 여러 주행 조건에 따른 고전압 배터리 버스바의 온도 변화 특성을 확인해 보자.

TIP

버스바는 단단한 금속(구리 또는 알루미늄)형태의 배선이며, 평평한 납작 형태로 제작되어 일반 케이블에 비해 넓은 면적을 가지고 있으며 동일 단면적 케이블보다 더 많은 전류를 전달할 수 있다.

고전압을 사용하는 EV차량의 경우에는 케이블을 사용하여 손실되는 공간 활용을 위하여 버스바를 사용하고 있으며, 설계 형태의 정밀한 각도, 원형 유지(단단함) 등의 특징으로 인하여 고전압 배터리, 고전압정션박스 기타 전력 변환 장치 내부에 사용되고 있다.

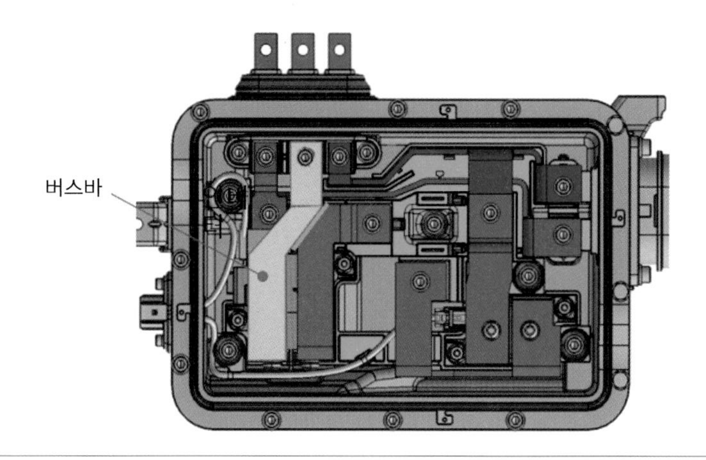

가. 테스트 1(도로 주행)

차 종	현대 아이오닉 5 롱레인지
주행거리	102,457km
외기온도	30℃
측정시간	4,800초(80분)

Fig. 45는 아침 출근 시간에 측정한 데이터이다. 50km를 80여 분 동안 주행하는 동안 고전압 배터리 버스바의 온도는 30℃에서 40℃까지 상승하는 것을 확인할 수 있다. 이 상승은 주로 고전압 배터리팩 내의 전류가 구동 모터 인버터에 공급되어 구동 모터 작동을 위한 에너지로 사용되는 과정에서 발생한 것이다.

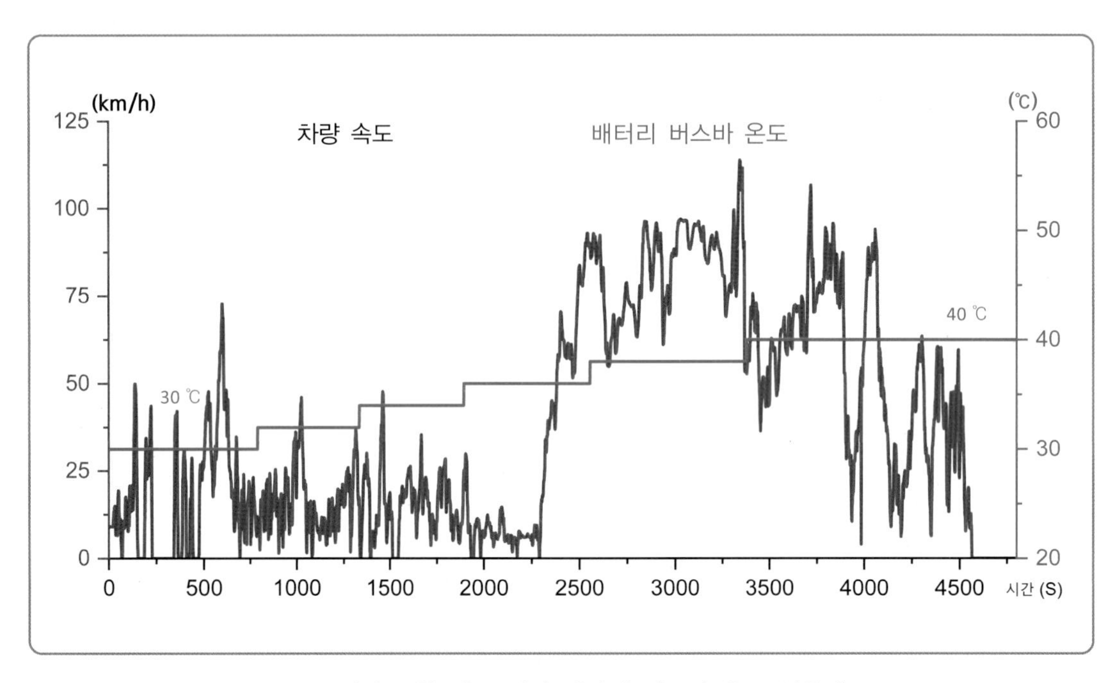

Fig. 45 일반 주행 시 고전압 배터리 버스바 온도 변화량

나. 테스트 2(급가속)

차 종	현대 아이오닉 5 롱레인지
주행거리	102,537km
외기온도	30℃
측정시간	80초

Fig. 46은 차량의 가속페달을 순간적으로 100%로 밟아 차량이 짧은 시간에 최고 속도에 이르게 한 데이터이다. 차량이 정차된 상태에서 최고 속도에 이르기까지 고전압 배터리팩으로부터 268A가 40초가량 구동 모터에 공급되었다. 그리고 이 기간에 고전압 배터리 버스바의 온도는 44℃에서 46℃로 2℃가량 상승한다. 급가속 시 고전압 배터리 버스바를 통해 매우 큰 전류가 흐르기는 했으나, 전류가 흘러간 시간이 그리 길지 않아서 고전압 배터리 버스바 온도 상승은 크지 않아 보인다.

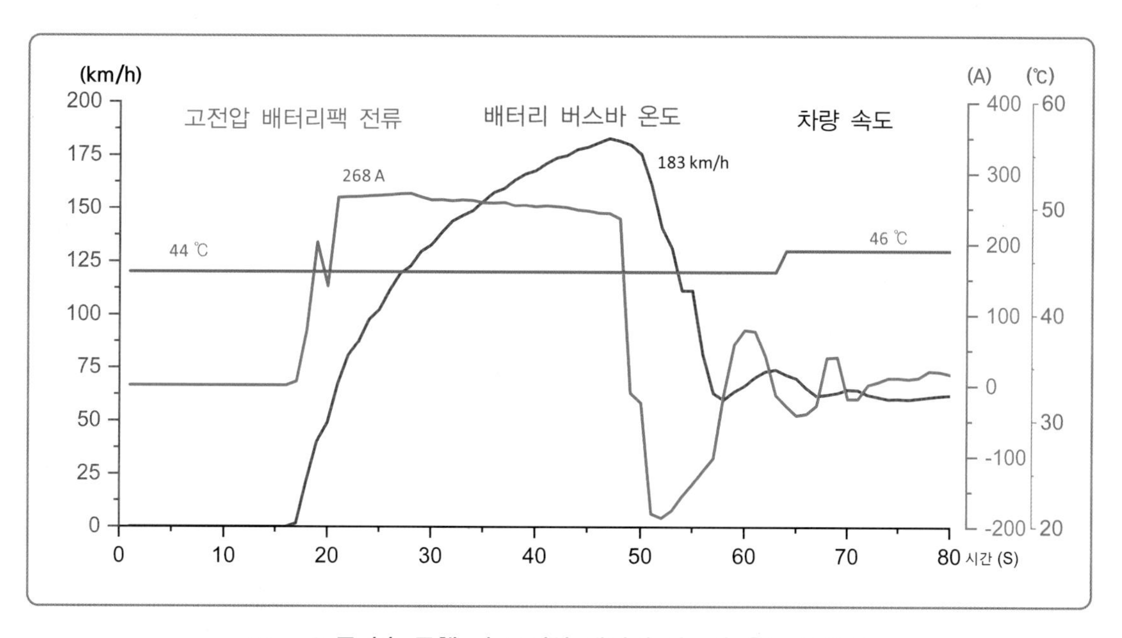

Fig. 46 급가속 주행 시 고전압 배터리 버스바 온도 변화량

다. 테스트 3(급속 충전)

차 종	현대 아이오닉 5 롱레인지
주행거리	103,293km
외기온도	24.5℃
측정시간	1,230초

Fig. 47은 차량에 초급속 충전기를 연결하여 충전한 데이터를 시계열로 표시한 그래프이다. 충전 초기에는 고전압 배터리 충전 전류는 305.8A이며, 고전압 배터리 충전량이 증가함에 따라 고전압 배터리 충전 전류는 서서히 감소한다. 충전하는 동안 고전압 배터리 버스바의 온도는 44℃에서 64℃로 10℃가량 상승한다.

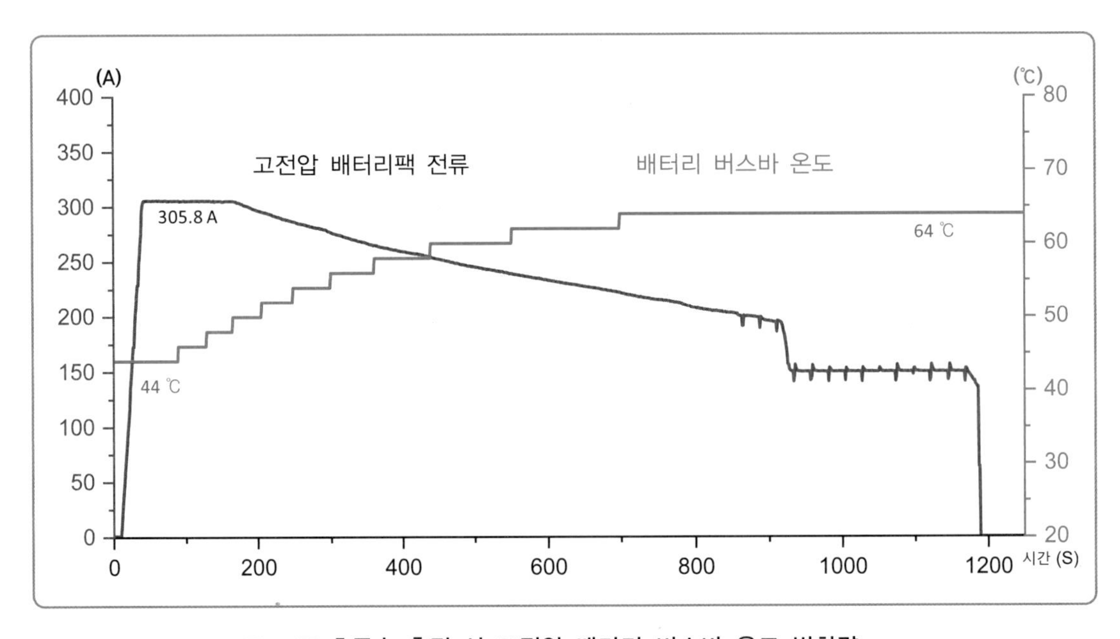

Fig. 47 초급속 충전 시 고전압 배터리 버스바 온도 변화량

라. 테스트 4(완속 충전)

차 종	현대 아이오닉 5 롱레인지
주행거리	65,985km
외기온도	24.5℃
측정시간	5시간

Fig. 48은 차량에 완속 충전기를 연결하여 충전한 데이터를 시계열로 표시한 그래프이다. 충전 초기에는 고전압 배터리 충전 전류는 9.4A이며, 고전압 배터리 충전량이 증가함에 따라 고전압 배터리 충전 전류는 서서히 감소한다. 충전하는 동안 고전압 배터리 버스바의 온도는 38℃에서 46℃로 8℃가량 상승한다.

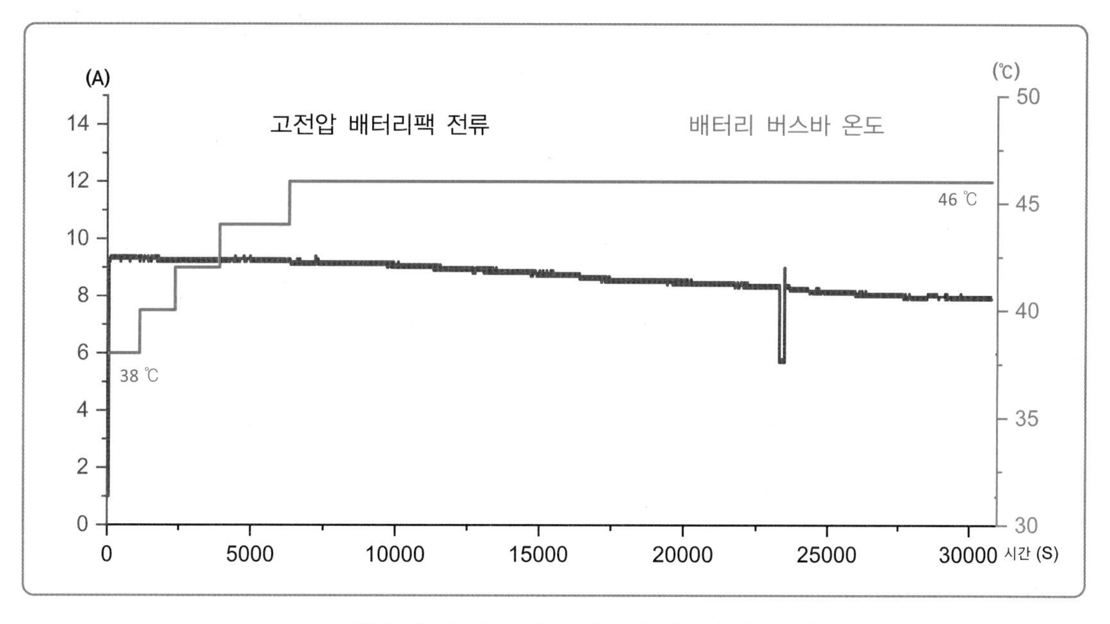

Fig. 48 **완속 충전 시 고전압 배터리 버스바 온도 변화량**

마. 요 약

4가지 테스트를 통해 고전압 배터리 버스바의 온도 변화를 살펴보았다. 급속 충전 시에는 약 20℃ 상승하였으며, 완속 충전 시에는 8℃가량 상승한 것으로 나타났다. 또한, 일반 도로 주행 시에는 약 10℃ 정도 상승하였다. 이러한 온도 상승은 고전압 배터리 버스바를 통해 흐르는 전류량과 전류가 흐르는 시간에 비례하는 것으로 확인되었다.

특히, 고전압 배터리 버스바는 고전압 배터리팩 내에서 온도가 가장 높게 나타나는 경향이 있으므로, 안전을 위해 모니터링해야 하는 부품 중 하나라 생각한다.

고전압 배터리

11

겨울철 운전자가 체감하는 주행 거리 감소량은?

테스트 차량에 장착된 고전압 배터리는 리튬 이온 배터리로, 리튬 이온이 전해질을 통해 양극과 음극을 오가면서 충전과 방전을 반복한다. 하지만 고전압 배터리는 외부 온도로 인해 전해질이 차가워질 경우, 전해질 내 리튬 이온의 움직임은 현저히 저하된다. 이로 따라 배터리 에너지의 효율이 떨어지고 빨리 방전되는 것처럼 느껴진다.

대부분의 고전압 배터리는 배터리팩 하단부 냉각수 라인에 냉각수를 공급하여 배터리 모듈과 셀을 냉각시키거나 승온 시킨다. 고전압 배터리 온도가 높으면 에어컨을 가동하여 칠러와의 열 교환 과정을 거쳐 고전압 배터리 냉각수를 냉각시키고, 고전압 배터리 온도가 낮으면 고전압 배터리 전력을 이용하여 승온 히터를 통해 배터리 냉각수를 가열시킨다. 그리고 최근 차량에서는 충전이 필요한 시점이 되면 사전에 배터리 히팅을 진행하여 저온에서의 충전효율을 향상하기도 한다. 이러한 배터리 히팅 시스템은 차량에 따라 옵션으로 제공되거나 기본 사양으로 장착될 수 있다.

그럼, 매일 일정한 거리를 주행하는 운전자가 겨울철에 체감하는 전비 변화량은 얼마나 될까? 이번 겨울 중 가장 추운 날에 측정된 데이터를 통해 확인해 보자.

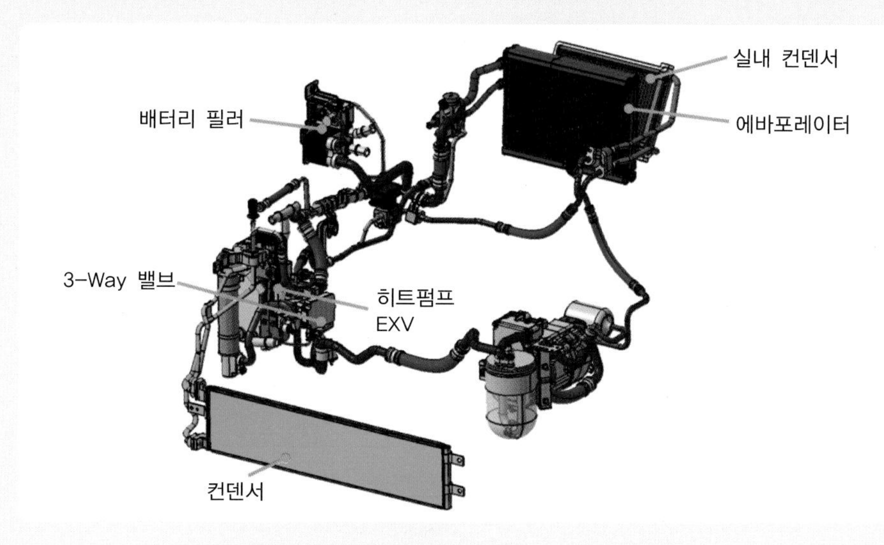

Fig. 49 **고전압 배터리 히팅 시스템 개략도**

가. 테스트 조건

차 종	기아 EV6
주행거리	59,436km
외기온도	-7℃
측정시간	3,600초(60분)

Fig. 50은 출근 시간에 측정한 데이터이다. 집에서 출발하여 도심 거리를 지나 외곽 순환도로를 지나 사무실에 도착하였다. 외기온도는 -7℃로 꽤 추운 날씨이다.

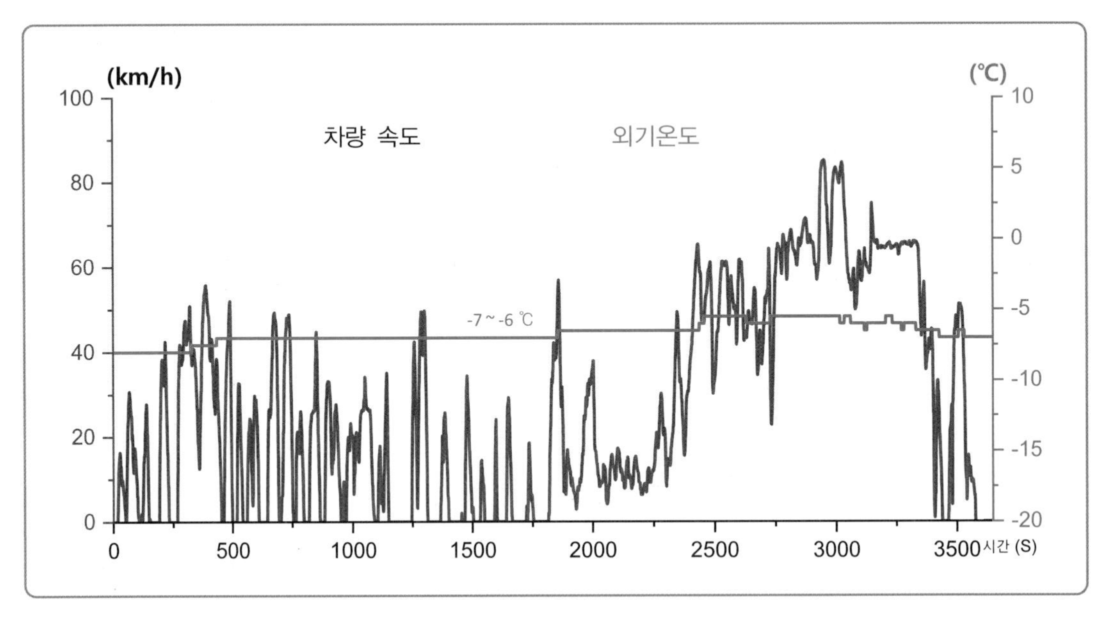

Fig. 50 차량 속도와 외기온도 변화량

나. 측정 데이터 해석

고전압 배터리팩에는 배터리 상단에 16개, 하단에 2개로 총 18개의 온도센서가 장착되어 있다. 특히 하단에 장착된 17번과 18번 온도센서는 고전압 배터리의 온도를 조절해 주는 냉각수 라인에 근접해 있다.

Fig. 51은 외기온도가 -7℃인 혹한기에 60분가량 주행하는 동안 배터리 상부에 장착된 온도센서 #1과 배터리 하부에 장착된 온도센서 #18의 온도 변화를 나타낸다. 그래프를 통해 알 수 있듯이, 60분가량 주행하는 동안 고전압 배터리의 온도 변화는 거의 없다.

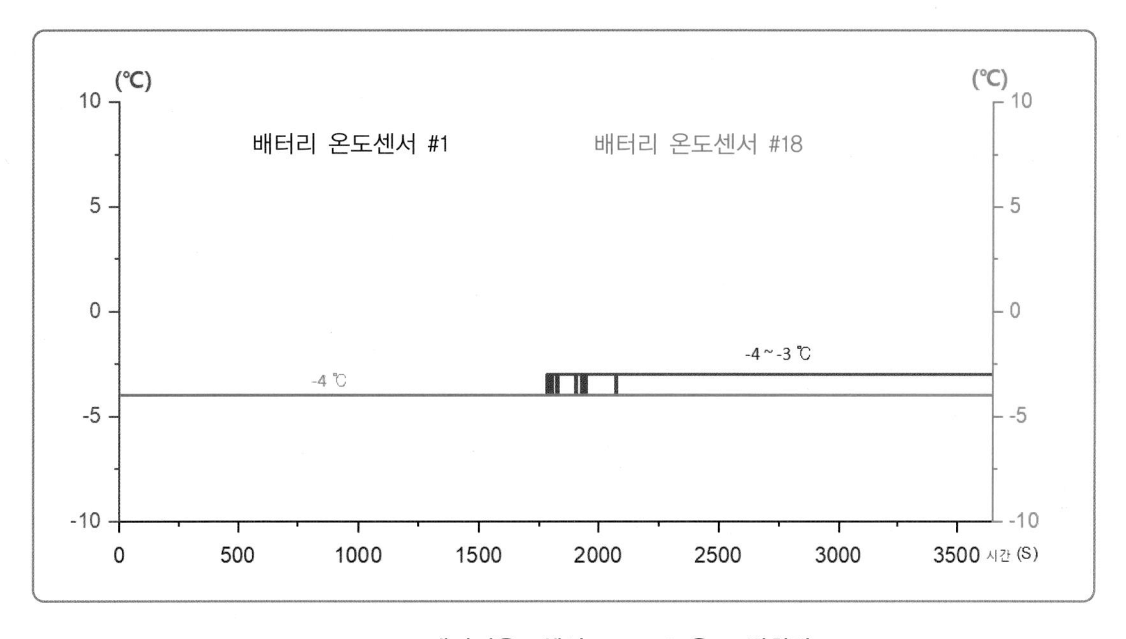

Fig. 51 **배터리온도센서 #1, #18 온도 변화량**

Fig. 52는 고전압 배터리팩 내부에 흐르는 냉각수 라인의 입구 온도와 LTR 펌프 #1(저온 제어 라디에이터용 전자식 냉각 펌프 1)의 작동 상태를 나타낸다. 60분가량 주행하는 동안 배터리 냉각수 입구 온도는 3℃가량 상승하였으며, 고전압 배터리 냉각수 순환을 만들어주는 LTR 펌프#1(저온 제어 라디에이터용 전자식 냉각 펌프 1)은 작동하지 않았다.

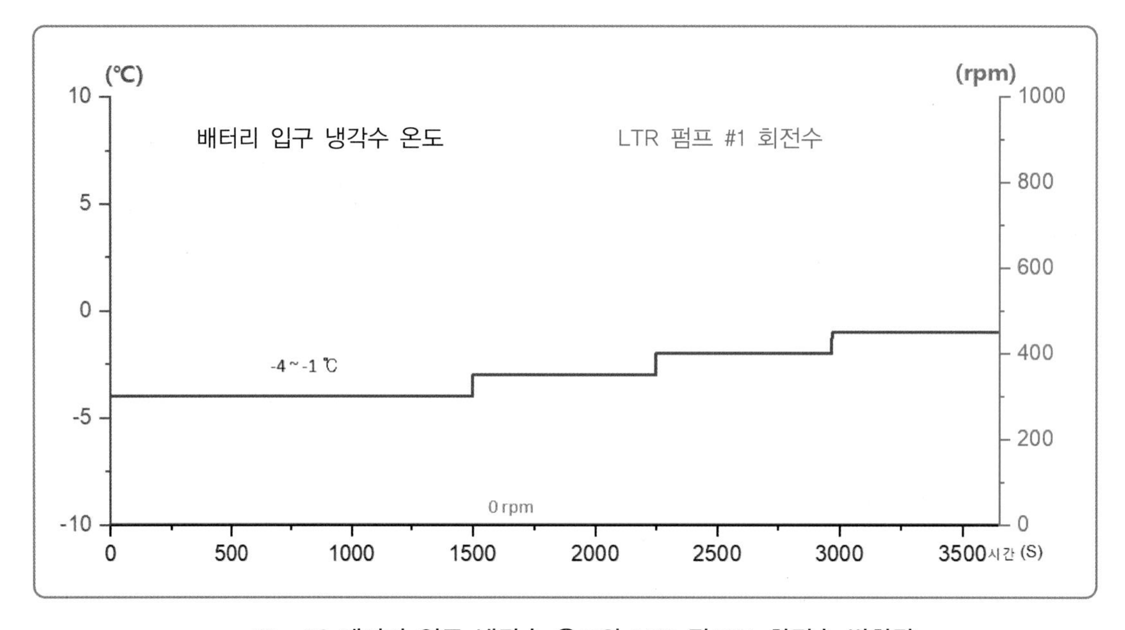

Fig. 52 **배터리 입구 냉각수 온도와 LTR 펌프#1 회전수 변화량**

다. 요 약

배터리 히팅 시스템은 고전압 배터리가 적정 온도 이하로 낮아졌을 경우 일정 온도까지 열을 공급하여 배터리 온도를 상승시키는 시스템이다. 그러나 자동차 제작사와 소비자 간에 적정 온도에 대한 이해가 다른 것으로 보인다. 필자의 경우, 고전압 배터리의 적정 온도는 약 25℃ 정도로 알고 있으며, 이 온도를 유지하기 위해 배터리 온도가 높은 경우에는 냉각 시스템을 작동시켜 배터리를 식히고, 온도가 낮은 경우에는 승온 히팅 시스템을 작동시켜 배터리를 데우는 것으로 알고 있었다. 그러나 Fig. 51과 Fig. 52의 데이터를 보듯이, 영하 온도에서 60분가량 주행하였지만, 배터리 히팅 시스템은 작동하지 않았다.

자동차 제작사에서 제공하는 정비 지침서에서는 배터리 히팅 시스템이 작동하는 조건에 대해 명확한 정보를 제공하지 않고 있다. 그리고 한 번의 테스트만으로 온도에 따른 배터리 히팅 시스템 작동 여부를 판단하는 것도 무리가 있다. 하지만 필자가 생각하듯이 25℃ 이하, 혹은 겨울철 영하 온도에서 배터리 히팅 시스템이 항상 작동하는 것은 아닌 거 같다. 단순히 배터리 온도 외에 전비 향상, 에너지 효율성, 그리고 배터리 성능 및 유지 관리 측면을 고려한 또 다른 히팅 시스템 작동 로직이 있는 것으로 추정된다.

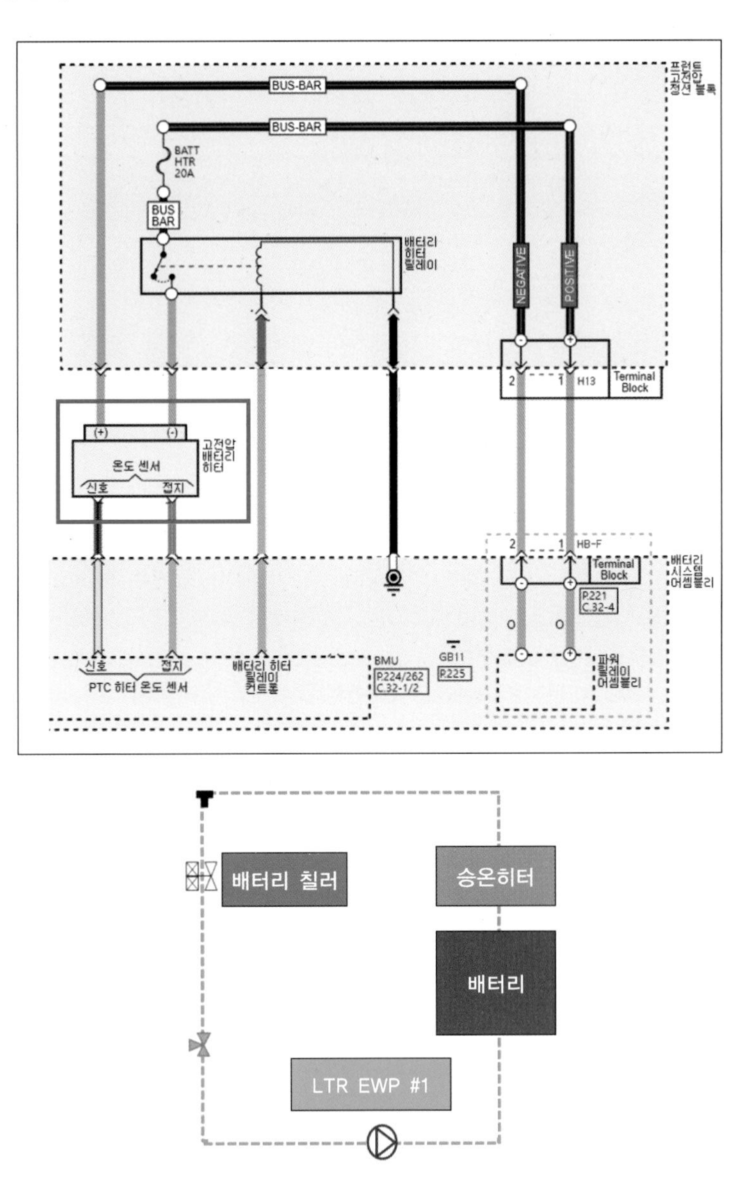

Fig. 53 고전압 배터리 히터 회로도와 고전압 배터리 냉각수 흐름도

라. 추가 측정 데이터 확인

운전자가 체감하는 주행 가능 거리는 계절에 따라 다르게 나타난다. 이는 냉난방 시스템 작동 여부, 외기 온도, 운전자 운행 습관 등 다양한 요인에 따라 영향을 받는다. 한 명의 운전자가 동일한 시간대에 회사로 출근하는 운행 데이터를 계절에 따라 비교해 보았다.

항목	여름철 주행	가을철 주행	겨울철 주행
주행거리(km)	50,713	52,531	59,436
외기온도(℃)	23	17.5	-7
주행거리(km)	26.95	25.27	27.65
소모전력(kWh)	3.51	3.27	6.79
전비(km/kWh)	7.68	7.73	4.07
실제 SOC 변화량(%)	4.5(50.0 → 45.5)	4(63.5 → 59.5)	9.0(55.5 → 46.5)
배터리셀 #1 온도 변화량(℃)	2(23 → 25)	2(19 → 21)	1(-4 → -3)

Fig. 54 **계절에 따른 전비 데이터 비교**

출근길 주행거리는 평균 26km이며, 소모된 전력량은 여름철과 가을철에는 유사하게 나오며 겨울철에는 6.79kWh로 상대적으로 높게 나온다. 주행거리와 소모된 전력량으로 전비를 계산하면, 겨울철 전비는 가을철보다 47%가량 낮게 나오며, SOC 감소량도 2배 가까이 떨어진 것을 확인할 수 있다.

결과적으로 운전자가 체감하는 겨울철 주행 감소 거리는 가을철 대비 50%가량 줄어든 것을 알 수 있다.

TIP

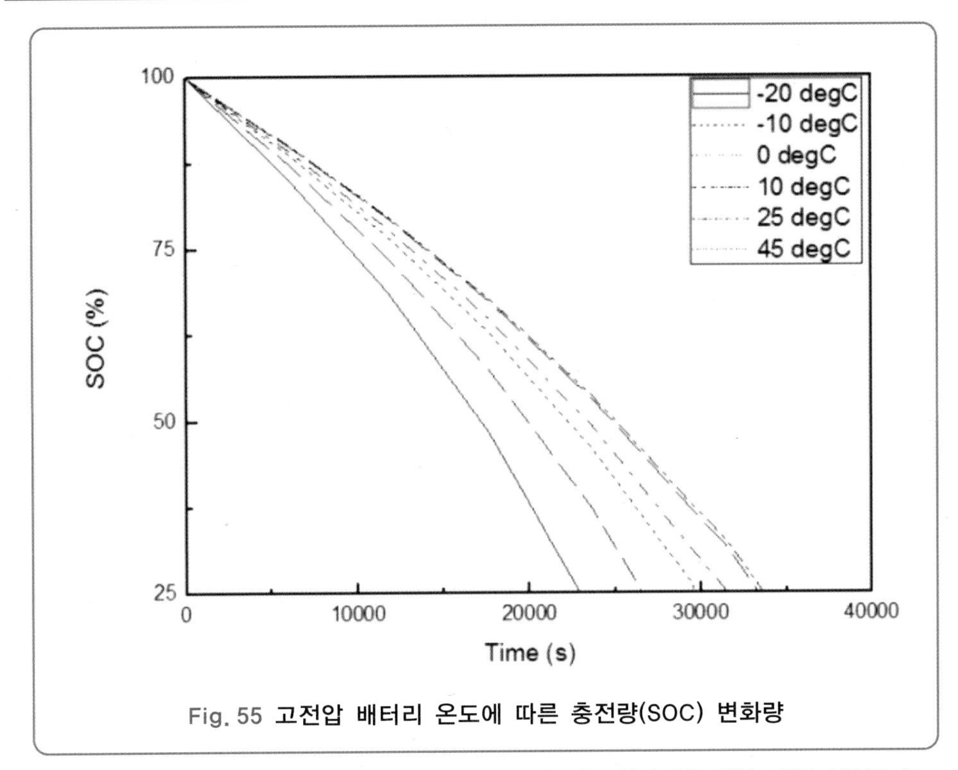

Fig. 55 **고전압 배터리 온도에 따른 충전량(SOC) 변화량**

※ 출처 : 리튬이온 배터리의 열관리가 전기자동차 주행거리에 미치는 영향, 박철은 외, 한국산학기술학회, 2017

위 그림은 배터리의 온도(-20, -10, 0, 10, 25, 45℃)에 대하여 시간에 따른 배터리의 SOC 감소량을 보여준다. 배터리 온도를 일정하게 유지하며 연비 측정모드를 반복적으로 주행하였을 때, 배터리의 SOC가 일정하게 감소하는 것을 알 수 있다. 영하의 온도에서는 SOC의 감소율이 급격히 증가한다, 그리고 25℃일 때 감소율이 가장 낮으며 45℃에서 다시 감소율이 증가한다. 이는 배터리의 온도가 25℃를 기준으로 낮거나 높을 때 배터리 전압과 성능이 저하되기 때문이다.

PART

02 구동 모터

구동 모터

12 급가속 시 고전압 배터리 전류와 전압은 어떻게 변할까?

고전압 배터리의 전류와 전압은 전기 자동차의 운전 및 충전 과정에서 중요한 역할을 한다. 이 두 신호는 고전압 에너지의 흐름을 나타내며, 이를 통해 차량의 상태와 시스템 작동을 이해할 수 있다. 특히, 급가속 후의 관성 주행 모드에서는 방전과 회생 제동에 의한 충전 과정이 발생하므로 이를 살펴보는 것이 중요하다.

가속 시에는 고전압 배터리로부터 고전류가 유출되어 전기 모터를 구동하고, 이는 전압 감소로 이어진다. 그러나 이와 동시에 관성 주행 중에는 차량이 감속할 때 발생하는 운동 에너지가 회생하여 배터리로 다시 충전되는 과정이 이뤄진다. 이로써 전류는 반전되어 고전압 배터리로 향하고, 전압은 상승하게 된다.

이러한 과정을 통해 운전자는 차량의 동작 및 고전압 시스템의 상태를 파악할 수 있다. 전류와 전압의 변화를 관찰하면 방전과 회생 충전 과정이 어떻게 진행되는지 이해할 수 있으며, 이는 전기 자동차의 성능 및 효율성을 향상하는 데 도움이 된다.

가. 테스트 조건

차 종	현대 아이오닉 5 롱레인지
주행거리	102,407km
측정시간	42초

Fig. 1은 평평한 직선 도로에서 수행된 테스트 데이터이다. 이 테스트는 정차된 차량에서 가속페달을 순간적으로 100%로 밟아 최대 속도까지 가속한 후 페달을 해제하여 탄력 주행을 진행한 것이다. 이 데이터는 총 30여 초 동안의 가속 구간과 10여 초 동안의 감속 구간으로 구분되어진다.

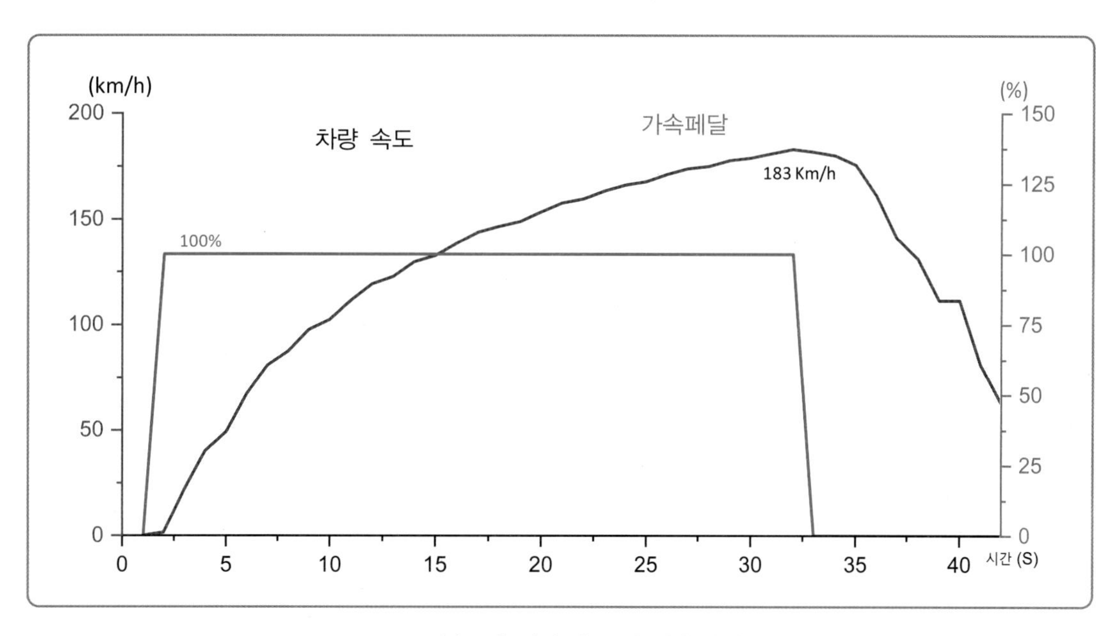

Fig. 1 **급가속 시 차량 속도와 가속페달의 변화**

Fig. 2 그래프에서 30여 초 동안의 가속 구간을 살펴보면, 구동 모터가 최대 토크 및 출력을 발휘하기 위해 고전압 배터리로부터 계속해서 268A의 전류가 지속해서 공급되는 것을 확인할 수 있다. 이 기간에 고전압 배터리의 전압은 676V에서 647V로 감소한다.

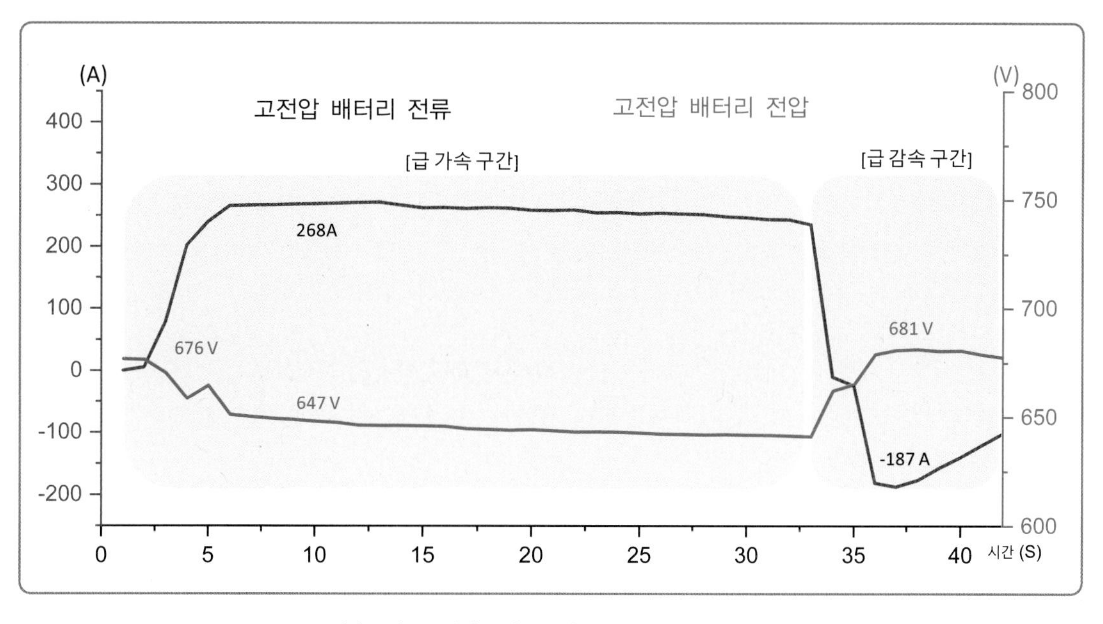

Fig. 2 **급가속 및 급감속 시 고전압 배터리 전류와 전압의 변화**

반면, 감속 구간에서는 회생 제동으로 생성된 약 187A의 최대 전류가 고전압 배터리에 공급된다. 이 구간에서의 고전압 배터리 전압은 681V까지 상승한다. 이러한 현상은 차량이 급감속 시 발생하는 회생 전류가 고전압 배터리에 충전되는 과정에 고전압 배터리 전압을 상승하게 한다.

나. 요 약

고전압 배터리의 전압은 구동 모터의 동작으로 인해 전류가 소모되는 경우에는 낮아지며, 감속 시 회생 제동으로 전류가 생산되어 고전압 배터리에 공급되는 경우에는 고전압 배터리 전압은 올라간다. 이러한 고전압 배터리의 전압과 전류의 동적인 변화를 주의 깊게 살펴보면, 전기자동차 시스템이 어떻게 에너지를 효율적으로 소비하고 생산하며, 차량 운전하는 동안 최적의 성능을 유지할 수 있도록 어떻게 제어되고 있는지를 알 수 있다.

다음 장에서는 이러한 고전압 배터리의 전류와 전압 데이터를 활용하여 고전압 시스템 구성을 이해하고 제어하는 방법을 실제 사례 중심으로 살펴보도록 하겠다.

구동 모터

13

구동 모터의 출력 곡선을 이해하자

구동 모터의 출력은 해당 모터가 만들어낼 수 있는 에너지양을 나타낸다. 특히, 최대 출력은 구동 모터가 만들어낼 수 있는 최대 동력을 나타내며, 이는 전기자동차가 가장 큰 힘이 필요한 지점이다. 따라서 구동 모터의 사양은 전기자동차의 성능과 직결되어 있다.

구동 모터의 출력은 일반적으로 킬로와트(KW) 또는 마력(HP)으로 표시된다. 이는 모터가 단위 시간당 얼마나 많은 에너지를 생성할 수 있는지를 나타낸다. 전기 자동차의 경우, 구동 모터는 주로 전기 에너지를 기계적인 에너지로 변환하여 바퀴를 회전시키는 역할을 수행하게 된다.

전기 자동차의 성능과 직결된 구동 모터의 출력은 차량의 가속성, 최고 속도, 등반 능력 등에 영향을 미친다. 따라서 전기 자동차를 선택할 때 구동 모터의 출력은 차량 선택 시 중요한 고려 사항 중 하나이다. 높은 출력을 갖는 모터는 빠른 가속 및 우수한 주행 성능을 제공할 수 있기 때문이다.

이번 테스트에서는 차량에 장착된 구동 모터의 출력 곡선을 조사하여 어떠한 특징이 있는지 확인하고자 한다. 이를 통해 해당 모터가 어떻게 동작하며, 어떠한 주행 조건에서 뛰어난 성능을 발휘하는지 알아보자.

가. 테스트 조건

차　　종	현대 아이오닉 5 롱레인지
주행거리	102,407km
측정시간	42초

평탄한 직선 도로에서 차량은 정차된 상태이다. 가속페달을 100%까지 급속하게 밟은 상태에서 일정 기간 유지하여 차량이 최고 속도에 이르게 하였다. 제한된 직선 도로 길이로 인해 차량 속도가 183km/h에 도달한 후 가속페달을 놓았다.

Fig. 3은 테스트하는 동안 가속페달과 차량 속도의 변화량을 시계열로 표시한 데이터이다.

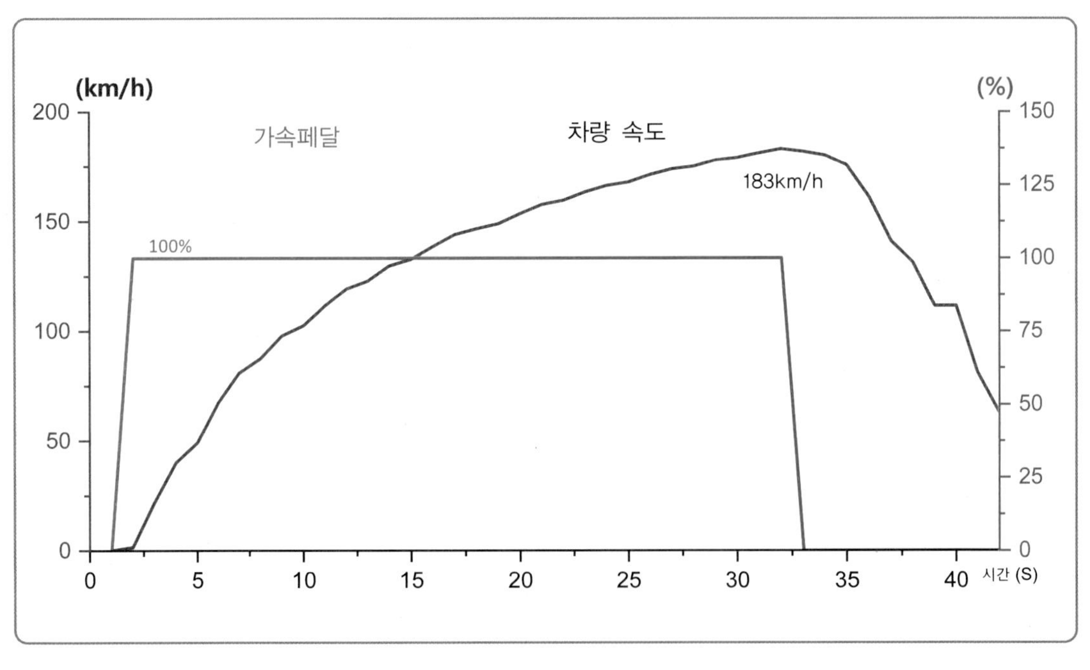

Fig. 3 급가속 시 차량 속도와 가속페달의 변화

나. 측정 데이터 확인

구동 모터의 출력은 토크와 각속도의 곱으로 계산된다. 이를 수식으로 나타내면 다음과 같다 :

구동 모터 출력 (W) = 토크 (Nm) × 각속도 (rpm / 9.5493)

여기서 토크는 뉴턴미터(Nm) 단위로, 회전수는 분당 회전수(rpm)로 표시된다. 이 수식은 구동 모터의 토크(Nm)와 구동 모터의 회전수(rpm)를 이용하여 구동 모터의 출력을 계산하는 방법으로 Fig. 4에서 예제로 상세히 설명하고 있다.

시간 (초)	구동 모터 토크 (Nm)	구동 모터 회전수 (rpm)	구동 모터 출력 (kW)	비고
1	863	348.4	31.5	구동모터출력(W) = 토크(Nm) x 각속도(rad/s) = 토크(Nm) x 회전속도(rpm)/9.5493(rad/s) *1 rpm = 360° / min = 6° / sec = 0.10472 rad/s = 1/9.5493 rad/s (2πrad =360°, rad = 180° /π= 57.2958°)
2	2424	350	88.8	
3	3080	349.3	112.7	
4	3380	349.3	123.6	
5	4986	304.3	158.9	
6	6248	241.7	158.1	
7	7335	207.8	159.6	

Fig. 4 **구동 모터 출력 계산하는 방법**

30초간의 급 가속 구간 동안 Fig. 4의 수식을 적용하여 구동 모터의 토크와 구동 모터 회전수 데이터를 기반으로 계산한 결과, 구동 모터의 출력은 Fig. 5와 같이 나타난다. Fig. 5의 출력 곡선을 살펴보면, 구동모터의 출력은 구동 모터 회전수가 3,986rpm에 도달할 때까지 158kW로 급격히 상승하며, 이후 회전수가 증가해도 출력은 더 이상 상승하지 않고 서서히 감소하는 것을 확인할 수 있다. 이는 구동 모터가 특정 회전수에서 최대 출력이 나오며, 회전수가 높아지더라도 출력은 일정하게 유지되는 것을 알 수 있다.

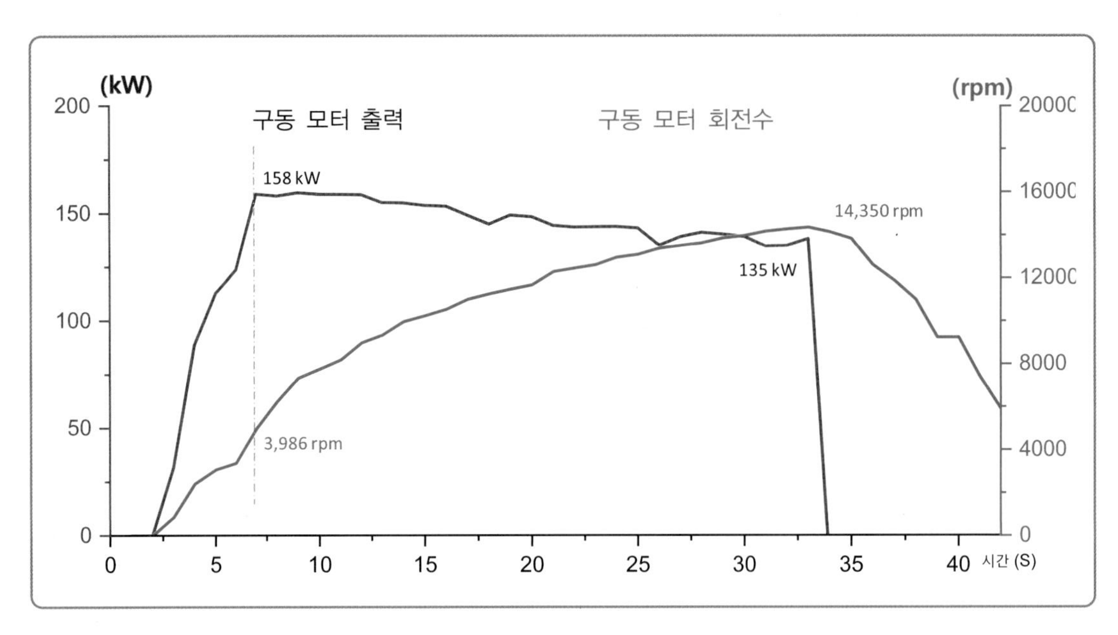

Fig. 5 **급가속 시 구동 모터 출력 변화**

다. 요 약

구동 모터의 제원에 따르면 테스트 차량의 구동 모터 최대 출력은 160kW이다. 직선 도로에서 차량을 급가속시킨 후 구동 모터의 토크와 회전수 정보를 이용하여 계산한 결과, 최대 출력은 구동 모터 회전수가 3,986rpm 지점에서 158kW로 확인되었다. 이는 구동 모터가 특정 회전수에서 최대 출력을 나타내며, 제원에서 명시한 최대 출력과 근접한 결과를 얻었다. 이러한 결과는 구동 모터의 설계와 성능이 효과적으로 동작하여 테스트 결과가 제조사의 제원과 일치함을 보여준다.

항목	제원
모터타입	매립형 영구자속 동기모터
감속기 기어비	10.56
최대출력(kW)	160
최대토크(Nm)	350
최대회전속도(rpm)	17,900
냉각방식	유냉식

Fig. 6 **구동 모터 제원**

Fig. 7은 일반 도로 주행 시 차량 속도에 따른 구동 모터 출력의 변화를 나타낸 것이다. 운행 조건에 따라 나타나는 결과는 달라질 수 있으나 테스트를 의식하지 않고 주행한 데이터이므로 일반적인 운행 패턴 중 하나라고 볼 수 있다.

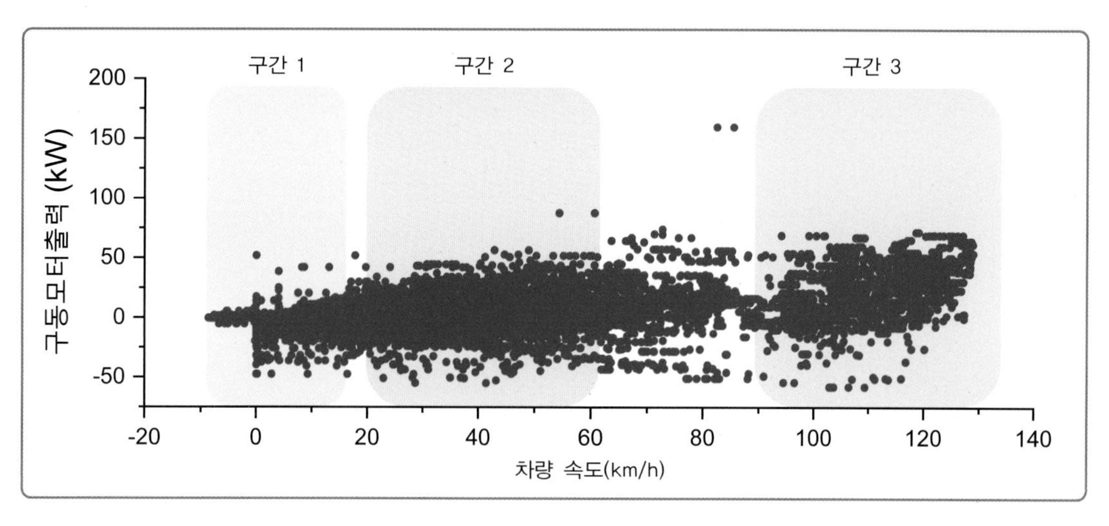

Fig. 7 도로 주행 시 차량 속도에 따른 구동 모터 출력 변화

도로 주행 시 전 구간에서 사용된 구동 모터 출력은 주로 ±60kW 내외로 나타났다. 감속이나 제동 시에는 구동 모터가 역전류를 생성하여 회생 제동을 수행하며, 이 구간에서는 구동 모터 출력이 (−) 값을 표시한다. 또한, 차량 속도가 80km/h에서 구동 모터의 최대 출력인 160kW가 2회에 걸쳐 나타난 구간에서는 운전자가 급가속을 2회 정도 수행한 것으로 유추된다. 이러한 행동은 주행 상황에 따라 구동 모터가 다양한 출력을 제공하며, 주행 중에 운전자의 조작 및 도로 상황에 따라 신속하게 대응하고 최적의 성능을 발휘하고 있음을 보여준다.

또 다른 관점에서 이 차량에 장착된 모터의 최대 출력은 160kW이지만 실제 운행에서는 구동 모터 출력의 50% 이상 사용되는 경우가 흔치 않다. 이는 곧 조금 더 낮은 출력의 모터를 사용해도 운전자는 구동 모터의 출력 차이를 크게 느끼지 못할 수 있겠다는 생각이 든다.

TIP

구동 모터 회전수가 14,350rpm 지점에서 차량 속도는 183km/h이다. 그리고 제원상 구동 모터 최고 회전수는 17,900rpm이므로, 이 차량의 최고 속도는 220km/h 이상 나올 수 있다. 다만 아이오닉 5의 최고속도는 185km/h로 알려져 있으며, E-GMP를 적용된 고성능 모델인 경우 최고속도 260km/h까지 구현이 가능하다고 한다.

구동 모터

14 구동 모터의 토크 곡선을 이해하자

전기자동차의 성능 평가에 있어서, 구동 모터의 출력뿐만 아니라 토크 역시 중요한 고려 요소이다. 토크는 모터가 회전하는 데 필요한 회전력을 나타내며, 전기자동차에 장착된 구동 모터는 저속에서 뛰어난 토크를 발휘하는 특성이 있어, 초기 출발 시 빠른 가속 성능을 제공한다. 이러한 특징은 저속 주행이나 언덕 등에서 쉽게 확인할 수 있다.

주행 데이터를 기반으로 이러한 독특한 구동 모터의 토크 특성을 확인하고, 이 특성이 전기자동차의 주행 성능에 어떤 영향을 미치는지 살펴보자. 이를 통해 전기 자동차의 독특한 주행 특성과 성능에 대한 깊은 이해를 얻을 수 있기를 바란다. 특히, 주행 주의 가속, 정지, 등판길 주행 등 다양한 상황에서 어떻게 작용하는지 살펴보자.

가. 테스트 조건

차 종	현대 아이오닉 5 롱레인지
주행거리	102,407km
측정시간	42초

평탄한 직선 도로에서 차량은 정차된 상태이다. 가속페달을 100%까지 급속하게 밟은 상태에서 일정 기간 유지하여 차량이 최고 속도에 이르게 하였다. 제한된 직선 도로 길이로 인해 차량 속도가 183km/h에 도달한 후 가속페달을 놓았다.

Fig. 8은 테스트하는 동안 가속페달과 차량 속도의 변화량을 시계열로 표시한 데이터이다.

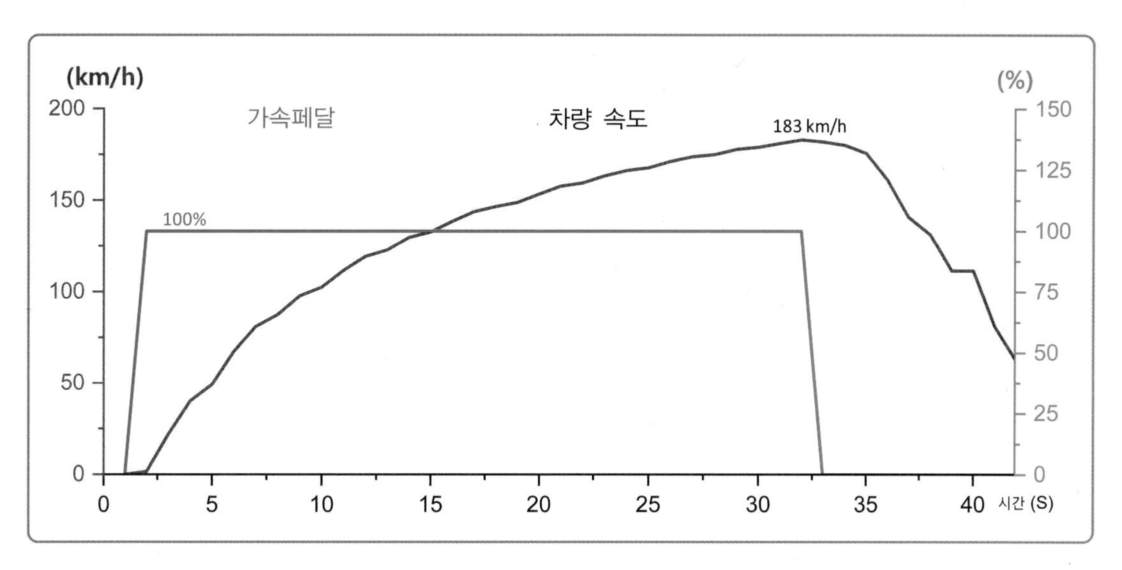

Fig. 8 급가속 시 차량 속도와 가속페달의 변화

가속페달을 밟아 차량을 급히 가속하는 경우, 구동 모터의 토크는 Fig. 9와 같이 나타난다. 가속페달을 100%로 밟은 시점에 구동 모터 토크는 350Nm이 되었으며, 구동 모터의 회전수가 점점 빨라져 3,380rpm를 넘어가는 시점에서 구동 모터의 토크가 급격히 감소하는 것을 알 수 있다. 이는 구동 모터의 회전수가 일정 수준 이상이 되면 구동 모터의 회전수가 더 높아지더라도 차량을 추가로 가속할 수 있는 토크는 점점 감소한다는 것을 보여준다.

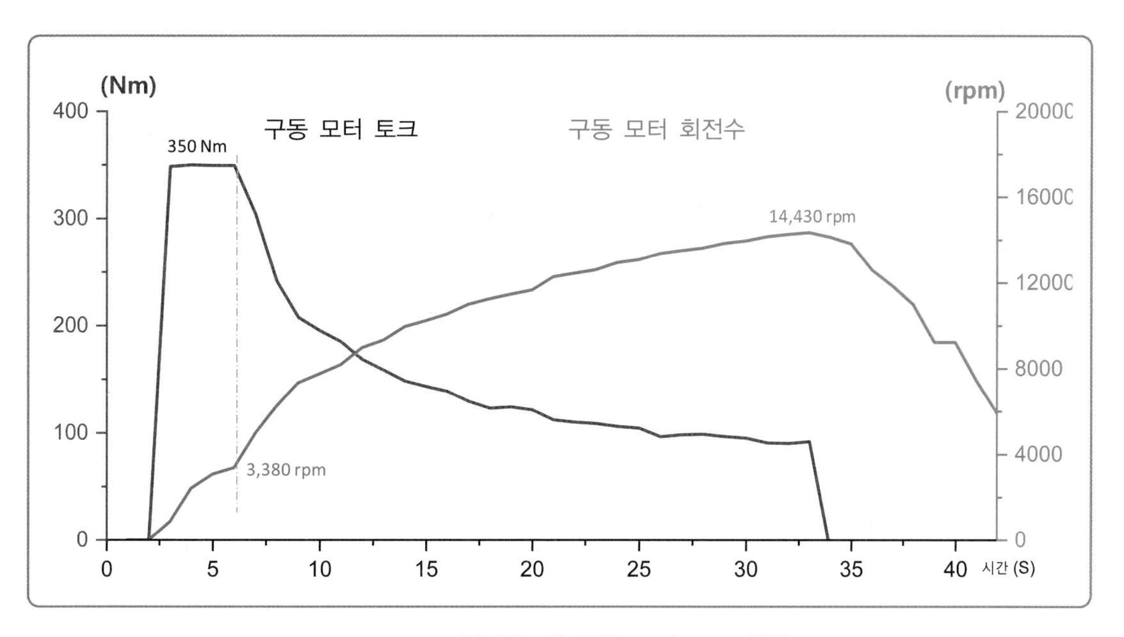

Fig. 9 급가속 시 구동 모터 토크 변화

나. 요 약

구동 모터의 제원에 따르면 최대 토크는 350Nm이다. 급가속 테스트를 통해 측정된 결과도 마찬가지로 최대 토크는 350Nm로, 제원과 동일한 값을 나타낸다. 이는 차량에서 실제로 나오는 최대 토크가 구동 모터의 제원과 일치한다.

항 목	제 원
모터 타입	매립형 영구자속 동기모터
감속기 기어비	10.56
최대 출력(kW)	160
최대 토크(Nm)	350
최대 회전속도(rpm)	17,900
냉각방식	유냉식

Fig. 10 구동 모터 제원

Fig. 11은 일반 도로 주행 시 차량 속도에 따른 구동 모터 토크의 변화를 나타낸 것이다. 운행 조건에 따라 나타나는 결과는 달라질 수 있으나 테스트를 의식하지 않고 주행한 데이터이므로 일반적인 운행 패턴 중 하나라고 볼 수 있다.

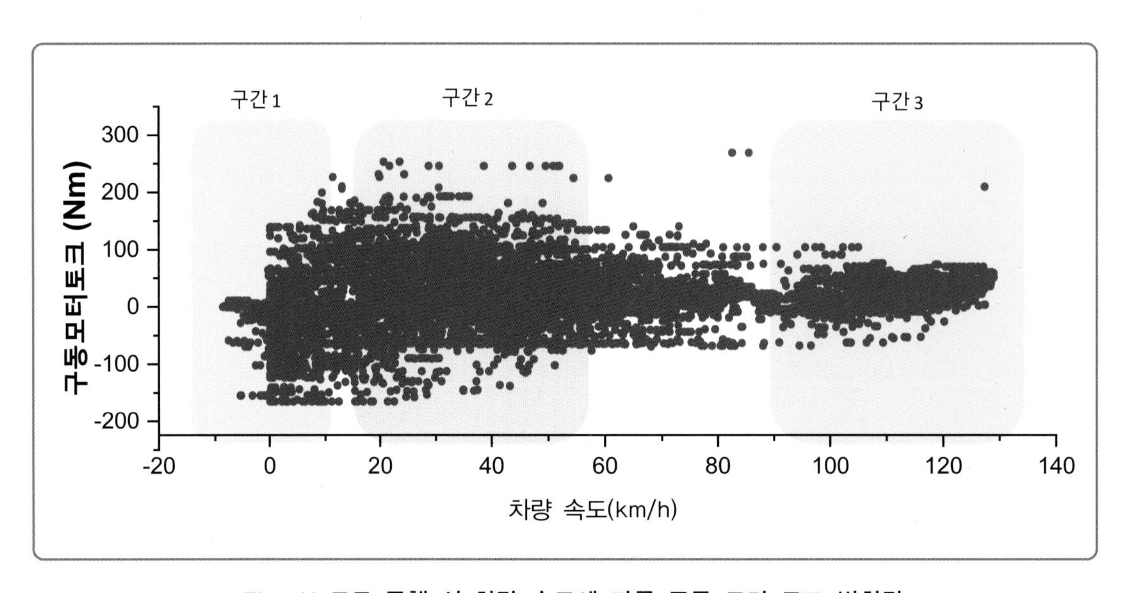

Fig. 11 도로 주행 시 차량 속도에 따른 구동 모터 토크 변화량

구간 1은 차량 속도가 10km/h 이하를 나타내며 구동 모터의 출력 토크는 대략 ±150 Nm 이내이다. 이는 전기 자동차가 출발 시 비교적 큰 토크가 요구되며 감속으로 인한 회생 제동이 자주 발생하여 (–) 토크가 자주 나타나는 것을 알 수 있다.

구간 2는 차량 속도가 20 ~ 60km/h 이내이며 구동 모터의 출력 토크는 ±150Nm를 나타내지만 구간 1과 비교 시 구동 모터 토크는 약간 낮게 나타난다. 간헐적으로 구동 모터 토크가 200Nm을 나타나는 경우가 있는데, 이는 차량 속도가 20 ~ 60km/h 구간에서 차선 변경, 앞 차 추월 등 급가속이 필요한 운전을 하여 큰 토크가 발생하는 것으로 유추해 볼 수 있다.

구간 3은 차량 속도가 100 ~ 130km/h 구간이며, 구동 모터 토크는 대략 ±50Nm을 나타낸다. 이는 구동 모터 토크 곡선에서도 나타나듯이 구동 모터의 회전수가 높은 구간에서는 구동 모터 토크가 낮게 나오는 것과 연관성이 있어 보인다.

TIP

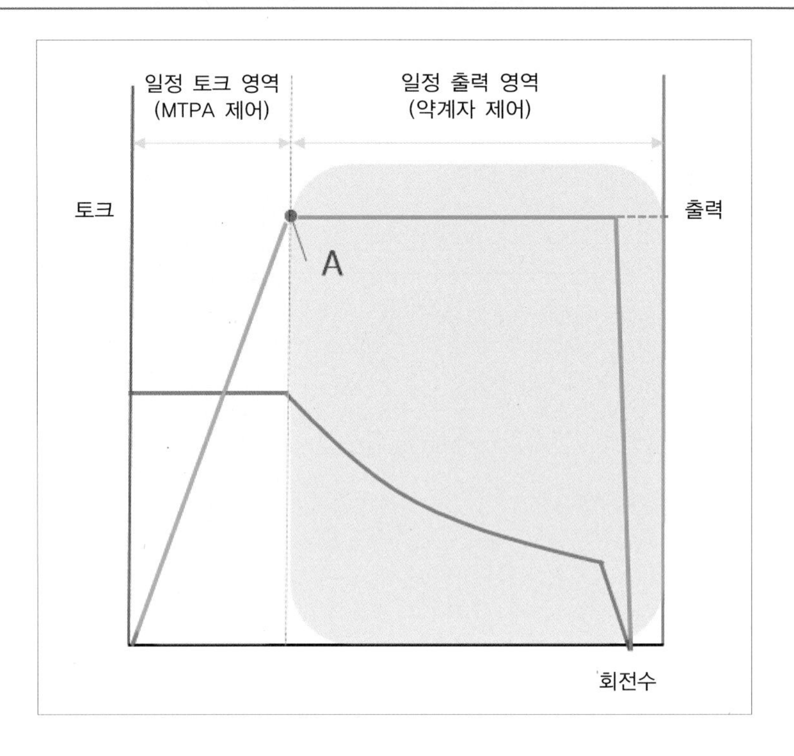

● **MTPA (Maximum Torque Per Ampere) 제어**

MTPA 제어는 전기 자동차의 구동 모터를 효율적으로 운영하기 위한 제어 방식 중 하나이다. MTPA는 허용된 전류 수준에서 최대한의 토크를 발생시키는 것을 목표로 한다. 구체적으로는 모터의 자기장을 최적으로 제어하여 주어진 전류에서 얻을 수 있는 최대 토크를 추출한다. 이를 통해 구동 모터는 높은 효율성과 함께 최대 출력 성능을 제공할 수 있다.
전기 자동차의 구동 모터의 효율을 향상하는 또 다른 방법은 편심을 감소시키는 방식이다. 편심은 회전체(로터)가 정상적으로 회전할 때 중심축과 일정한 거리만큼 떨어져 있는 정도를 나타낸다. 편심 감소를 최소화하면 회전 중 발생하는 손실을 감소시키고, 전력을 더 효율적으로 전달할 수 있다.

● **약계자 제어 (Field weakening Control)**

일정 토크 영역에서는 인버터 및 모터의 전류 제한으로 인해 토크가 제한되며, 그 영역 안에서는 보통 전압을 제어하여 전류 및 토크를 제어하게 되며, 인가되는 전압의 크기에 한계로 일정 토크 영역에서는 속도 한계(A 지점)가 발생한다.
더 높은 속도를 발생시키기 위해서는 자속을 점점 낮게 제어하면 되는데, 이를 약계자 제어 (Field weakening control)라고 하며, 약계자 제어는 속도는 증가하지만 토크는 감소하고, 출력은 일정하기 때문에, 약계자 제어 구간을 일정 출력 영역이라 부른다.

구동 모터

15

구동 모터의 토크와 출력 관계를 이해하자

구동 모터의 토크와 출력은 전기자동차의 주행 성능과 효율성에 큰 영향을 미치는 핵심적인 특성이다.

1. **구동 모터 토크**(Torque) : 구동 모터의 토크는 회전 운동을 발생시키는 데 필요한 회전력을 나타낸다. Nm 단위로 표시되며, 전기자동차의 가속, 등반, 높은 속도 주행 등 다양한 상황에서 필요한 힘을 결정한다.
2. **구동 모터 출력**(Output) : 구동 모터의 출력은 시간당 생성되는 일의 양, 즉 일정 시간 동안 발행하는 에너지의 양이다. 주로 kW 단위로 표시되며, 구동 모터의 성능을 나타내는 중요한 지표 중 하나이다.

이 두 요소는 주행 중 차량에 필요한 동력을 결정하며, 최적의 주행 성능과 효율성을 제공하기 위해 조화롭게 조절된다. 테스트를 통해 구동 모터의 토크와 출력 곡선을 그린 후 각 특징을 잘 살펴보자.

가. 테스트 조건

차 종	현대 아이오닉 5 롱레인지
주행거리	102,407km
측정시간	42초

평탄한 직선 도로에서 차량은 정차된 상태이다. 가속페달을 100%까지 급속하게 밟은 상태에서 일정 기간 유지하여 차량이 최고 속도에 이르게 하였다. 제한된 직선 도로 길이로 인해 차량 속도가 183km/h에 도달한 후 가속페달을 놓았다.

Fig. 12는 테스트하는 동안 가속페달과 차량 속도 변화량을 시계열로 표시한 데이터이다.

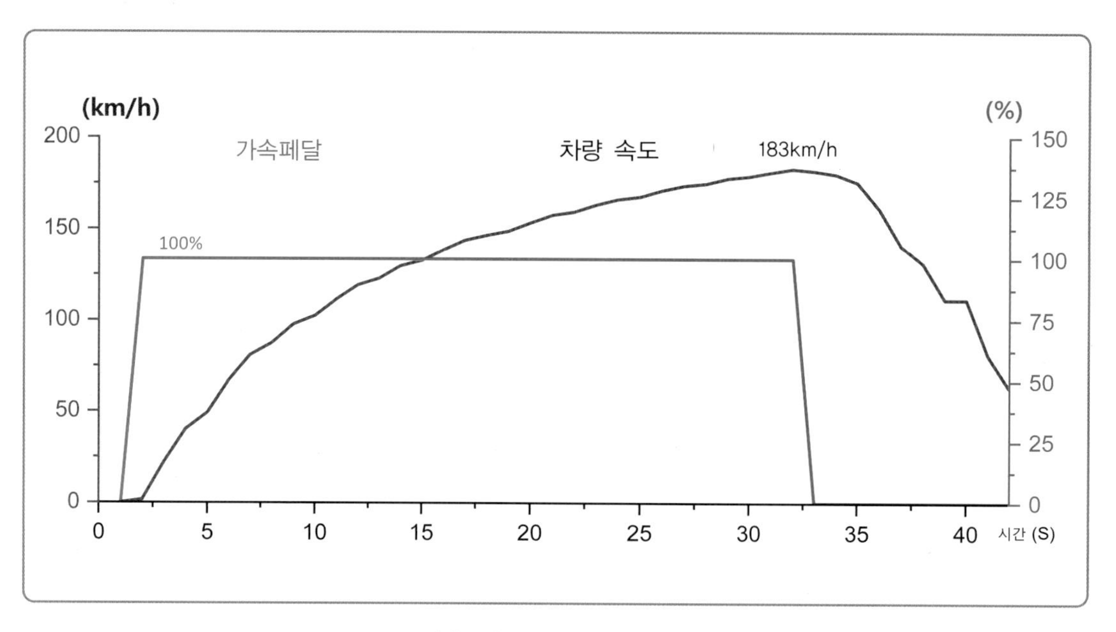

Fig. 12 **급가속 시 차량 속도와 가속페달의 변화**

나. 데이터 분석

구동 모터의 출력과 토크를 계산하는 방법은 각각 "01장. 구동 모터의 출력 곡선을 그려보자"와 "02장. 구동 모터의 토크 곡선을 그려보자"에서 자세히 다루었다. 이 두 결괏값을 측정 시간에 따라 함께 나타내면 Fig. 13과 같이 표시된다.

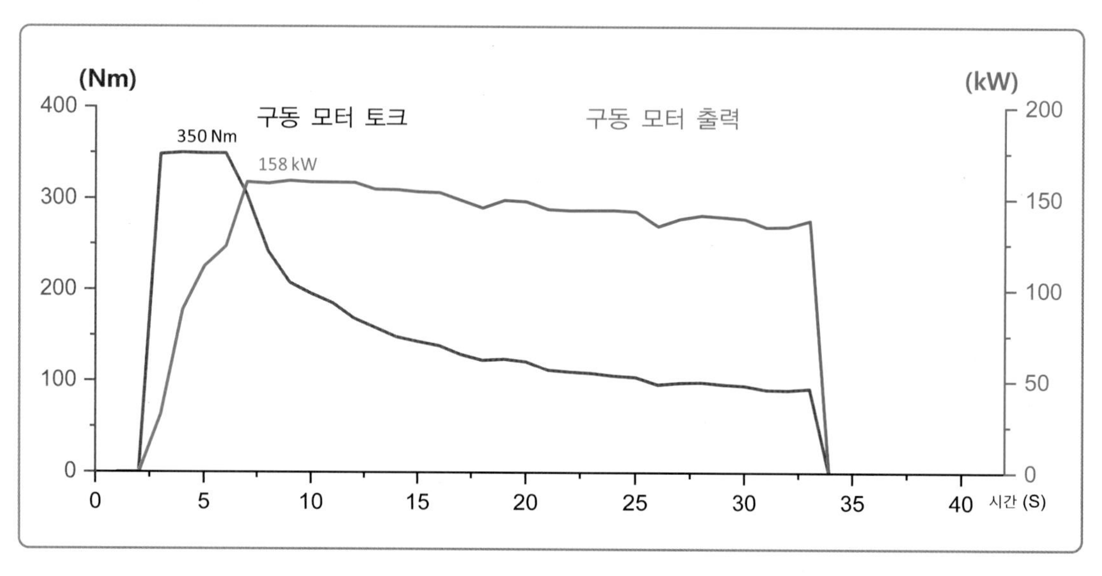

Fig. 13 **급가속 시 구동 모터 출력과 토크 변화량**

구동 모터의 출력과 토크는 구동 모터의 회전수와 밀접한 관계가 있다. 시간에 따른 두 값의 크기 변화를 구동 모터의 회전수에 따른 출력과 토크의 변화로 시각화시키면 Fig. 14와 같이 나타난다. 이 그래프를 통해 알 수 있는 주된 특징은 다음과 같다.

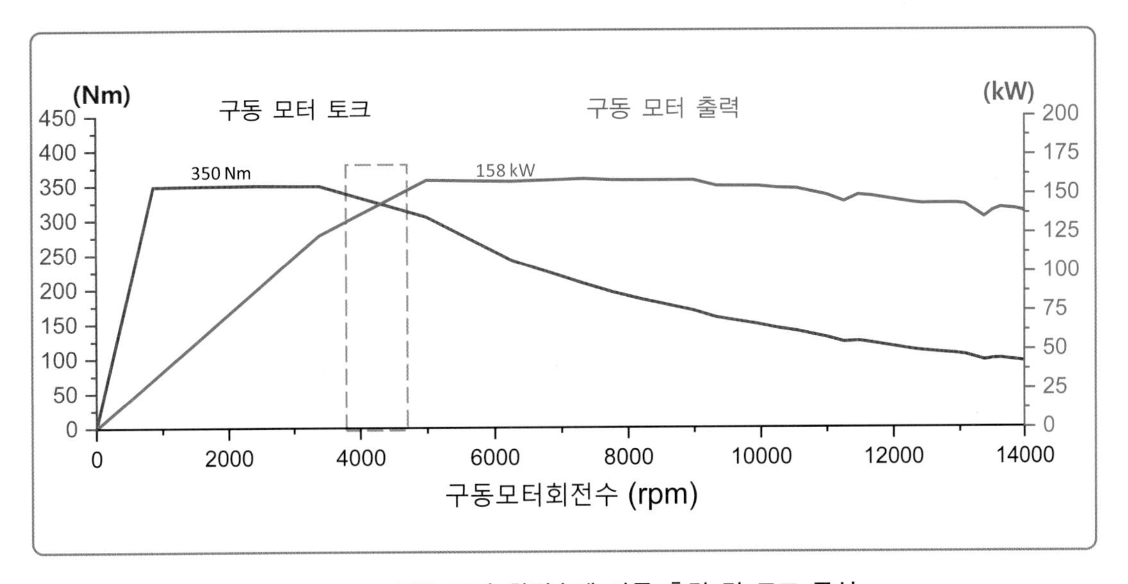

Fig. 14 **구동 모터 회전수에 따른 출력 및 토크 곡선**

1. **초기 부분** : 구동 모터의 회전수가 증가하는 시점부터 최대 토크가 발생한다. 이는 구동 모터가 출발 및 가속 시점에 높은 힘이 있어야 하는 지점이다.
2. **최대 출력 지점** : 구동 모터의 출력은 특정 회전수 범위에서 최대치에 도달한다. 이 구간은 주로 차량이 높은 속도로 주행할 때 필요한 효율적인 출력을 나타낸다.
3. **회전수 상승과 토크 감소** : 구동 모터의 회전수가 계속 증가하더라도 구동 모터 토크는 일시적으로 유지된 후 서서히 감소한다. 이는 고속 주행 시에는 높은 토크보다는 높은 출력이 필요하다.

"Fig. 14"에 나타난 그래프는 1Hz의 샘플링 속도로 측정된 데이터를 기반으로 작성되었다. 그러므로 1Hz 샘플링 속도로 특히 구동 모터의 토크가 감소하는 지점과 최대 출력이 나오는 정확한 구동 모터의 회전수를 확인하는 데는 어려움이 있다. 더 높은 샘플링 속도로 데이터가 수집되었다면 이러한 부분의 오차는 줄일 수 있었을 것이다.

다. 요 약

전기자동차 구동 모터는 가속 시 높은 토크를 만들어 빠른 가속을 가능하게 하고, 고속 주행 시에는 회전수를 높여서 출력을 유지할 수 설계되어 있다. 이를 통해 전기차는 다양한 주행 상황에서 최적의 성능을 제공하고, 효율적으로 에너지를 활용할 수 있도록 제어된다.

전기자동차의 토크 및 출력 특성은 제조사와 모델에 따라 다르며, 또한 주행 조건 및 사용자 요구 사항에 따라 변할 수 있다. Fig. 15에서 Fig. 18까지는 3차종에 대한 구동 모터 토크와 출력을 비교한 결과이다. 전기자동차에 장착된 구동 모터의 제원에 따라 구동 모터의 토크 및 출력이 약간씩 차이가 있으며, 토크 및 출력의 변화 시점을 구분하는 Base Speed 속도가 차량에 따라 조금씩 다르게 나온다.

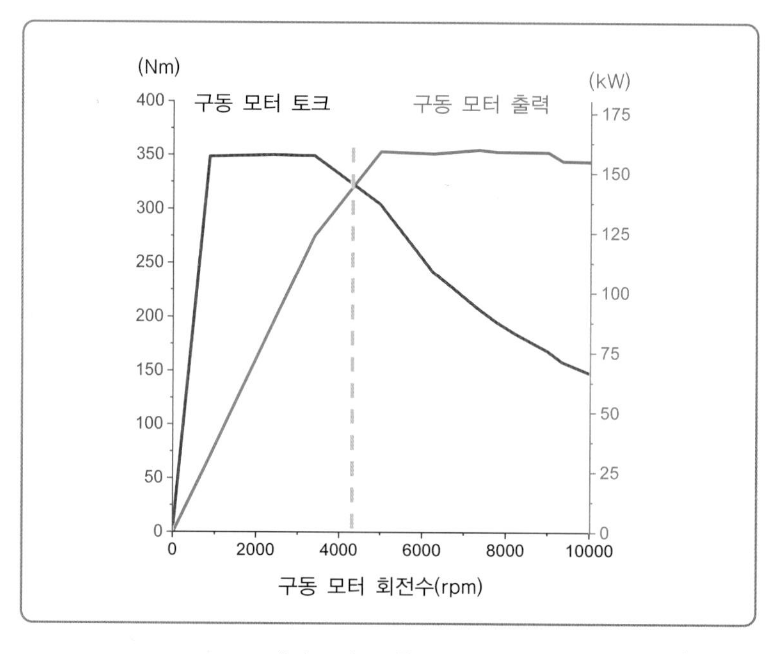

Fig.15 아이오닉 5 출력 및 토크 곡선

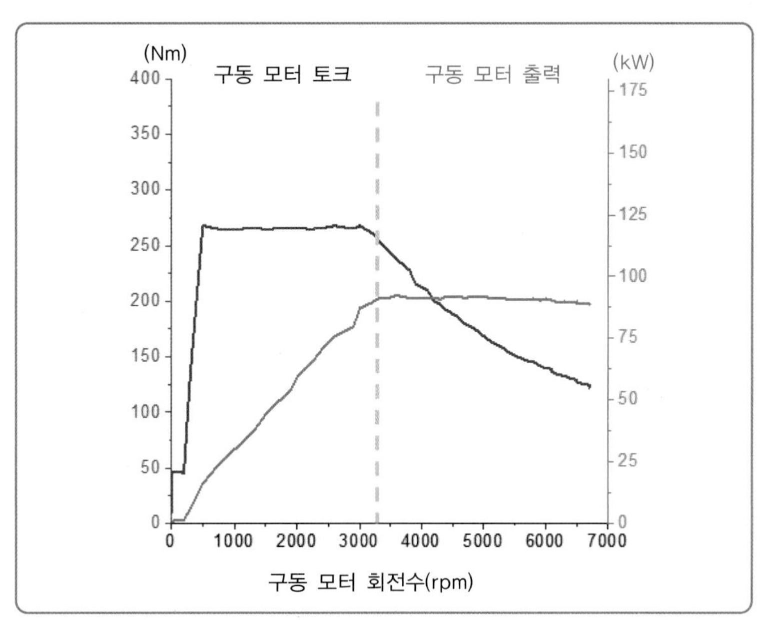

Fig. 16 **아이오닉 출력 및 토크 곡선**

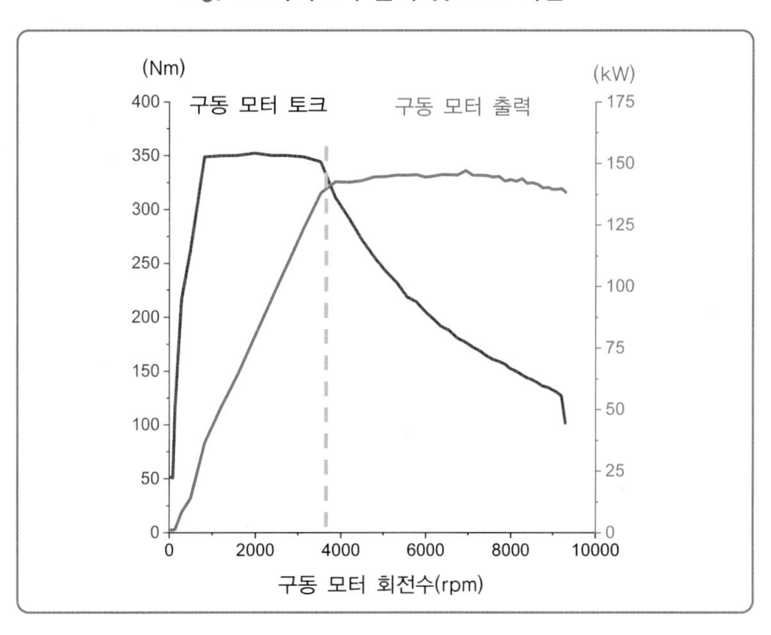

Fig. 17 **니로 EV 출력 및 토크 곡선**

차종	0 to 100 (S)	최대출력 (kW)	최대토크 (Nm)	Base Speed (rpm)	차량 속도 (km/h)
아이오닉 5	8	160	350	4,000~5,000	70~80
니로	11	150	350	3,700	60
아이오닉	12	88	295	3,200	60

Fig. 18 **차종별 비교 테이블**

TIP

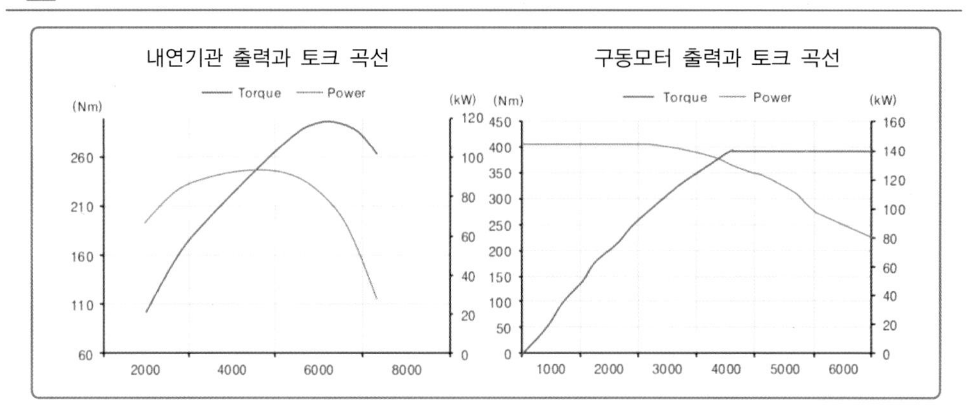

Fig. 19 **내연기관과 구동 모터의 출력 및 토크 곡선**

내연기관의 출력과 토크 성능곡선은 전기자동차의 구동 모터의 성능곡선과 약간의 차이가 있다.

1) **출력 곡선** : 내연기관은 엔진 회전 속도가 낮은 구간에서 일정 이상의 출력을 생성하면서 차량 출발 및 가속에 필요한 힘을 제공한다. 그리고 특정 구간까지는 상승하다가 엔진 회전수가 더 증가하면 급격히 감소하는 특성이 있다.

2) **토크 곡선** : 낮은 회전 속도에서는 내연기관의 토크는 낮게 나타나며, 회전수가 증가함에 따라 지속해서 증가한다. 그리고 고회전 구간에서는 토크가 떨어지는 특성이 있다.

내연기관의 토크 곡선은 차량이 다양한 상황에서 최적의 성능을 발휘할 수 있도록 변속기와 조화를 이룬다. 출발 시에는 차량이 큰 토크가 필요하다. 그러나 내연기관은 낮은 엔진 회전속도에서 충분한 토크를 생성하지 못하는 특성이 있기 때문에, 이를 극복하기 위해 변속기는 저단의 변속을 활용하여 출발 시 필요한 토크를 생성해 준다. 이와 같이 주행 상황에 따라 차량이 요구하는 토크와 출력은 항상 변하는데, 내연기관은 변속기를 통해 이를 조절하여 차량이 항상 최적의 성능을 유지할 수 있도록 한다.

구동전동기 정격출력

전동기는 전기 에너지를 기계적 에너지로 변환하는 장치이며, 구동전동기는 특정 시스템이나 장비를 구동하기 위해 설계된 전동기를 나타낸다. 전동기의 정격출력은 해당 전동기가 설계된 용량 또는 작동할 수 있는 최대 출력을 나타낸다. 이 값은 전동기의 성능을 평가하고, 설치할 시스템에 적합한 크기의 전동기를 선택해야 한다.

구동 모터

16 최적의 전비가 나오는 차량 속도는?

전기자동차의 핵심 과제 중 하나는 최대 주행 가능 거리(DTE)를 극대화하는 것이다. 새로운 차량이 출시되면 주행할 수 있는 거리에 대한 여론의 관심이 높다. 주행할 수 있는 거리를 늘리는 직접적인 방법은 고전압 배터리팩의 용량을 늘리는 것이지만, 이는 제조 비용 및 차량 공간 제한 때문에 한계가 있다. 그렇기 때문에 주행 가능 거리를 늘리기 위한 효율적인 방법 중 하나는 차량의 전비(전기차 복합에너지 소비효율)를 최적화하는 것이다.

Fig. 20 에너지소비효율 표시(산업통상자원부)

전비는 차량의 주행 효율을 나타내는 중요한 지표 중 하나이다. 주행 거리와 소모된 에너지 간의 비율을 나타내며, 이는 차량이 에너지를 얼마나 효율적으로 활용하는지를 나타낸다. 따라서 최적의 주행 속도는 전비가 가장 높은 속도를 의미한다. 최적의 전비 속도로 주행하는 경우, 주행 거리당 소모되는 에너지가 가장 적어지므로 동일한 양의 연료 또는 전기를 사용하여 더 멀리 이동할 수 있다.

그럼, 가장 많은 거리를 주행할 수 있는 최적의 전비 속도는 어떻게 될까?

가. 테스트 조건

차 종	현대 아이오닉 5 롱레인지
주행거리	102,565km
도로 환경	평평한 직선 도로
측정시간	1,200초

평평한 직선 도로에서 가속페달을 밟지 않으면 크립(Creep) 주행이 시작되어 차량이 서서히 움직인다. 이때 차량 속도는 8~9km/h 정도 되며, 이 속도를 유지하면서 몇 초간 주행한다. 그리고 크루즈 버튼을 이용하여 차량 속도를 30km/h로 설정하고 일정 시간 동안 주행한 후, 단계적으로 10km/h씩 속도를 증가시킨다. 최종적으로 180km/h까지 차량 속도를 상승시켰다.

참고로 계기판에 표시된 속도와 실제 차량 속도 간에는 약간의 차이가 있다. 예를 들어, 크루즈 버튼으로 30km/h로 설정했을 때, 확인된 실제 차량 속도는 27km/h이다. 차량을 테스트하는 직선 도로의 거리가 제한되어 있어 일정 구간을 주행한 후 속도를 줄이고 유턴을 수행한 후 다시 가속하는 과정을 반복했다. 단계별 차량의 주행 속도 변화는 Fig. 21에 나타나 있다.

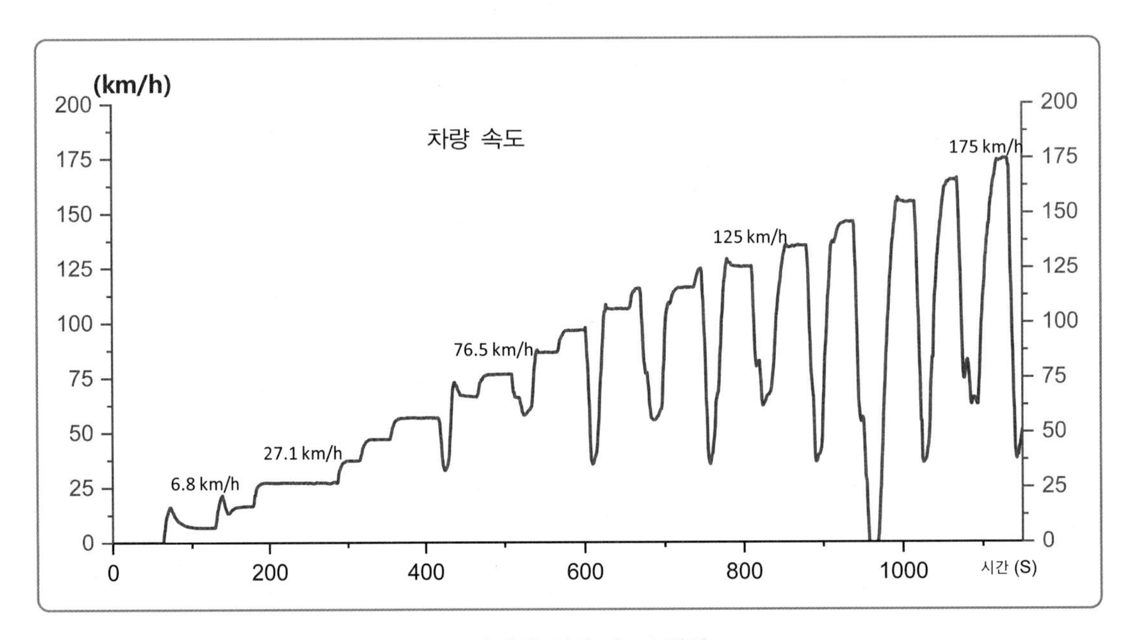

Fig. 21 **단계별 차량 속도 변화**

나. 측정 데이터 확인

Fig. 22는 테스트 차량을 10km/h씩 올리면서 주행하는 동안 고전압 배터리 전류와 고전압 배터리 전압의 변화를 보여준다. 저속 구간에서 고전압 배터리 소모 전류는 2.8A이며, 고전압 배터리 전압은 660V로 유지된다. 이후 차량 속도가 상승함에 따라 구동 모터의 출력이 증가하므로 고전압 배터리 소모 전류가 크게 상승하고, 고전압 배터리 전압은 순간적으로 감소한다. 속도가 높은 구간에서는 주행 속도를 10km/h씩 상승시키는 기간에는 고전압 배터리 소모 전류가 최대 270A까지 증가하며, 속도 상승 후 유지되는 구간에서는 고전압 배터리 소모 전류도 상대적으로 안정화되는 것을 확인할 수 있다.

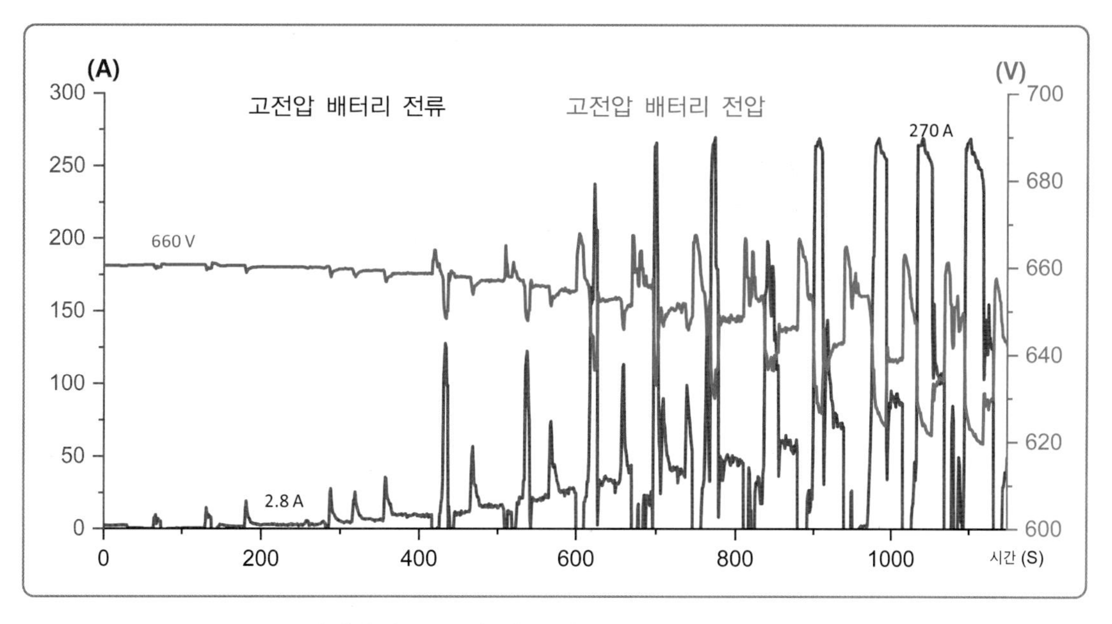

Fig. 22 **단계별 속도 주행 시 고전압 배터리 전류와 전압의 변화량**

Fig. 23은 차량 속도를 단계적으로 증가시키는 과정에서 속도가 안정적인 구간의 데이터만을 표시했다. 이 구간에서는 고전압 배터리의 소모 전류와 전압이 비교적 안정적이기 때문에 이 안정된 구간에서의 전비를 계산하여 서로 비교해 보고자 한다.

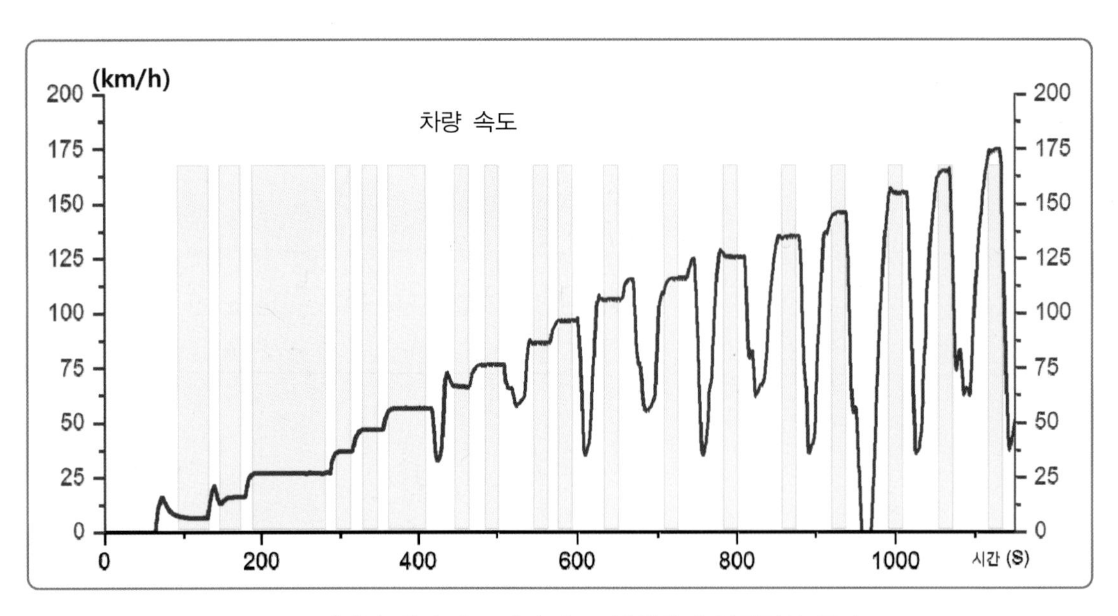

Fig. 23 **단계별 차량 속도에서 속도 변화량이 안정적인 구간**

Fig. 24는 Fig. 23에서 언급된 속도가 안정적인 구간에서의 차량 속도와 소모 전력을 나타내고 있다. 소모 전력은 고전압 배터리 전류와 고전압 배터리 전압을 이용하여 산출하였다. 그리고 각 속도 구간에 따라 주행한 거리와 전력 소모량을 적산하여 각 속도 구간에 따른 전비를 구하였는데, 이에 대한 계산 공식은 Fig. 25에 설명되어 있다.

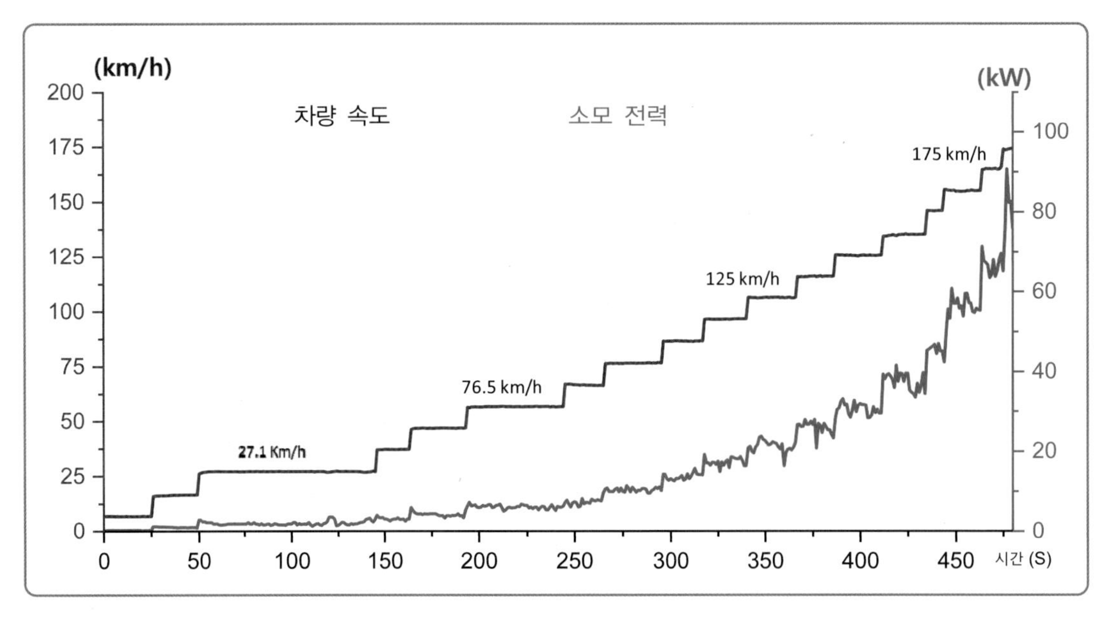

Fig. 24 **안정적인 차량 속도 구간에서 소모 전력의 변화량**

시간 (초)	차량 속도 (km/h)	배터리 전류 (A)	배터리 전압 (V)	주행 거리 (km)	소모 전력 (kW)	전비 (km/kW)	비고
1	46.9	6.7	659.2	0.078	0.0073	10.7	전비(km/kW) = 주행거리(km) / 소모전력(kW) *주행거리(km)=∑(차량 속도(km/h)/3,600) *소모전력(kW)=∑(고전압 배터리 전류(A)× 고전압 배터리 전압(V)/3,600/1,000)
2	46.8	6.6	659.2				
3	46.8	6.6	659.3				
4	46.9	6.7	659.2				
5	46.8	6.7	659.2				
6	46.8	6.7	659.2				

Fig. 25 **전비를 구하는 계산 방법 예제**

Fig. 25의 계산 방식을 이용하여 각 속도 구간에 따른 전비를 구하면 Fig. 26과 같다. 차량의 가속페달을 밟지 않고 주행하는 크립(Creep)주행 모드에서는 전비가 22.2km/kW이며, 시속 175km 이상의 구간에서의 전비는 2.2km/kW로 계산되었다. 테스트 차량은 차량 속도가 커질수록 에너지 효율(전비)이 낮아졌으며, 주행 속도에 따라 최대 10배까지 차이가 날 수 있음을 확인할 수 있었다.

연번	평균주행속도 (km/h)	평균소모전력 (kWh)	전비 (km/kW)	비고
1	6.9	0.3	22.2	
2	16.4	1.1	14.9	
3	27.0	2.1	13.1	
4	37.2	3.2	11.8	
5	46.8	4.3	10.9	
6	56.6	6.2	9.2	
7	66.6	7.4	9.0	
8	76.5	10.4	7.4	
9	86.5	13.7	6.3	
10	96.5	17.4	5.6	
11	106.3	21.3	5.0	
12	115.9	26.0	4.5	
13	125.6	30.6	4.1	
14	134.9	37.6	3.6	
15	145.9	45.8	3.2	
16	155.0	55.5	2.8	
17	165.0	66.9	2.5	
18	174.3	81.1	2.2	

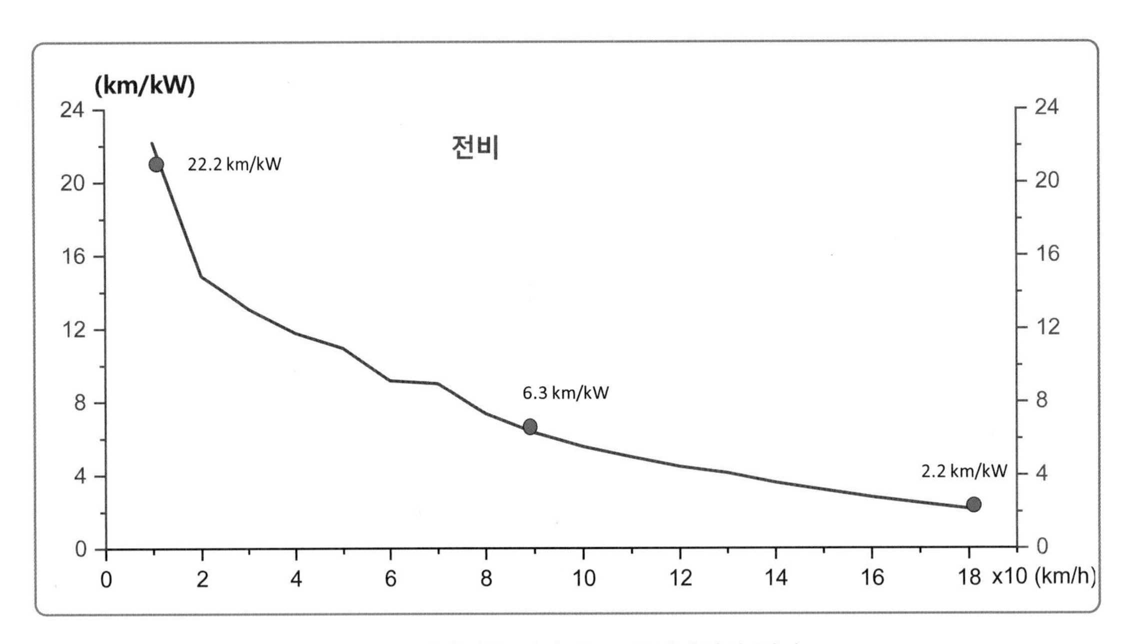

Fig. 26 안정적인 차량 속도 구간에서의 전비

다. 요 약

에너지 효율만을 고려할 때, 평평한 도로에서 가속페달을 밟지 않고 크립Creep) 모드로 주행하면 테스트 차량의 고전압 배터리 에너지는 72.6kWh이므로 1,611km (72.6 × 22.2)까지 주행이 가능하다. 그러나 시속 180km/h 속도로 주행 시 주행할 수 있는 거리는 159km(72.6 × 2.2)로 현저하게 감소한다. 이에 따라 전기자동차는 차량 속도가 느릴수록 에너지 효율이 높아지고, 차량 속도가 증가할수록 에너지 효율은 급격히 감소하는 것을 알 수 있다. 이는 전기자동차가 고속주행보다는 시내 주행 시에 에너지 효율이 더 높게 나타나는 이유 중 하나이다.

다만, 이번 장에서 진행한 테스트에서는 평평한 도로를 주행한 테스트이다. 실제주행에서는 Fig. 21에서처럼 가속과 감속을 반복하면서 회생 제동 및 기타 에너지 효율에 영향을 미치는 인자들이 적용되어 우리가 일반적으로 알고 있는 전비로 표시된다.

크립(Creep) 모드란?

크립(Creep) 모드는 차량의 주행 모드 중 하나로, 가속페달을 밟지 않고 브레이크 페달에서 발을 떼면 차량이 천천히 움직이는 기능이다. 일반적으로 평평한 노면에서는 약 8 ~ 9km/h 정도의 속도로 이동한다. 이러한 기능은 주로 주차 및 낮은 속도 주행 시에 운전자에게 편의를 제공하기 위해 도입된 것으로, 가속페달을 사용하지 않아도 차량이 서서히 전진하거나 후진하는 것을 가능케 한다. 이는 운전자가 주차장이나 협소한 공간에서 주행 시 더욱 편리하게 차량을 제어할 수 있도록 한다.

전기자동차 전비 (전기차 복합에너지 소비효율)

(「자동차 에너지소비효율 등급표지제도」 고시 일부개정안. 2023.02.22. 보도기준_산업통상부)

현행 자동차의 에너지소비효율 및 등급 표시제도에 따라 2012년부터 전기차도 전비(km/kWh) 및 1회 충전 주행거리(km)를 외부에 표시하고 있으나, 연비에 따른 효율등급을 함께 표시하는 내연기관차와는 달리 전비에 따른 등급은 별도로 표시하지 않고 있다.

개정안은 ❶전기차의 복합에너지소비효율(이하 '전비')에 따른 효율등급(1~5등급) 기준을 신설하고 효율등급을 자동차에 표시하도록 하며, ❷에너지소비효율 및 등급 표시라벨의 표기정보 및 디자인을 개선하고, ❸신고제도와 관련된 행정절차를 정비하는 것을 주요 내용으로 한다.

구분 \ 등급	1	2	3	4	5
(신설) 전기자동차 복합에너지소비효율(km/kWh)	5.9 이상	5.8 ~ 5.1	5.0 ~ 4.3	4.2 ~ 3.5	3.4 이하
(현행) 내연기관차 복합에너지소비효율(km/L)	16.0 이상	15.9~13.8	13.7~11.6	11.5~9.4	9.3 이하

※ 초소형 전기자동차는 효율등급 신고·표시 대상에서 제외

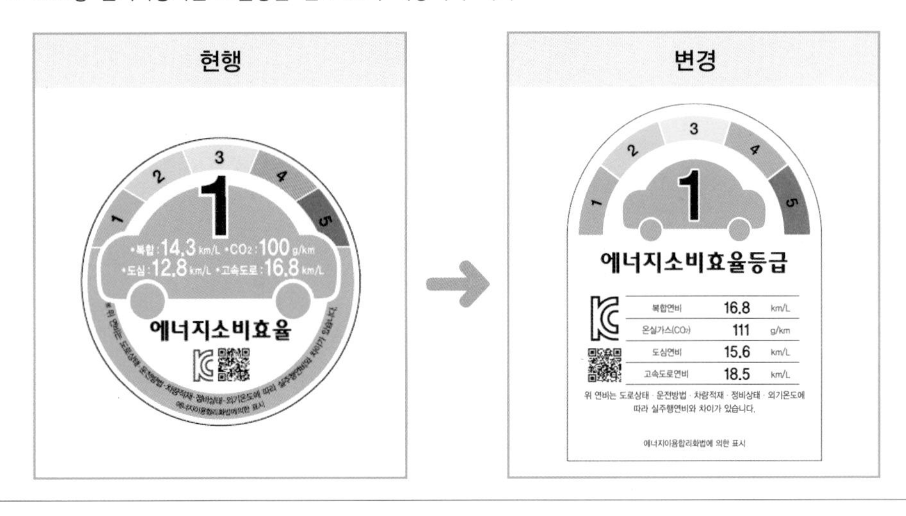

자동차 효율등급 표시 라벨

◆ 전기차 효율등급(1 ~ 5) 표시 라벨

◆ 내연기관차 효율등급(1 ~ 5) 표시 라벨

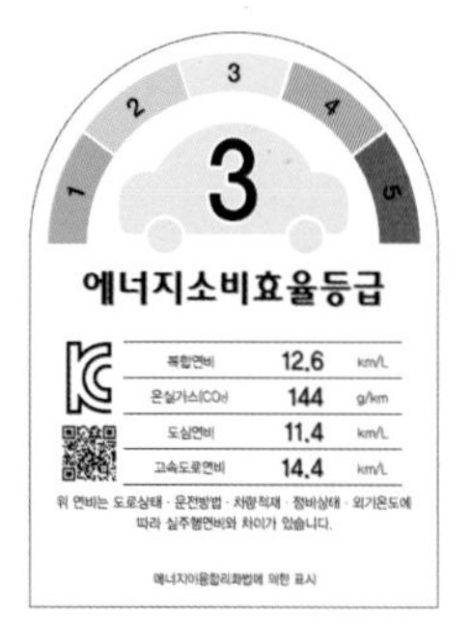

구동 모터

17

구동 모터 출력 효율은 얼마나 나올까?

내연기관은 연료를 연소시켜 피스톤을 왕복시키고 회전운동으로 변환시키는 과정에 엔진 내부에서 열 및 마찰로 인한 에너지 손실이 발생한다. 이와 마찬가지로 전기자동차는 고전압 배터리팩 내의 직류 전력을 교류 전력으로 변환시킨 후 구동 모터를 구동시키는 과정에서 에너지 손실이 발생한다.

그럼, 고전압 배터리팩 내의 에너지가 구동 모터를 구동시키는 과정에 얼마나 많은 에너지가 손실되는지를 확인해 보도록 하자.

Fig.27 구동 모터

가. 테스트 조건

차　종	현대 아이오닉 5 롱레인지
주행거리	102,407km
에어컨	미작동
도로 환경	평평한 직선 도로
측정시간	65초

평탄한 직선 도로에서 차량은 정차된 상태이다. 가속페달을 100%까지 급속하게 밟은 상태에서 일정 기간 유지하여 차량이 최고 속도에 이르게 하였다. 차량 속도가 183km/h에 도달한 후 가속페달을 놓아 탄력 주행 모드로 전환하였다. Fig. 28은 테스트하는 동안 가속페달과 차량 속도의 변화량을 시계열로 표시한 데이터이다.

급가속 및 탄력주행 모드로 주행하는 동안, 고전압 배터리팩에서 소모되는 전력량과 구동 모터에서 계산되는 출력값을 비교하여 전기자동차의 동력 변환 효율을 평가해 보자.

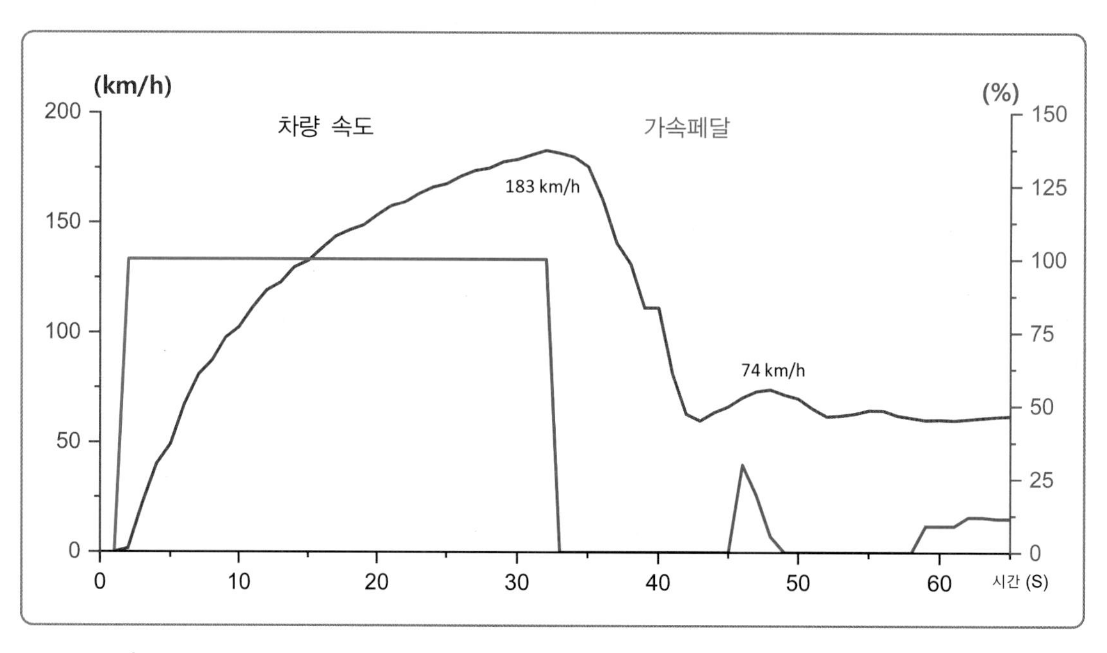

Fig. 28 **급가속 및 탄력주행 시 차량 속도 변화량**

나. 측정 데이터 확인

Fig. 29는 테스트 차량이 30초 동안 급가속 후 탄력 주행하는 과정에서 고전압 배터리에서 소모되는 전류와 전압의 변화량을 시각적으로 나타내고 있다. 이는 구동 모터를 구동시키기 위해 고전압 배터리에서 공급되는 전력의 변화를 나타내고 있으며, 전류와 전압의 데이터를 이용하여 구동 모터를 구동시키기 위해 고전압 배터리에서 소모되는 전력을 정량적으로 계산할 수 있다. 물론 각종 제어기에서 소모하는 저전압 전력은 있지만 구동 모터에서 소모하는 고전압 전력에 비하면 매우 미미한 양이므로 이번 장에서는 고려하지 않고 계산하였다.

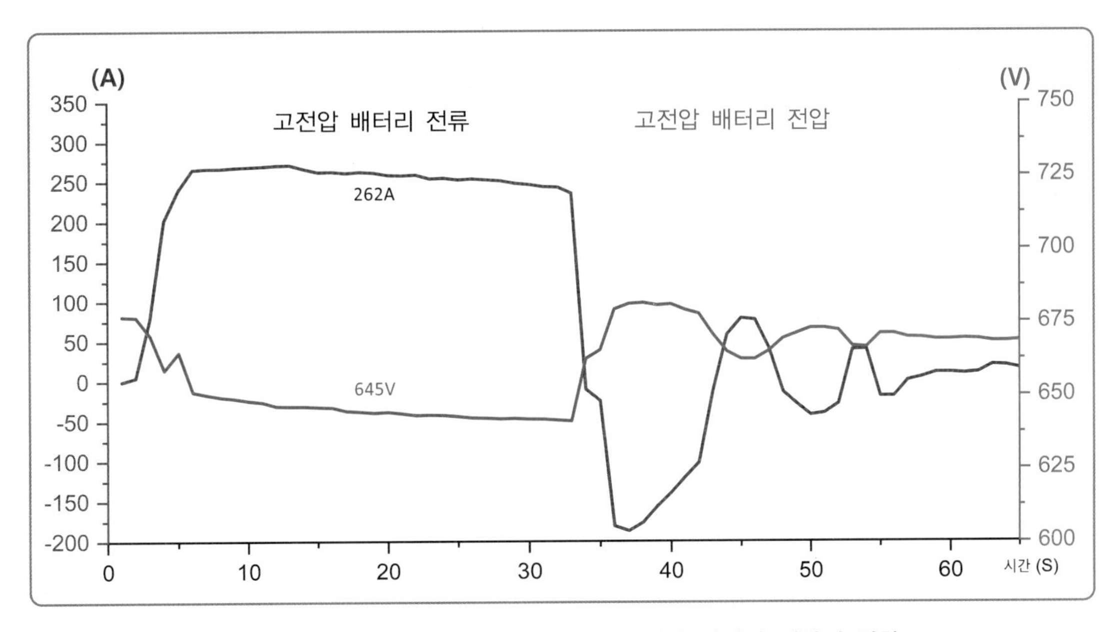

Fig. 29 고전압 배터리 전류와 고전압 배터리 전압의 변화

Fig. 30은 테스트 차량을 30초 동안 급가속 후 탄력 주행하는 과정에서 구동 모터의 토크와 회전수의 변화를 나타낸다. 이는 구동 모터 작동 시 토크와 회전수의 동적인 특성을 시각적으로 나타내고 있다. 구동 모터의 토크와 회전수 값을 이용하여 구동 모터의 출력을 정량적으로 추정할 수 있다.

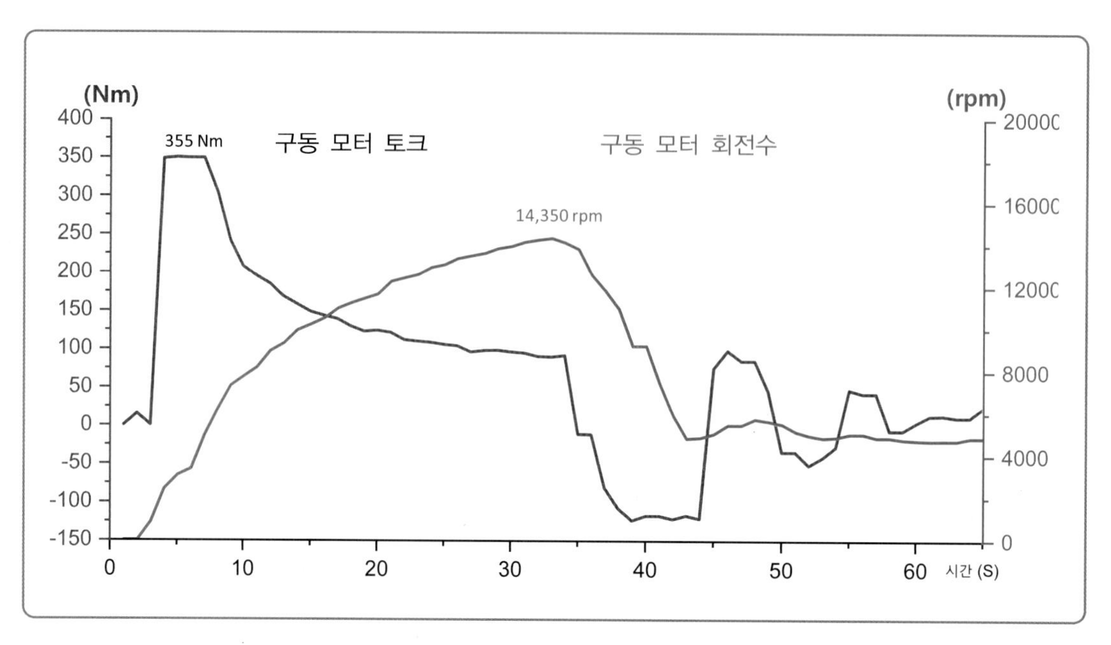

Fig. 30 구동 모터 토크와 구동 모터 회전수의 변화량

고전압 배터리 측에서 소모되는 전력과 구동 모터에서 실제로 출력되는 값은 다음과 같이 계산된다.

- 배터리 측 소모전력 (W) = 고전압 배터리 전류(A) × 고전압 배터리 전압(V)
- 구동 모터 측 출력 (W) = 구동 모터 토크(Nm) × 구동 모터 각속도 (rad/s)

시간 (초)	배터리 전류 (A)	배터리 전압 (V)	배터리측 출력 (kW)	구동모터 토크 (Nm)	구동모터 회전수 (rpm)	구동모터 출력 (kW)	비고
1	78.2	670.3	52.4	78.2	670.3	31.5	배터리 출력(W) =배터리 전류(A)×배터리 전압(V)
2	201.8	658.5	132.9	201.8	358.5	88.8	구동모터 출력(W)
3	139.8	664.5	92.9	139.8	664.5	112.7	= 토크(Nm) x 각속도(rad/s) = 토크(Nm) x 회전속도(rpm)/
4	265.4	651.1	172.8	265.4	651.1	123.6	9.5493 (rad/s)
5	266.5	650.1	173.3	266.5	650.1	158.9	*1 rpm = 360° / min = 6° / sec = 0.10472 rad/s
6	266.6	649.3	173.1	266.6	649.3	158.1	= 1/9.5493 rad/s
7	267.7	648.8	173.7	267.7	648.8	159.6	(2π rad =360°, rad = 180° /π= 57.2958°)

Fig. 31 구동 모터 출력 계산 방법 예시

위 계산 방법을 적용하여 고전압 배터리 측 소모 전력과 구동 모터 측 출력을 계산하면, Fig. 32와 같이 나온다. 구동 모터 출력 효율은 급히 가속하는 구간에서 비교적 안정적으로 나타난다. 이 구간 내 초기 출력 효율은 91%이며, 구동 모터의 회전수가 높아질수록 조금씩 낮아져 85%까지 떨어지는 것을 확인할 수 있다. 가속하는 구간 중 A 지점의 구동 모터 출력 효율은 86.7% (144kw/166kw)이며, 가속 전체 구간의 평균 효율은 약 88.5% 정도이다.

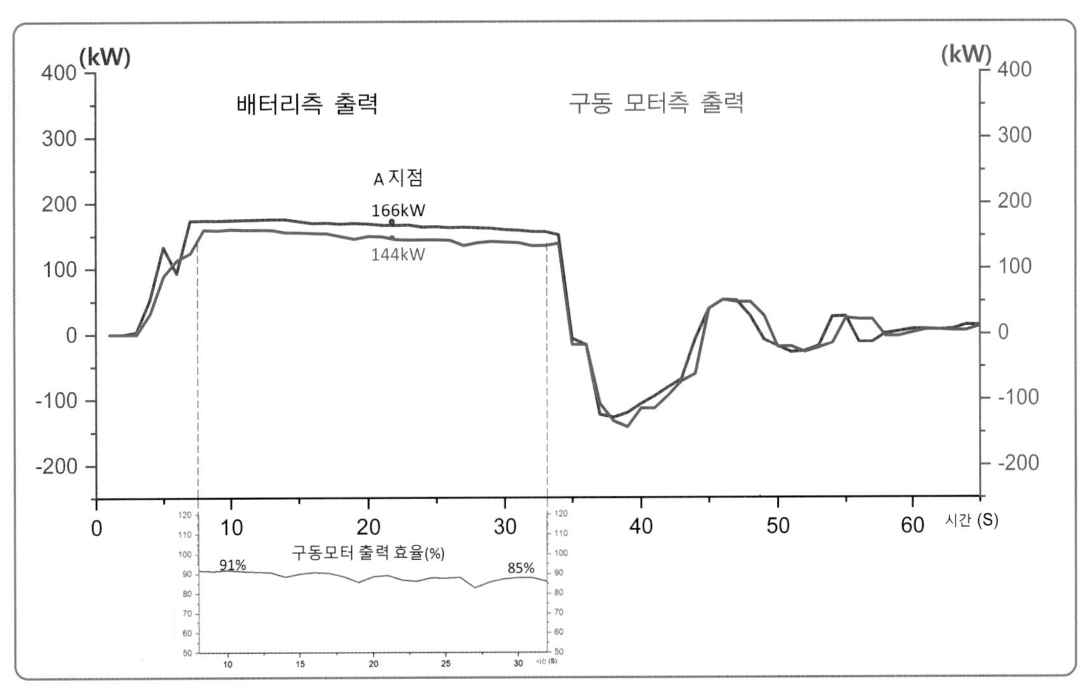

Fig. 32 안정적인 차량 속도 구간에서 구동 모터 출력 변화량

다. 요 약

테스트 결과에 따르면 급가속 시 구동 모터의 출력 효율은 평균적으로 88.5%로 나타났다. 그리고 구동 모터의 회전속도가 올라갈수록 효율은 6%가량 저하된다. 11.5%가량의 전체 손실은 고전압 배터리의 직류(DC) 전력이 구동 모터 인버터에서 교류(AC) 전력으로 변환되는 과정과 구동 모터의 기계적인 구조로 인한 회전 시 발생하는 역률 손실에 기인하는 것으로 해석된다. 구동 모터의 출력 효율을 지속해서 모니터링한다면 구동 모터 인버터 및 구동 모터의 내부 기계 구조에서 발생하는 잠재적인 결함을 추적하고 예측할 수 있을 것으로 생각한다.

아이오닉5 전기 모터

[앞 전기 모터]

[뒤 전기 모터]

현대차그룹은 E-GMP 전기 모터의 성능을 강화하기 위해 기존 전기 모터보다 회전수를 높이는 방식을 택했다. 현대차그룹의 최신 전용 전기차인 아이오닉 5와 EV6는 최고 15,000rpm의 회전수를 자랑한다. 전기 모터의 출력을 순간적으로 높이는 부스트 모드 및 더 높은 차량 속도 등으로 보다 강력한 성능을 제공하는 제네시스 GV60와 GV70 전동화 모델은 동급 경쟁 모델보다 모터 최고 회전수가 월등히 높은 고속 전기 모터(19,000rpm)를 사용한다. (대부분의 타사 전기차 모터 최고속도는 15,000~17,000rpm 내외로 추정된다)
고성능의 초고속 모터 적용으로 가속 성능은 놀라울 정도로 좋아졌다. GV60 퍼포먼스 모델은 부스트 모드를 작동시키면 출력이 490마력까지 상승해 정지 상태에서 100km/h에 도달하는 시간이 4.0초에 불과하다. GV70 전동화 모델은 E-GMP 기반의 전용 전기차 모델이 아닌 파생 전기차 모델임에도 불구하고 4.2초의 100km/h 가속 시간을 자랑한다.

(출처 : https://www.hyundai.co.kr/story/CONT0000000000029158)

구동 모터

18 도로 주행 시 구동 모터와 인버터의 온도는 어떻게 변할까?

전기자동차의 구동 모터와 DC-AC 인버터는 전동 시스템에서 핵심적인 부품으로 고전압 배터리로부터 전력을 공급받아 차량을 움직이게 한다. 이 중에서도 특히 구동 모터와 인버터는 고전압 전력이 흐르는 부품으로 열 발생이 쉽게 일어난다. 그러므로 도로 주행 중 이들 부품의 온도를 모니터링하고 효과적으로 관리하는 것이 중요하다.

구동 모터는 전기자동차의 주요 동력원으로 3상 교류 모터를 사용한다. 이 모터는 전원이 인가되면 회전을 시작하며, 차량을 전진 또는 후진으로 이동시킨다. 구동 모터 내부에서 발생하는 열은 모터의 효율, 성능, 그리고 수명에 영향을 미친다.

DC-AC 인버터는 고전압 배터리로부터 공급받은 직류 전력을 교류로 변환하여 구동 모터에 공급한다. 회생 제동 시에는 구동 모터에서 발생한 교류 전력을 직류 전력으로 변환시킨다. 인버터의 구성은 스위칭소자, 변압기, 다이오드 등의 수많은 반도체 소자로 구성되어 있다. 제품 구조상 밀폐된 공간에 장착되어 있다. 이 프로세스 역시 열을 발생시키며, 열로 인한 인버터의 효율은 전체 시스템의 에너지 효율성에 영향을 미친다.

일반적으로 충전 및 도로 주행 중에는 구동 모터와 인버터 내부의 온도가 상승하는 경향이 있으며, 온도 상승 정도는 주행 조건, 주행 속도, 및 외부 환경 요소 등에 따라 다를 수 있다. 주행 시 이들 부품의 온도를 모니터링하여 어떤 특성들이 있는지 살펴보자.

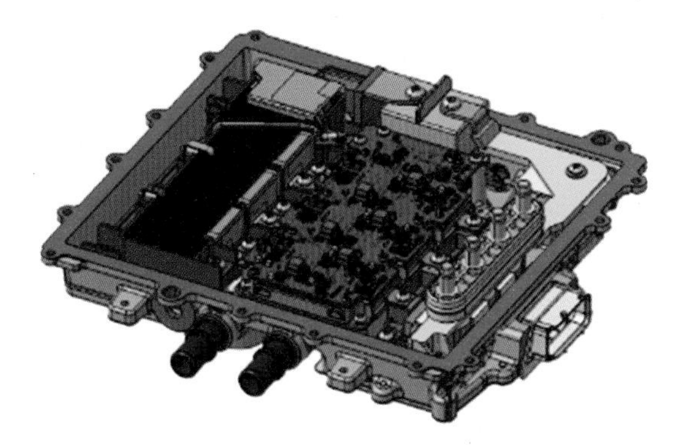

Fig. 33 리어 인버터 내부 구조

가. 테스트 조건

차 종	현대 아이오닉 5 롱레인지
주행거리	31,700km
외기 온도	22℃
측정시간	2,600초

Fig. 34에서 확인할 수 있듯이, 테스트 차량은 고속도로를 평균 100km/h 정도의 속도로 주행하면서 가감속 및 정차를 반복한다. 이러한 주행 조건에서 구동 모터의 온도는 대체로 40 ~ 55℃ 정도를 유지하고 DC-AC 인버터는 25 ~ 35℃ 온도를 유지한다.

특히 외기 온도를 고려하면 DC-AC 인버터는 거의 온도 상승이 없는 것으로 나타난다. 그러나 Fig. 34에서 확인할 수 있듯이 상대적으로 값이 상승하는 구간이 있어 이 부분에 대해 더 자세히 살펴보았다.

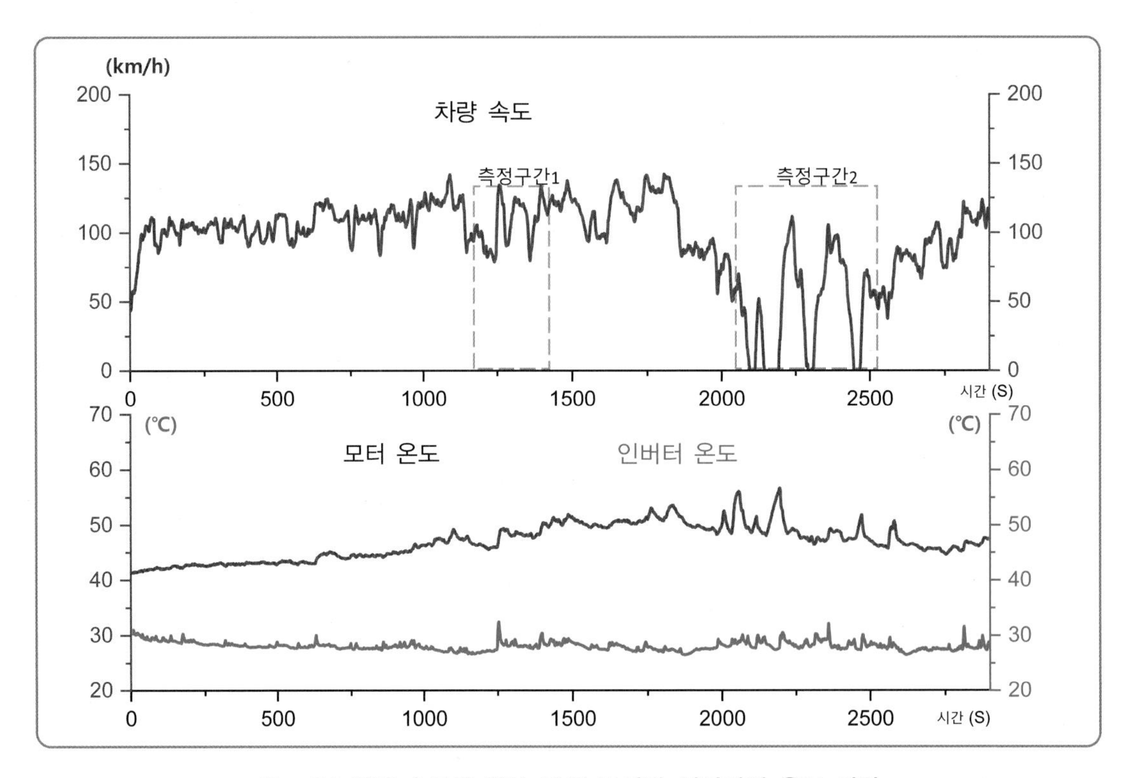

Fig. 34 차량 속도에 따른 구동 모터와 인버터의 온도 변화

나. 데이터 확인

1) 측정 구간 1

1,250초 지점에서 차량은 순간적으로 시속 80km/h에서 134km/h까지 가속하였다. 이 시점에 고전압 배터리에서는 265A의 전류가 소모되었으며, 이에 따라 DC - AC 인버터의 온도는 27℃에서 32.5℃까지 상승한다. 이 지점의 온도 상승 원인은 큰 전류가 인버터에서 구동 모터로 전환되어 공급되는 과정에서 발생한 것으로 판단된다.

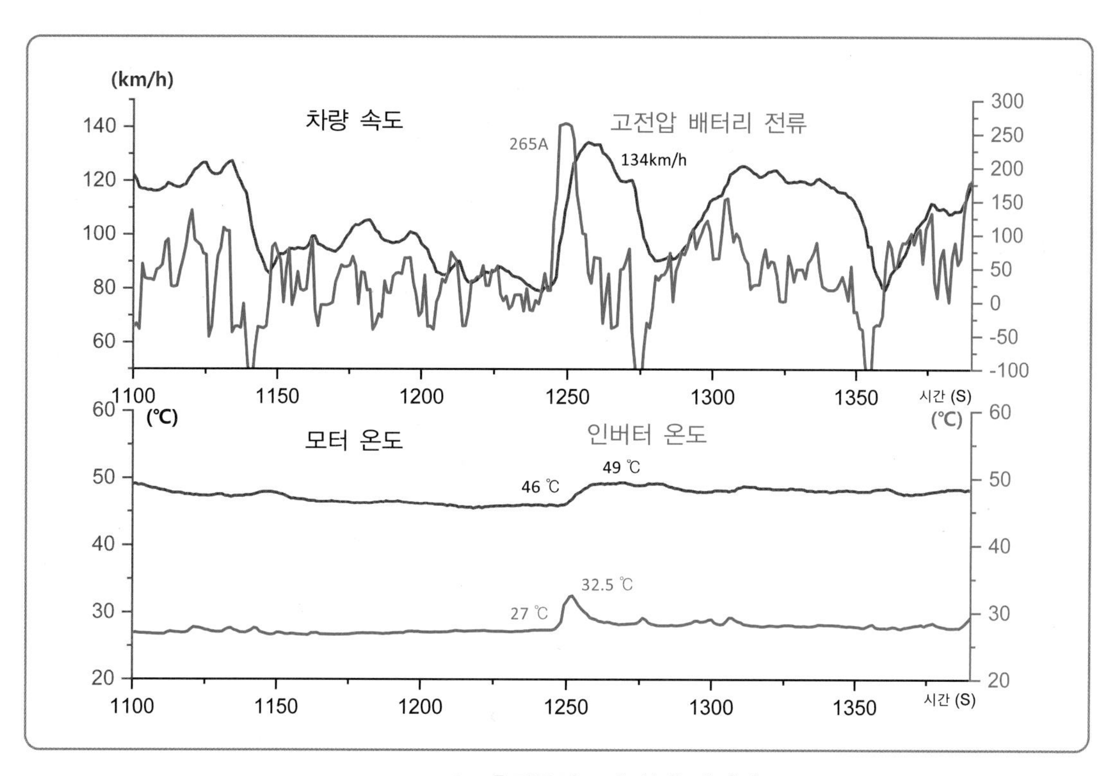

Fig. 35 측정구간 1의 상세 데이터

2) 측정 구간 2

2,150초 지점은 차량이 멈추면서 구동 모터도 멈춘 상태로 고전압 배터리 전류는 0A로 표시된다. 이 시점의 DC - AC 인버터는 구동 모터가 비활성 상태이므로 초기 온도를 유지하지만, 구동 모터의 온도는 48℃에서 56℃까지 상승한다. 이는 주행 도중에 발생하는 주행 바람이 고전압 배터리 냉각 시스템을 통해 구동 모터를 냉각하는 역할을 하다가, 차량 정차 시 주행 바람이 없어지면서 구동 모터의 온도가 상승하는 것으로 추정된다.

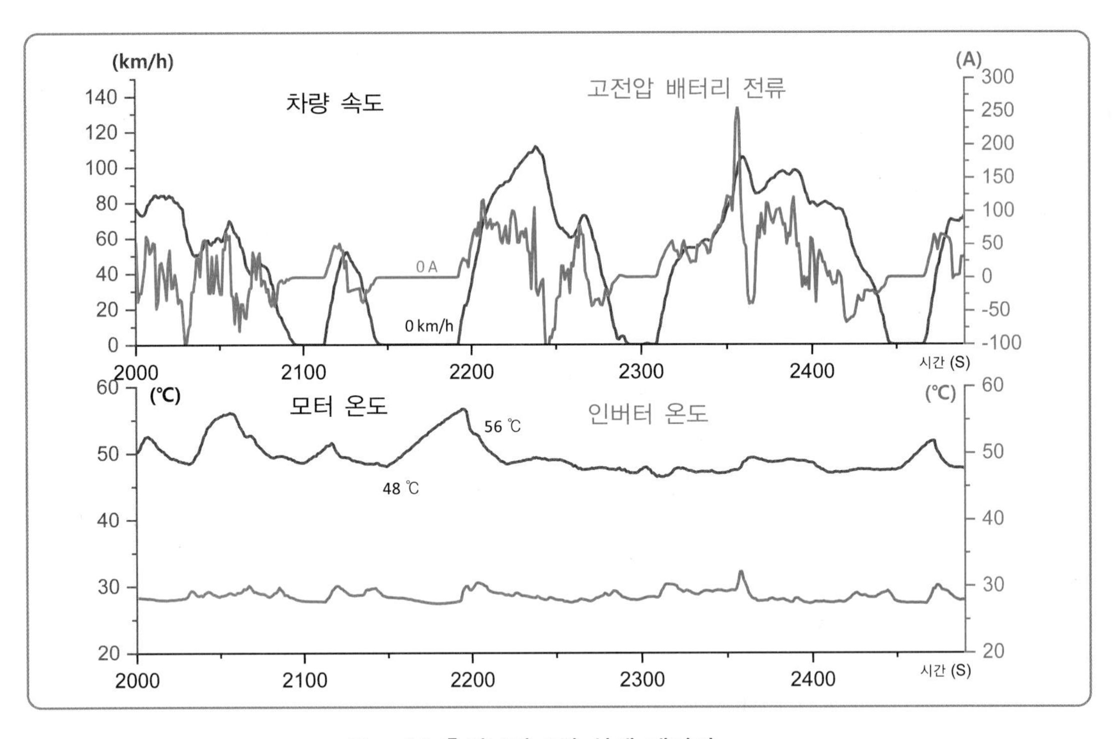

Fig. 36 측정구간 2의 상세 데이터

다. 요 약

다양한 주행 조건에서 고전압을 구성하는 부품들은 열을 발생시키며, 이 열을 효율적으로 관리하는 방법은 부품의 성능과 내구성에 큰 영향을 미친다. 자동차 제조사들은 다양한 주행 조건에서 발생하는 열을 효과적으로 제어하고 관리하기 위해 새로운 부품과 시스템을 도입하며, 다양한 방법으로 차량의 온도를 최적화시키는 노력을 한다.

전기 자동차를 이해하는 중요한 방법의 하나로 각 부품에 장착된 온도를 주의 깊게 관찰하고, 이러한 결과가 나오는 이유를 고민하고 측정 데이터를 살펴봄으로써 작동 원리를 학습하는 방법을 추천한다.

추가 테스트

[급가속 시 온도 변화량]

차량을 180km/h까지 급가속한 후 탄력 주행하였다. 이 과정에 DC - AC 인버터의 온도는 가속 초기 단계에서는 급격히 상승하여 51℃까지 도달한 후 서서히 감소하는 경향을 보인다. 반면에 구동 모터의 온도는 차량이 최고 속도에 도달한 후 회생 제동 구간에서 서서히 62℃까지 상승하며, 이후에는 일정 시간 동안 안정된 상태를 유지하는 것을 확인할 수 있다.

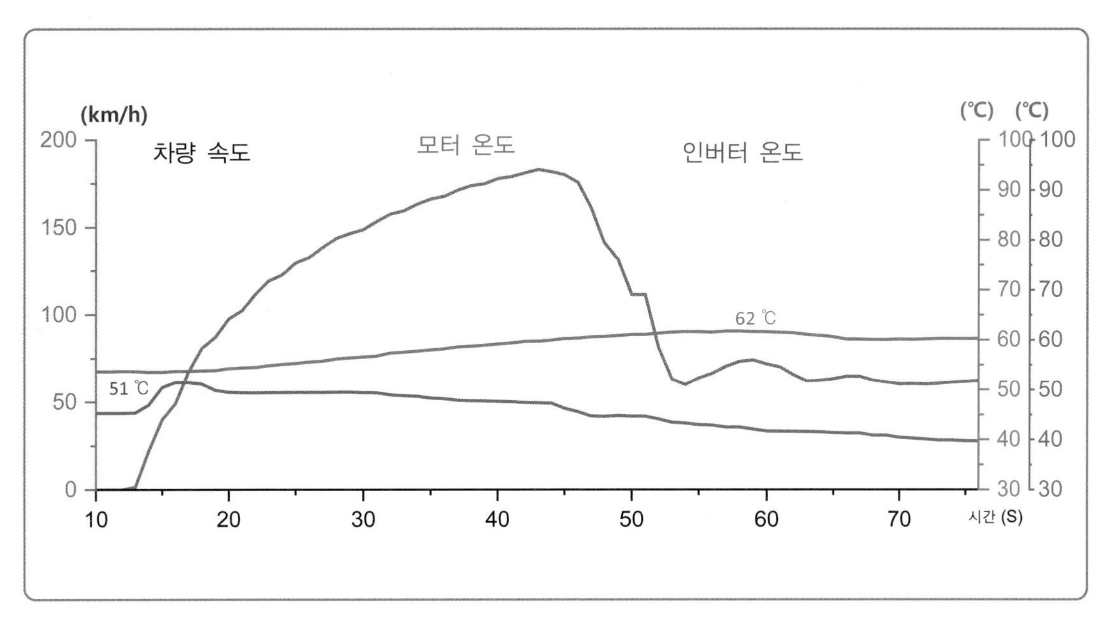

Fig. 37 급가속 시 구동 모터와 인버터 온도 변화량

[회로도]

구동 모터 온도 센서는 구동 모터 내부에 위치하고 있으며, 리어 인버터에서 온도를 감지한다. 구동 모터 온도 센서에 대한 회로도는 Fig. 38에서 확인할 수 있다.

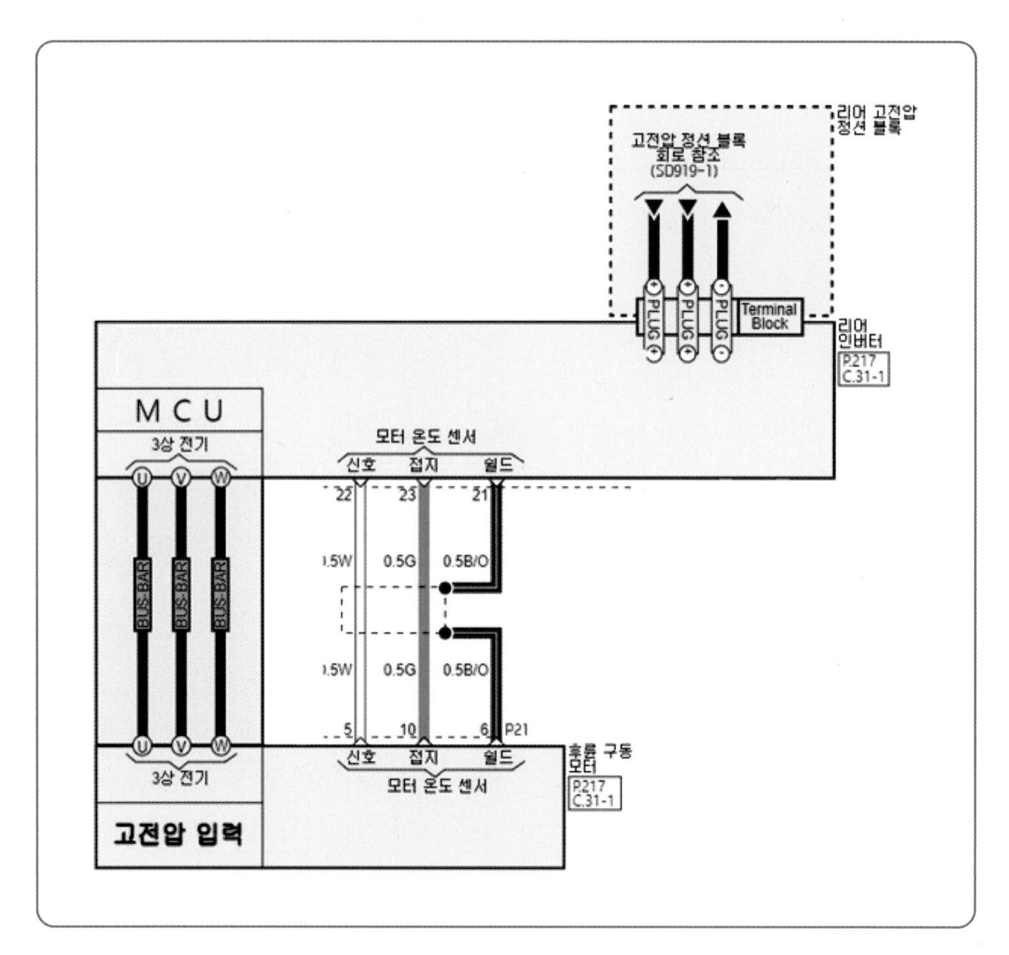

Fig. 38 **구동 모터 온도 센서 회로도**

구동 모터

19 차량 속도와 모터 회전수를 이용하여 감속비를 구해보자

차량의 구동 모터에서 발생하는 동력은 회전자 축과 연결된 감속기를 거쳐 구동 샤프트에 연결된 바퀴에 전달되어 차량을 구동한다. 차량 출발 시에는 저속에서 차량을 구동시키기 위한 큰 토크가 필요하며, 차량 속도가 높은 구간에서는 구동 모터의 큰 출력이 요구된다. 전기 자동차에서는 일반적으로 내연기관 자동차에서 필요로 하는 변속기를 사용하지 않고 감속기만을 이용하여 차량에서 필요로 하는 토크와 출력을 만들어낸다. 이는 전기 구동 모터가 저속에서 충분한 토크와 고속으로 회전할수록 큰 출력을 발생시키기 때문이다.

테스트 차량에 장착된 감속기의 감속비를 차량 속도와 구동 모터의 회전수를 이용하여 계산해 보자.

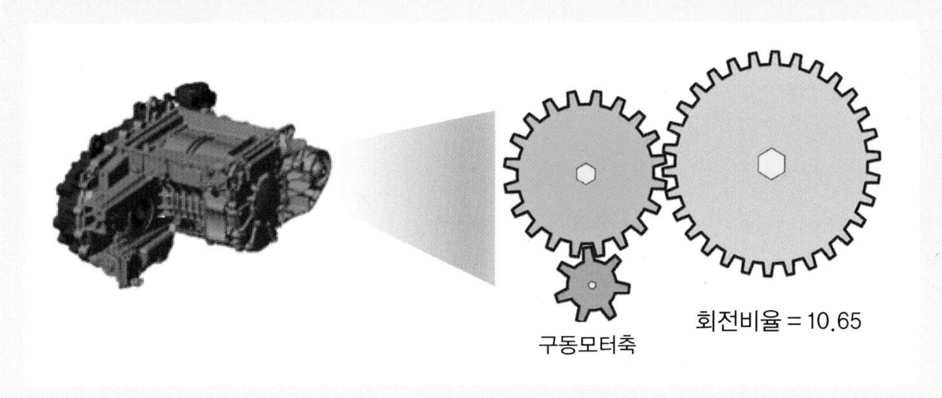

Fig. 39 감속기 감속비 개념도

가. 테스트 조건

차 종	현대 아이오닉 5 롱레인지
측정시간	330초

테스트 차량은 정차된 상태에서 93km/h 속도까지 주행했으며, 도로 환경 때문에 약간의 가속 및 감속 주행을 하였다. 차량에 장착된 타이어의 사이즈는 235/55R19이며, 타이어 압력은 37 ~ 38psi 이다. 타이어 사이즈 정보는 감속기의 감속비를 계산할 때 모터 회전수와 타이어 회전수의 비율을 계산하기 위해 기록하였다.

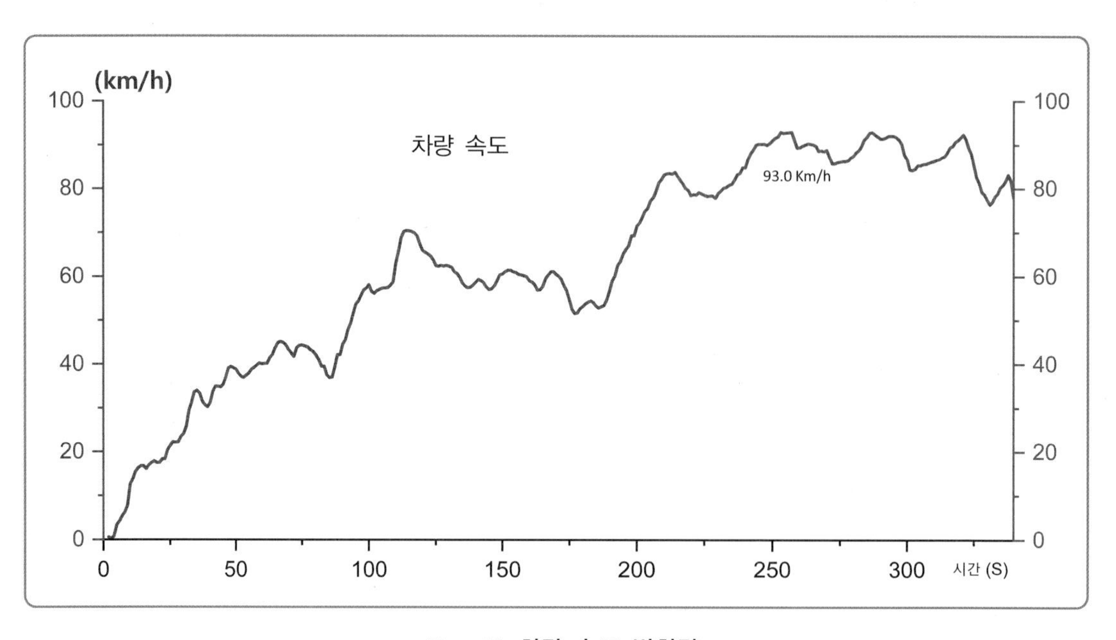

Fig. 40 차량 속도 변화량

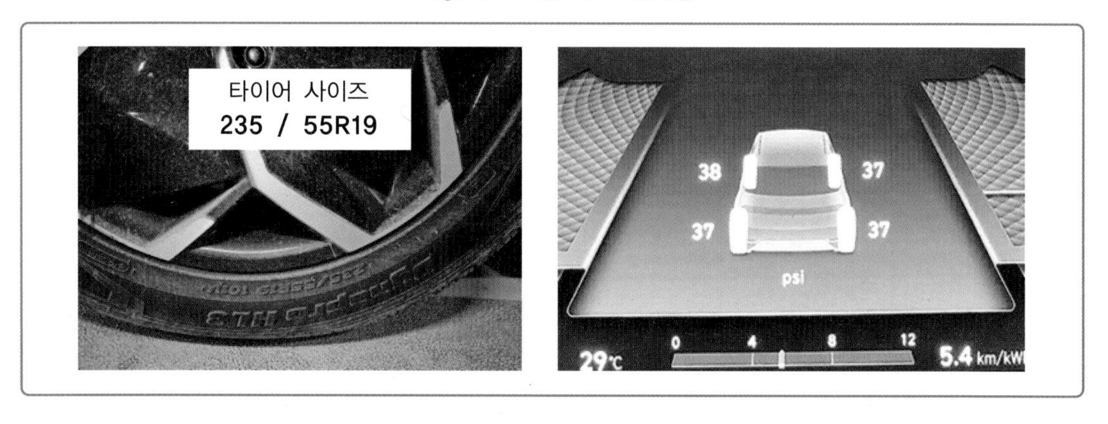

Fig. 41 테스트 차량의 타이어 사이즈와 타이어 공기압

나. 감속기 감속비 계산

감속기의 주된 기능은 구동 모터의 회전수를 줄여서 토크를 증가시키는 것이다. 따라서 감속기에 입력되는 구동 모터의 회전수와 감속기에서 출력되는 구동 샤프트의 회전수 비율로 감속기의 감속비를 결정한다. 구동 샤프트는 타이어 휠과 직접 연결되어 있으므로 타이어의 회전수와 구동 모터 회전수를 알면 감속비를 계산할 수 있다. 구동 모터 회전수는 이미 측정된 값이 있으며, 타이어 회전수는 차량 속도를 이용하여 계산할 수 있다.

- **감속기 감속비** = 구동 모터 회전수 (rpm) / 타이어 회전수 (rpm)
- **타이어 회전수** (rpm) = 차량 주행거리 / 타이어 1회전 시 주행거리
- **분당 차량 주행거리** (m) = 차량 속도 (km/h) / 60 / 1,000
  ※ 60 = 시간당 주행거리를 분당 주행거리로 변환시킴
  ※ 1,000 = 거리 단위를 km에서 m로 변환시킴
- **타이어 1회전 시 주행거리** (m) = 타이어 외경 사이즈

타이어 1회전 시 주행거리를 계산해 보자.

테스트 차량에 장착된 타이어 사이즈는 235/55R19이다. 이 정보를 활용하여 타이어의 외경(Overall Diameter)을 계산하면 약 2.328 미터이다. 타이어가 한 번 회전할 때, 차량은 약 2.328 미터를 이동할 수 있다.

- **타이어 내경** = 19인치 x 25.4(mm/인치) = 482.6mm
- **타이어 높이** = 235 x 0.55 = 129.25mm
- **타이어 지름** = 내경 + 2 x 타이어 높이 = 741.1mm
- **타이어 외경** = π D = 3.141592 x 741.1 / 1,000 = 2.328m

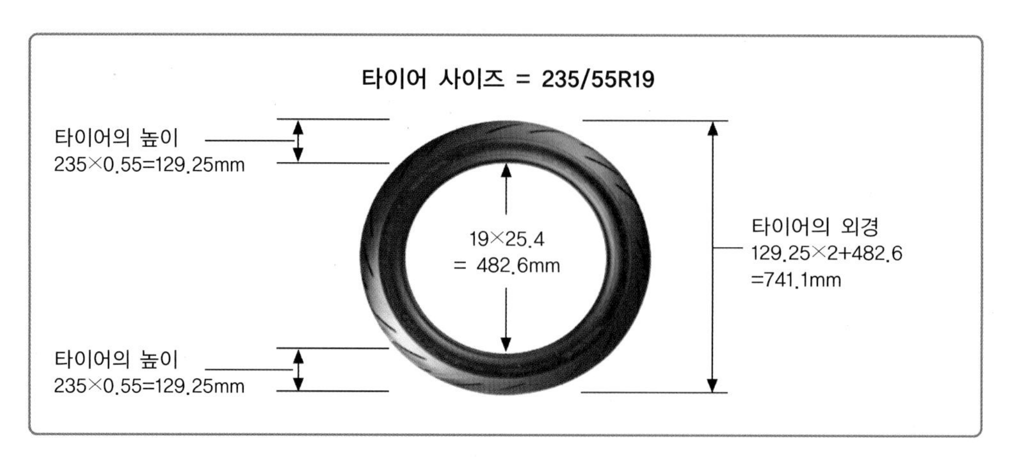

Fig. 42 타이어 사이즈 계산하는 방법

차량 속도를 이용하여 타이어 회전수를 계산해 보자.

Fig. 40의 차량 속도를 초 단위로 주행한 거리를 계산한 후 타이어 외경 사이즈로 나누어 주면 타이어 회전수가 나온다. 그리고 회전수 단위가 rpm(Revolution Per Minute)이므로 60(초)을 곱하면 타이어 회전수가 나온다.

시간(초)	차량 속도로 계산한 주행거리(m)	타이어 회전수 (rpm)	비고
1	0.56	4.03	타이어 회전수 = 차량주행거리 / 타이어 외경사이즈 X 60
2	0.28	2.01	
3	0.78	5.59	
4	3.38	24.16	
5	4.22	30.20	
6	5.41	38.71	
7	6.30	45.08	

Fig. 43 차량 속도를 타이어 회전수로 변환하는 방법

감속기의 감속비는 구동 모터 회전수와 타이어 회전수의 비율이다. 이미 측정된 구동 모터 회전수와 차량 속도를 이용하여 계산한 타이어 회전수를 토대로 주행 시간에 따른 감속기의 감속비를 계산했다. 주행 기간의 계산된 감속비 변화는 Fig. 44와 같다.

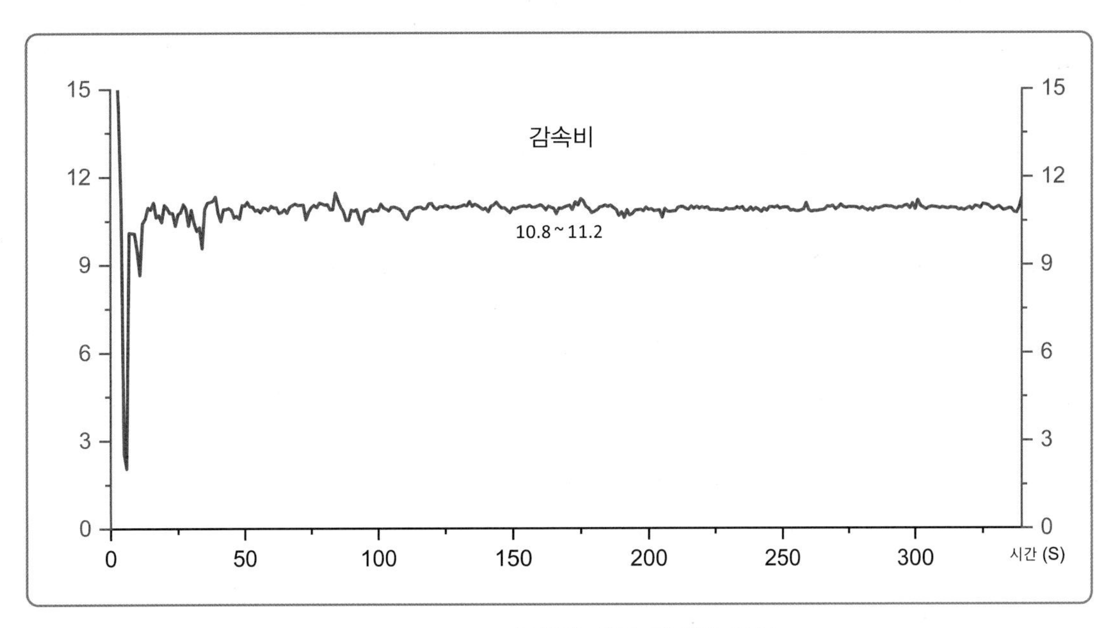

Fig. 44 **주행에 따른 감속비 변화**

다. 요 약

이론적으로, 감속기의 감속비는 두 개의 기어가 서로 물려 있는 구조로 인해 항상 동일한 값을 유지해야 한다. 정비 지침서에 명시된 감속비는 10.65이다. Fig. 44에서 계산된 감속비는 주행 초기 가속 구간에서는 큰 폭의 편차를 나타내다가 일정 속도 이상에서는 10.8에서 11.2 사이로 나타난다.

이러한 편차가 발생하는 이유는 노면과 접속하는 타이어의 외경 사이즈 변화 때문이다. 타이어 외경 사이즈가 변할 수 있는 요인은 다음과 같다.

1. 타이어 외경 사이즈 변화: 타이어의 공기압과 탑승객 무게에 따라 실제 주행되는 타이어의 외경은 변할 수 있다. 낮은 공기압이나 순간적인 차량 부하는 실제 주행하는 타이어의 외경 사이즈는 더 줄어들 수 있다.
2. 타이어의 순간적인 변형: 가속 및 감속 시 타이어가 변형되는 현상으로 인해 타이어 외경 사이즈는 달라질 수 있다.
3. 데이터 샘플링 속도: 측정된 데이터는 1Hz로 순간적인 타이어 외경 사이즈 변화를 실시간으로 반영 못하는 과정에 데이터 왜곡이 발생할 수 있다.

4. **노면 상태**: 노면 상태에 따른 타이어의 슬립 현상으로 타이어 회전수로 계산된 주행거리와 실제 차량이 이동하는 거리는 달라질 수 있다.

위의 상황들이 결합되어 테스트 차량에서는 감속비가 순간적으로 변하거나 감속기 제원에 표시된 감속비와 다르게 계산되어 나왔다. 따라서 타이어 압력을 최적화하고, 승객 무게를 줄이고, 안정된 노면에서 가감속이 없는 일정한 속도로 주행할 경우 제원에 명시된 감속비에 가까운 결과를 만들 수 있을 것이다.

아이오닉 5 감속기

구 분	감속기	
	전륜 감속기	후륜 감속기
플랫폼	E-GMP	
모터 최대속도(rpm)	15,000	
기어비	10.65	

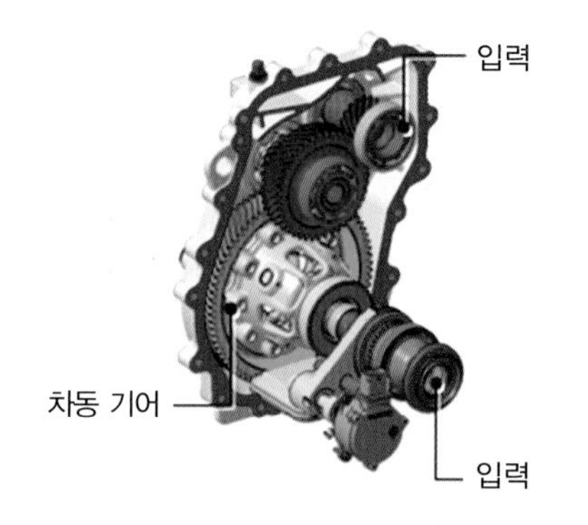

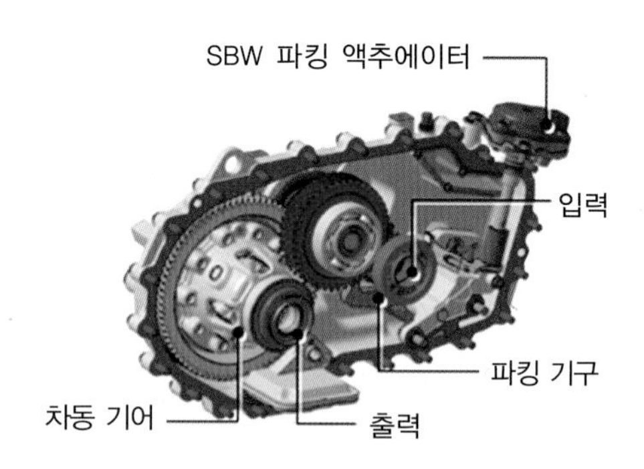

PART

03 충전시스템

충전시스템

20

800V 급속 충전 시 에너지 흐름을 알아보자

전기자동차의 충전기는 정격용량에 따라 초급속, 급속, 완속 충전기로 나뉘며, 급속 충전기는 정격 전압에 따라 DC 500V 및 1,000V로 구분된다. 충전기는 충전 포트를 통해 고전압 배터리의 상태와 요구사항을 모니터링하고, 최적의 충전 전류를 조절하면서 배터리를 충전한다. 이 과정에서 충전기는 고전압 배터리에 너무 빠른 충전 속도로 인한 과도한 열 발생을 방지하며, 차량으로부터 배터리 충전 중지 메시지를 받으면 충전기는 충전을 중단하고 사용자에게 충전 관련 정보를 문자로 전송하거나 화면에 표시한다.

테스트 차량에 장착된 고전압 배터리는 800V용이다. 충전 커넥터에 연결되는 충전기의 정격 전압에 따라 충전되는 과정이 조금 다르다. 우선 충전기로부터 800V 정격 전압이 공급되는 경우 고전압 배터리까지 충전되는 경로를 확인하고 에너지 흐름이 어떠한지 확인해 보자.

가. 테스트 조건

차 종	현대 아이오닉 5 롱레인지
주행거리	102,407km
외기온도	27.5℃
측정시간	2,700초

차량 충전기에 급속 충전 케이블을 연결한 후 충전하였다. 충전 시작 시점에서의 SOC는 17%이고, 충전이 진행되면서 SOC는 최종적으로 87.5%에 도달했다. 충전 기간 동안 고전압 배터리팩에 공급된 전류는 초기에 135A로 시작하여, 충전 진행과 함께 35A로 감소하고, 마지막에는 충전이 완료되었다.

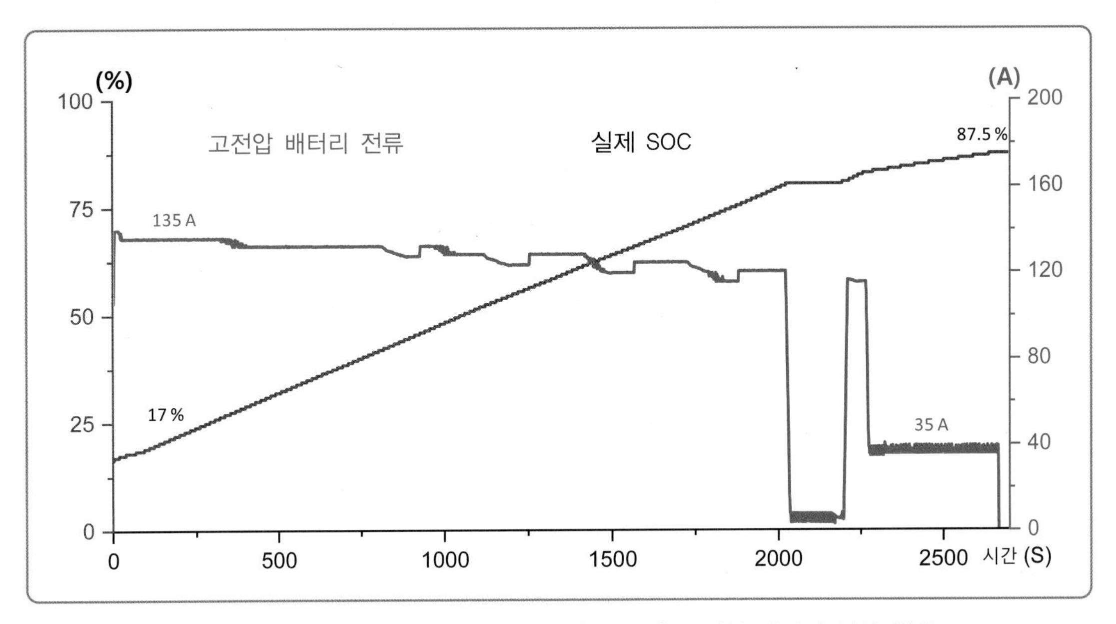

Fig. 1 800V 급속 충전 시 실제 SOC와 고전압 배터리 전류 변화

나. 측정 데이터 해석

급속 충전기에서 공급되는 800V 정격 전압의 전류는 차량의 충전 커넥터를 거친 후 리어 고전압 정션 박스(Rear Junction Box)를 통과하여 고전압 배터리팩에 공급된다. 이 과정에서 냉난방 시스템이 작동할 경우, 고전압 배터리로 공급되는 전류 중 일부는 프런트 고전압 정션 박스(Front Junction Box)를 통해 에어컨 컴프레서 구동에 사용된다.

Fig. 2는 800V 전원 공급 시 전력 흐름도를 나타낸다. P1, P2, P3 지점의 전력량을 계산하면 충전기로부터 공급된 전력이 어떻게 사용되는지 확인할 수 있다.

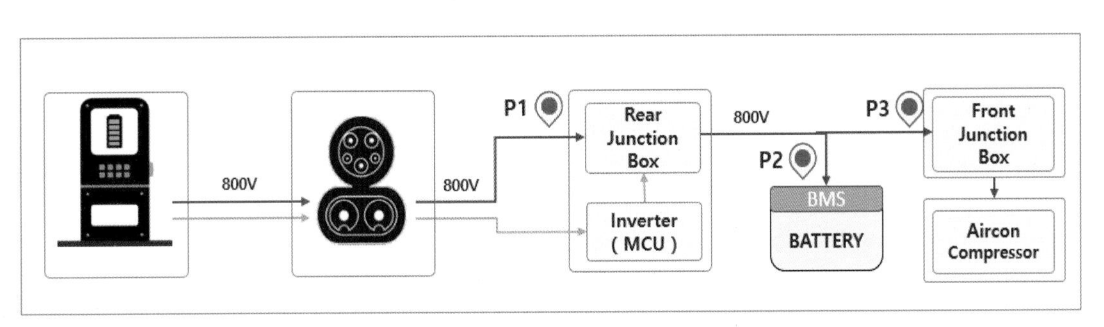

Fig. 2 800V 급속 충전 시 전력 흐름도

1) P1 지점 전력량 계산

차량 충전 관리 시스템(VCMS)에서 충전기에서 차량에 공급하는 충전 전류와 충전 전압을 확인할 수 있다. 충전 과정에서 충전기에서 공급되는 충전 전류와 충전 전압 데이터를 시계열로 표시하면 Fig. 3과 같다.

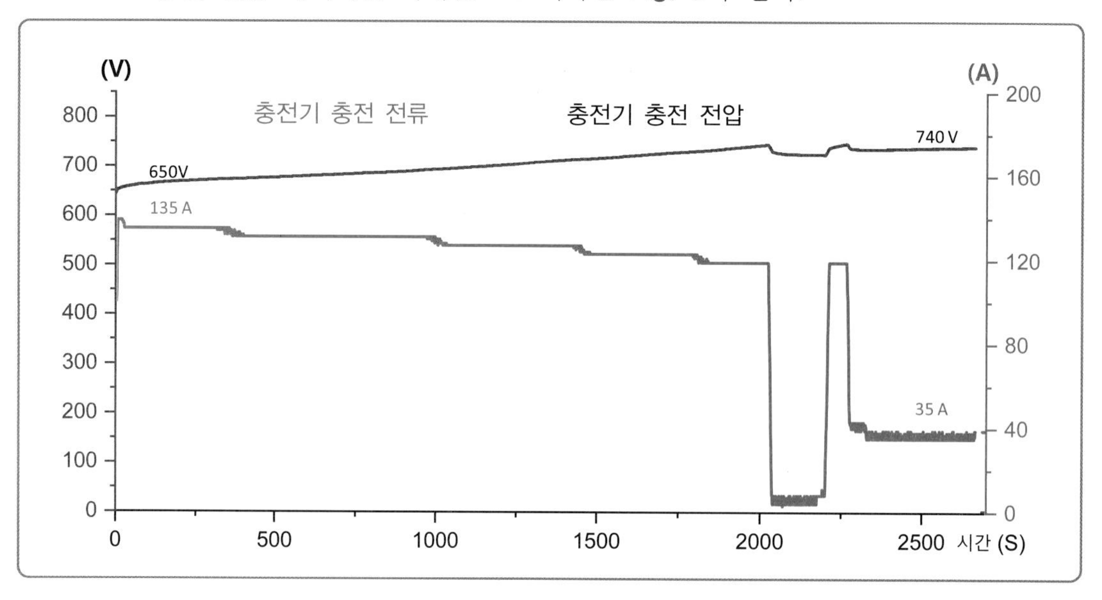

Fig. 3 800V 급속 충전 시 충전기 공급 전류와 전압 변화량

P1 지점에 공급되는 전력량은 다음과 같이 계산되며, 해당 값은 55.20kWh이다.

P1 지점 전력량(kWh) = Σ(충전기충전전압×충전기충전전류/3,600/1,000)

시간 (초)	충전기 충전전류(A)	충전기 충전전압(V)	전력량 (kWh)	비고
1	38.7	733.1	0.007880825	전력량 =전류×전압/3,600/1,000
2	38.7	733.1	0.007880825	
3	40	732.9	0.008143333	
4	36.1	733.1	0.007351364	
5	35.9	733.1	0.007310636	
6	35.9	733.1	0.007310636	
7	24.7	734	0.005036056	
합계			0.050913675	

Fig. 4 전류와 전압 데이터로 전력량 계산하는 예제

2) P2 지점의 전력량 계산

고전압 배터리 관리시스템(BMS)에서 고전압 배터리팩에 공급되는 전류와 전압을 확인할 수 있다. 충전 과정에서 고전압 배터리팩에 공급되는 전류와 전압 데이터를 시계열로 표시하면 Fig. 5와 같다.

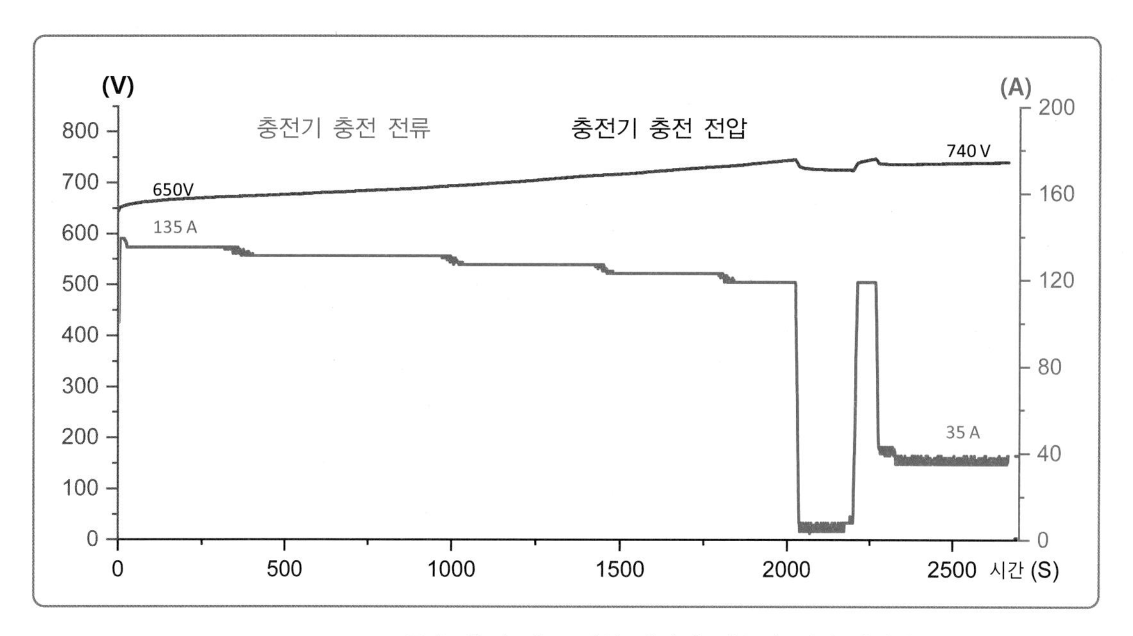

Fig. 5 800V 급속 충전 시 고전압 배터리 전류와 전압 변화량

P2 지점에 공급되는 전력량은 Fig. 4 예제를 참고하여 계산하면, 해당 값은 54.66kWh이다.

P2 지점 전력량(kWh)

= ∑(고전압 배터리 전압×고전압 배터리 전류 / 3,600 / 1,000)

3) P3 지점의 전력량 계산

급속 충전 시 고전압 배터리팩이나 프런트 정션박스의 온도가 상승하면 냉각시스템이 활성화되어 에어컨 컴프레서가 가동된다. 에어컨 컴프레서는 고전압으로 작동하며, 작동 중에는 고전압 배터리팩으로 충전되는 전류 중 일부를 사용하게 되어 Fig. 6과 같이 전류가 간헐적으로 5A가량 감소하는 것을 확인할 수 있다. 또한, 이 구간에서 에어컨 컴프레서는 4,000rpm 속도로 작동한다.

고전압 배터리 전류가 간헐적으로 낮아진 구간의 전류 하락 폭과 전압을 곱하면 에어컨 컴프레서 작동에 의한 소비 전력을 계산할 수 있다. 하지만, P1과 P2 지점의 전력량이 이미 측정되어 계산되어 있으므로 P3 지점의 전력량을 쉽게 구할 수 있다. P3 지점의 전력량은 0.64kWh이다.

P3 지점 전력량(kWh) = P1 지점 전력량 - P2 지점 전력량

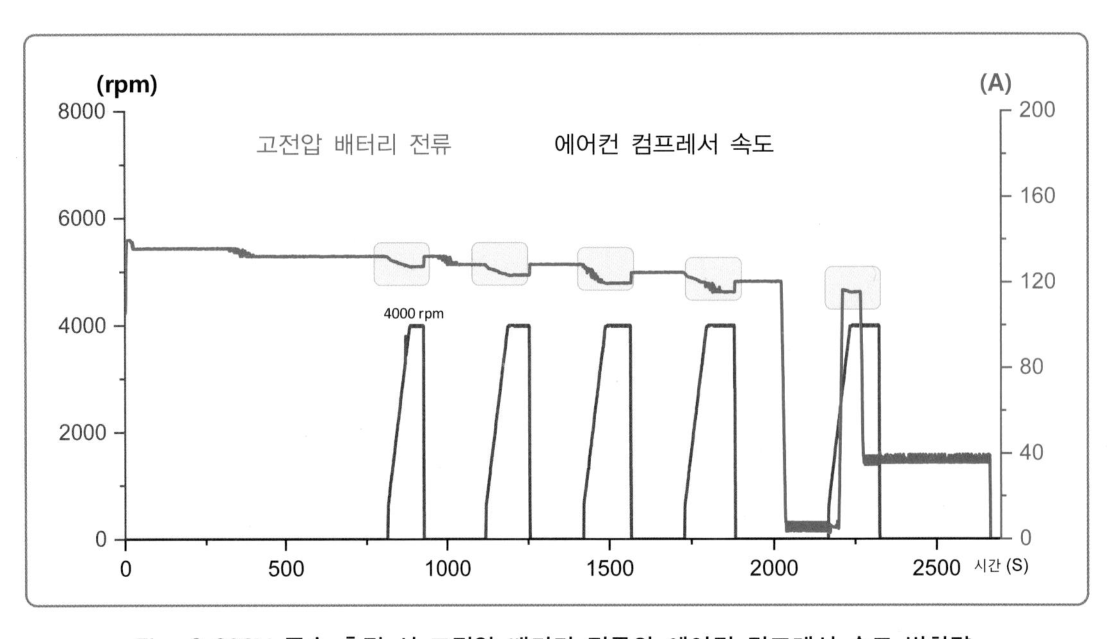

Fig. 6 800V 급속 충전 시 고전압 배터리 전류와 에어컨 컴프레서 속도 변화량

다. 요 약

정격 용량이 800V인 충전기를 사용할 경우, 충전 전류가 리어 고전압 정션 박스(Rear Junction Box)를 거쳐 고전압 배터리에 직접 공급되기 때문에 전압을 승압시키는 경우 발생하는 에너지 손실은 거의 없다.

또한 급속 충전 시 충전 속도, 외부 온도, 차량 상태에 따라 고전압 관련 부품들의 온도 상승이 발생할 경우 냉각시스템이 작동될 수 있으며, 냉각시스템이 작동될 경우 고전압 배터리 충전에 사용되어야 할 전력 중 일부는 냉각시스템 작동에 사용된다.

이번 테스트를 통해 각 구간에서 계산한 전력량은 다음과 같다. 충전기에서 공급된 전력 중 1%는 냉각시스템 작동에 사용되었으며, 나머지 99%는 고전압 배터리에 충전되었다.

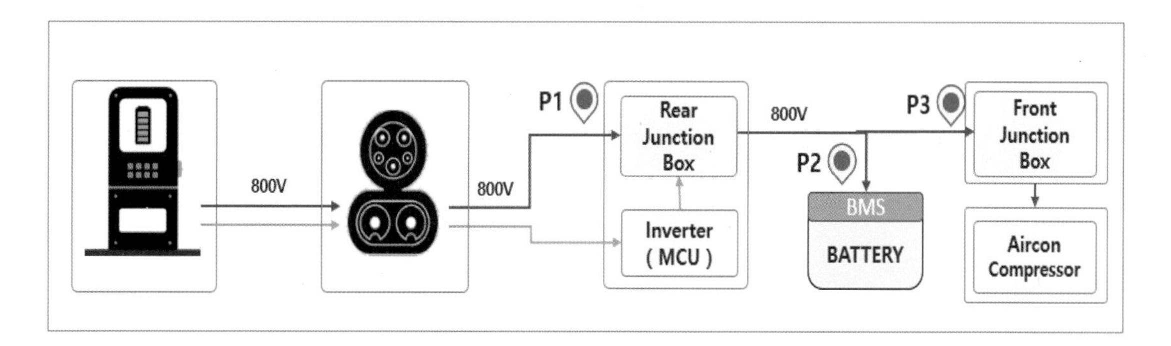

- P1 지점 = 55.20kWh
- 인버터 승압손실 = 0.00kWh
- P2 지점 = 54.66kWh (99.0%)
- P3 지점 = 0.54kWh (1.0%)

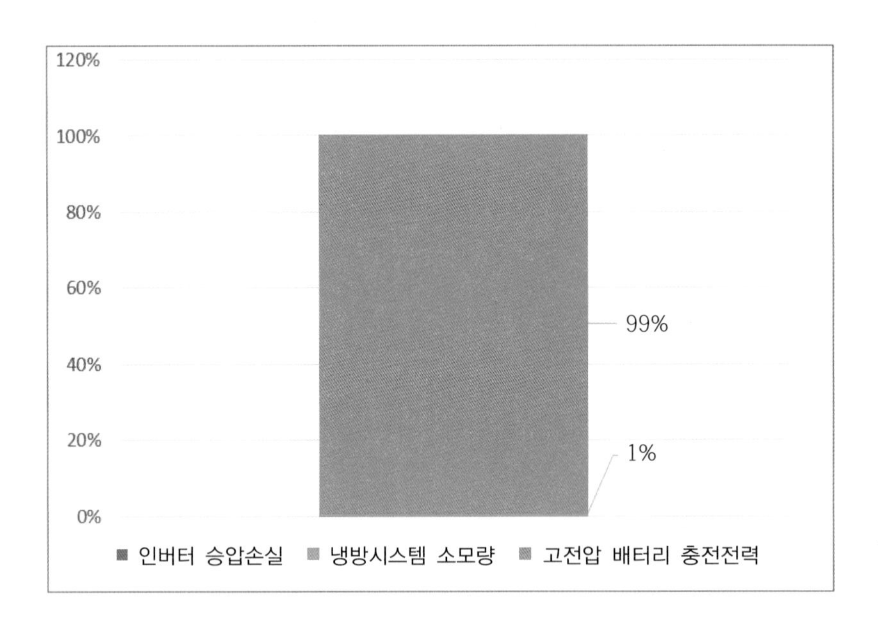

800V 급속 충전 시 인버터 작동 원리

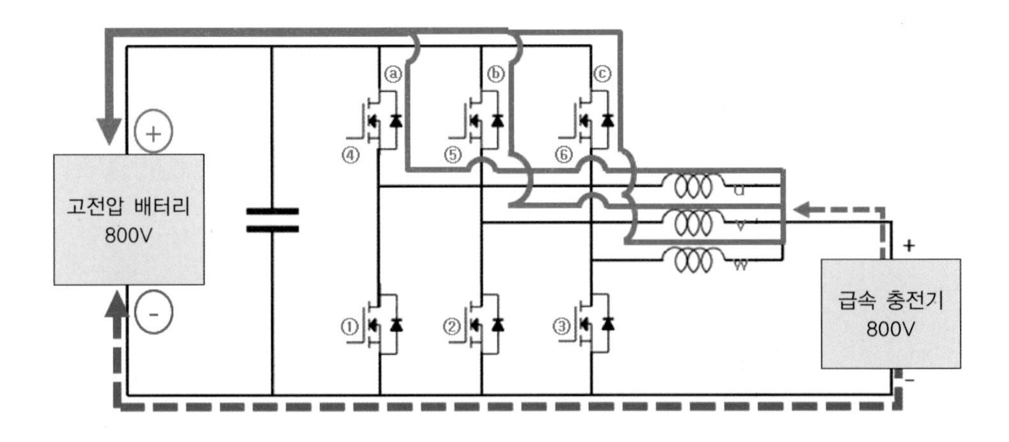

1. 800V 급속 충전기에서 800V의 고전압을 리어 정션 블록을 통해 멀티 인버터로 입력시키면 리어 모터 코일을 지나 멀티 인버터로 연결된다.
2. 리어 모터 내부에 U,V,W 3개의 코일을 동시에 통과한 800V 고전압은 멀티 인버터 게이트 보드 내 ④, ⑤, ⑥ SiC모스펫(Silicon Carbide MOSFET) ⓐ, ⓑ, ⓒ 다이오드를 지나 고전압 배터리로 충전이 된다.
3. 충전기에서 800V 급속 충전을 할 경우 별도의 승압 과정이 필요하지 않기 때문에 멀티 인버터 내 ①, ②, ③ 모스펫은 구동이 되지 않는다.

충전시스템

21

400V 급속 충전 시 충전 에너지 흐름을 알아보자

전기자동차의 충전기는 정격용량에 따라 초급속, 급속, 완속 충전기로 나뉘며, 급속 충전기는 정격 전압에 따라 DC 500V 및 1,000V로 구분된다. 충전기는 충전 포트를 통해 고전압 배터리의 상태와 충전 조건에 대한 요구사항을 모니터링하고, 최적의 충전 전류를 조절하면서 배터리를 충전한다. 이 과정에서는 고전압 배터리에 너무 빠른 충전으로 인한 열 발생을 방지하며, 배터리 충전이 완료되면 충전기는 충전을 중단하고 사용자에게 충전 완료 신호를 보내거나 화면에 표시한다.

테스트 차량인 아이오닉5의 고전압 배터리는 800V용이지만, 충전 커넥터에 연결된 충전기로부터 400V 정격 전압이 공급되는 경우 고전압 배터리까지 충전되는 경로를 확인하고 에너지 흐름이 어떠한지 확인해 보자.

Fig. 7 현대자동차 E-GMP 멀티충전시스템

가. 테스트 조건

차 종	현대 아이오닉 5 롱레인지
주행거리	16,434km
외기온도	25℃
측정시간	2,100초

급속 충전기를 차량의 충전 커넥터에 연결한 후 충전을 시작하였다. 충전 시작 시 SOC는 22%였으며, 충전이 완료되는 시점의 SOC는 51%이다. 충전 시작 시 고전압 배터리팩에 충전되는 전류는 60.9A이며, 충전이 진행됨에 따라 약간씩 낮아져서 충전 종료 시에는 58.4A이다.

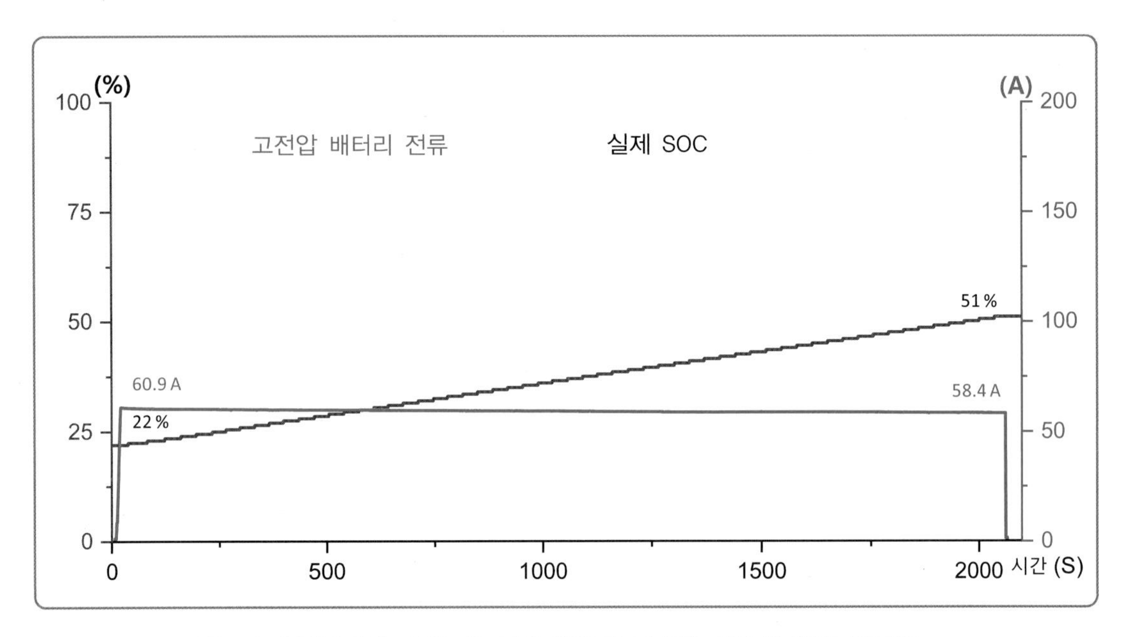

Fig. 8 500V 급속 충전 시 실제 SOC와 고전압 배터리 전류 변화량

나. 측정 데이터 확인

아이오닉5는 리어 고전압 정션 박스(Rear Junction Box)내의 스위칭 작동을 통해 구동 모터 회로를 사용하여 400V 전압을 800V 전압으로 승압시키는 구조로 되어 있다.

급속 충전기에서 공급되는 400V 정격 전압의 전류는 차량 충전 관리 시스템(VCMS)의 스위칭 제어를 통해 구동 모터 내부 회로를 거치면서 800V로 승압 되어 고전압 배터리에 800V 정격 전압의 전류를 공급한다. 또한, 고전압 배터리에 공급되는 과정에서 냉난방 시스템이 작동될 때 일부 전류는 프런트 고전압 정션 박스(Front Junction Box)를 통해 에어컨 컴프레서 구동에 사용된다.

Fig. 9는 400V 전원 공급 시 전력 흐름도를 나타낸다. P1, P2, P3 지점의 전력량을 계산하면 충전기로부터 공급되는 전력이 어떻게 사용되는지 확인할 수 있다.

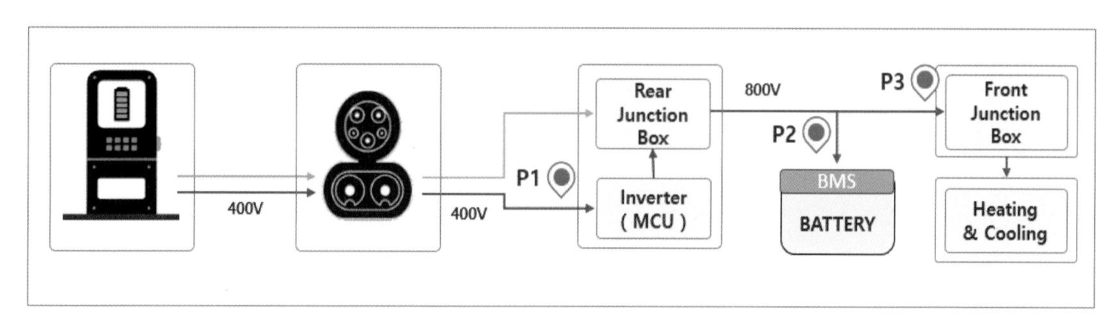

Fig. 9 500V 급속 충전 시 전력 흐름도

1) P1 지점의 전력량 계산

차량 충전 관리 시스템(VCMS)에서 충전기에서 차량에 공급하는 충전 전류와 충전 전압을 확인할 수 있다. 충전 과정에서 충전기에서 공급되는 충전 전류와 충전 전압 데이터를 시계열로 표시하면 Fig. 10과 같다.

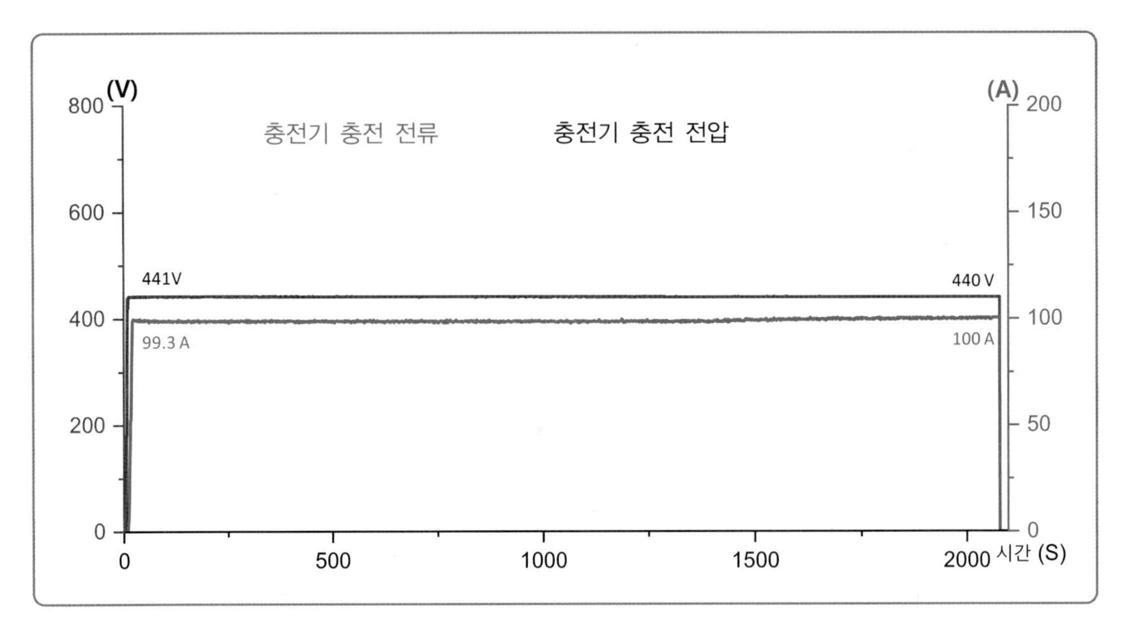

Fig. 10 500V 급속 충전시 충전기 전류 및 충전기 전압 변화

P1 지점에 공급되는 전력량은 다음과 같이 계산되며, 해당 값은 25.03kWh이다.

P1 지점 전력량(kWh) = ∑(충전기충전전압×충전기충전전류/3,600/1,000)

시간 (초)	충전기 충전전류(A)	충전기 충전전압(V)	전력량 (kWh)	비고
1	38.7	733.1	0.007880825	전력량 =전류×전압/3,600/1,000
2	38.7	733.1	0.007880825	
3	40	732.9	0.008143333	
4	36.1	733.1	0.007351364	
5	35.9	733.1	0.007310636	
6	35.9	733.1	0.007310636	
7	24.7	734	0.005036056	
합계			0.050913675	

Fig. 11 전류와 전압 데이터로 전력량 계산하는 예제

2) P2 지점의 전력량 계산

고전압 배터리 관리시스템(BMS)에서 고전압 배터리팩에 공급되는 전류와 전압을 확인할 수 있다. 충전하는 과정에 고전압 배터리팩에 공급되는 전류와 전압은 Fig. 12와 같다.

충전기에서 공급되는 전력은 충전기에서 공급된 전압 400V가 리어 고전압 정션 박스(Rear Junction Box) 내에서 800V로 승압 되는 반면 전체 전력은 동일해야 하므로 충전 전류는 반으로 줄어든다.

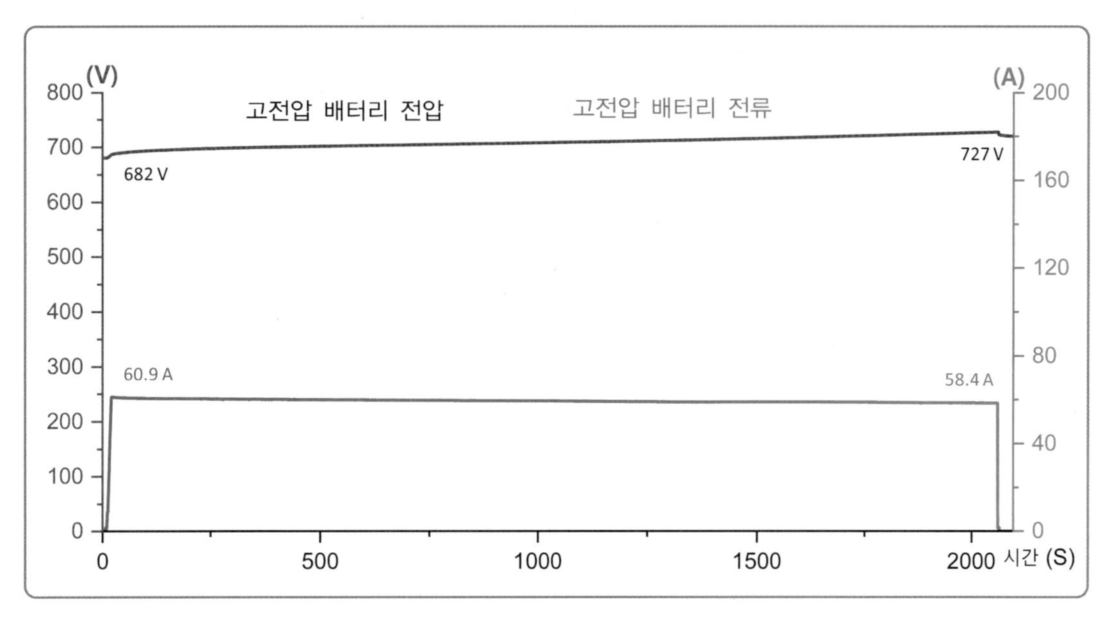

Fig. 12 1000V 급속 충전 시 고전압 배터리 전류와 전압 변화

P2 지점에 공급되는 전력량은 Fig. 11 예제를 참고하여 계산하면, 해당 값은 23.94kWh이다.

P2 지점 전력량(kWh)

= Σ(고전압 배터리 전압 × 고전압 배터리 전류 / 3,600 / 1,000)

3) P3 지점의 전력량 계산

급속 충전 시 고전압 배터리팩이나 리어 정션박스의 온도가 상승할 경우 냉각시스템이 작동하여 에어컨 컴프레서가 가동된다. 그러나 Fig. 12를 살펴보면 충전 기간 동안 에어컨 컴프레서는 동작하지 않았으며, 고전압 배터리 전류가 안정적으로 공급되는 것을 확인할 수 있다. 그러므로 P3 지점의 전력량은 0kWh으로 유추할 수 있다.

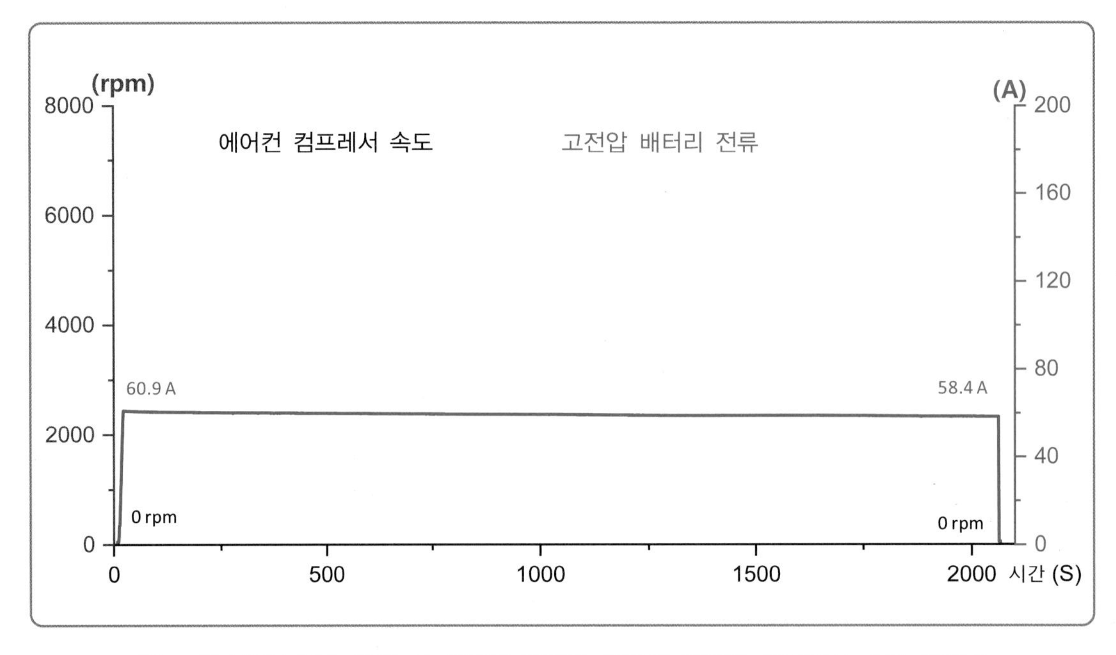

Fig. 13 500V 급속 충전 시 고전압 배터리 전류와 에어컨 컴프레서 속도 변화량

다. 요 약

충전기 정격 출력전압이 400V인 경우, 전압은 리어 고전압 정션 박스(Rear Junction Box) 내 스위칭 작동으로 800V로 승압 되는 과정을 거친다. 충전기에서 차량에 공급되는 전력량은 25.03kWh이고, 고전압 배터리에 충전되는 전력량은 23.94kWh입니다.

이번 테스트에서는 충전하는 동안 냉난방 시스템이 작동하지 않았기 때문에 냉난방 시스템의 작동으로 발생하는 에너지 손실은 없는 상태이다. 그러나 1.08 kWh의 전력량 오차가 발생한 것을 확인할 수 있는데, 이는 모터 내 인버터 회로에서 승압하면서 발생하는 에너지 변환 손실로 해석될 수 있다.

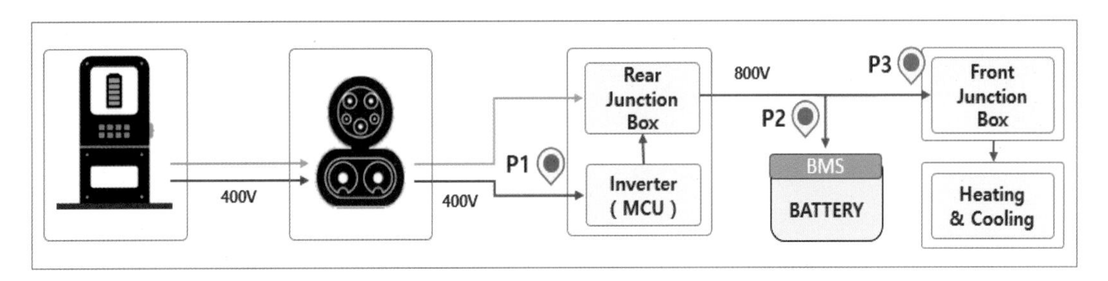

- P1 지점 = 25.03kWh (100%)
- 인버터 승압손실 = 1.08kWh (4.3%)
- P2 지점 = 23.94kWh (95.6%)
- P3 지점 = 0.00kWh (0.0%)

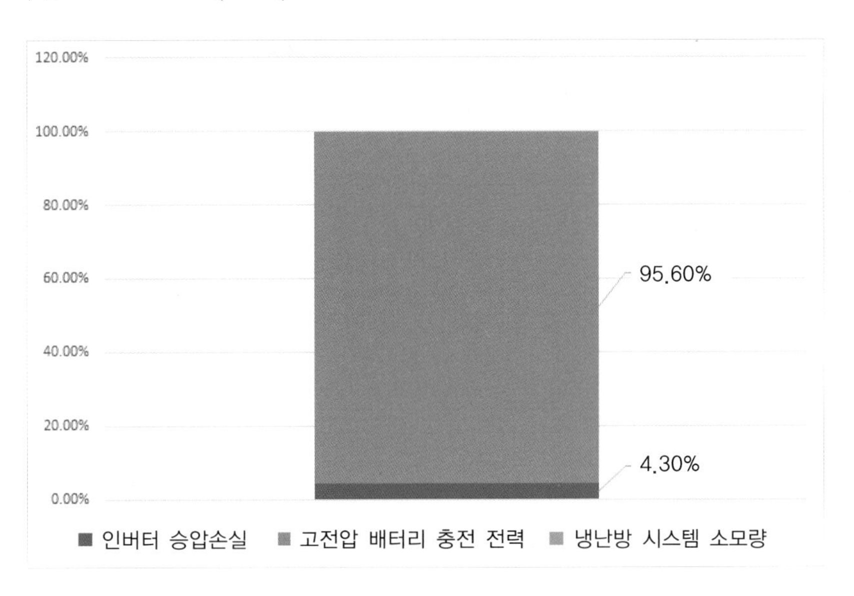

400V 급속 충전 시 인버터 작동 원리

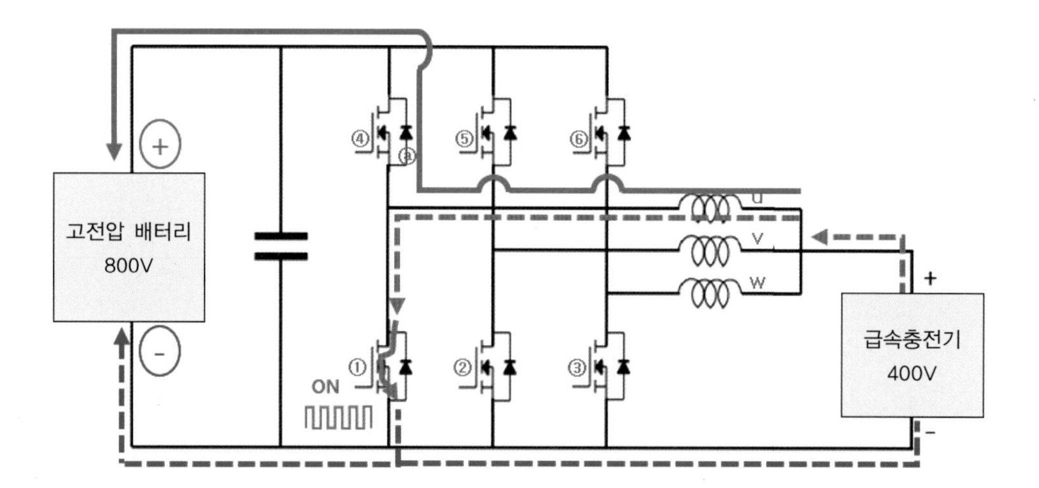

1. 멀티 인버터 내부에 적용된 IGBT 파워 모듈에 6개의 실리콘 카바이드 모스펫(Silicon Carbide MOSFET)이 제어되어 400V에서 800V로 승압 작용을 한다.
2. 리어 모터 내부에 U, V, W 3개의 코일을 구동 하는데, ①, ②, ③ 모스펫을 120도 위상차를 두고 순차적으로 제어를 하여 800V로 승압시킨다.
3. SiC모스펫Gate에 20V의 전압을 약 20khz로 인가하면 20V의 모스펫 구동 전원은 Source로 인가되어 Drain과 Source를 연결시킴으로써 모터 내부 U상에 전원이 공급된다.
4. SiC모스펫Gate에 전원을 끊게 되면 U상 코일에서 만들어진 400V와 급속 충전기에서 입력되는 400V의 전압이 합쳐져서 800V로 승압 되어 ④번 모스펫ⓐ 다이오드를 지나 고전압 배터리에 충전된다.
5. 위와 같은 과정을 ①, ②, ③번 모스펫과 ④, ⑤, ⑥모스펫을 이용하여 반복해서 제어하게 되면 800V를 고전압 배터리에 계속해서 충전할 수 있다.

충전시스템

22

완속 충전 시 충전 에너지 흐름을 알아보자

완속 충전기에 사용되는 충전기의 충전 전압은 교류 220V이다. 이는 일반 가정용 전압으로, 충전기 용량이 낮기 때문에 충전 시간이 상대적으로 길게 소요된다. 그리고 테스트 차량의 고전압 배터리에 공급되는 전압은 800V 직류 전압이다.

완속 충전은 공급 전력이 낮기 때문에 배터리의 온도 변화나 화학적 변화를 최소화할 수 있으며, 배터리 수명에 미치는 영향이 낮다. 또한, 충전 시 배터리 장치에서 발생하는 열은 급속 충전에 비해 낮으므로 배터리 및 충전시스템의 열 관리에 도움이 된다.

차량의 충전장치에서는 교류 220V로 공급되는 전력을 직류 800V의 전력으로 변환하는 과정이 필요하다. 이러한 완속 충전 시 전력 변환 과정에서 에너지 흐름을 살펴보자.

가. 테스트 조건

차 종	현대 아이오닉 5 롱레인지
주행거리	65,985km
외기온도	25℃
측정시간	31,500초 (8.75 시간)

완속 충전기의 전력은 주로 3kW 및 7kW 정도이며 차량에 공급되는 전류는 그리 높지 않다. Fig. 14에서 볼 수 있듯이 고전압 배터리에는 약 9.0A의 낮은 전류가 공급되었으며, 이로 따라 SOC가 29.5%에서 95.5%까지 충전되는 데 8시간 이상 소요되었다.

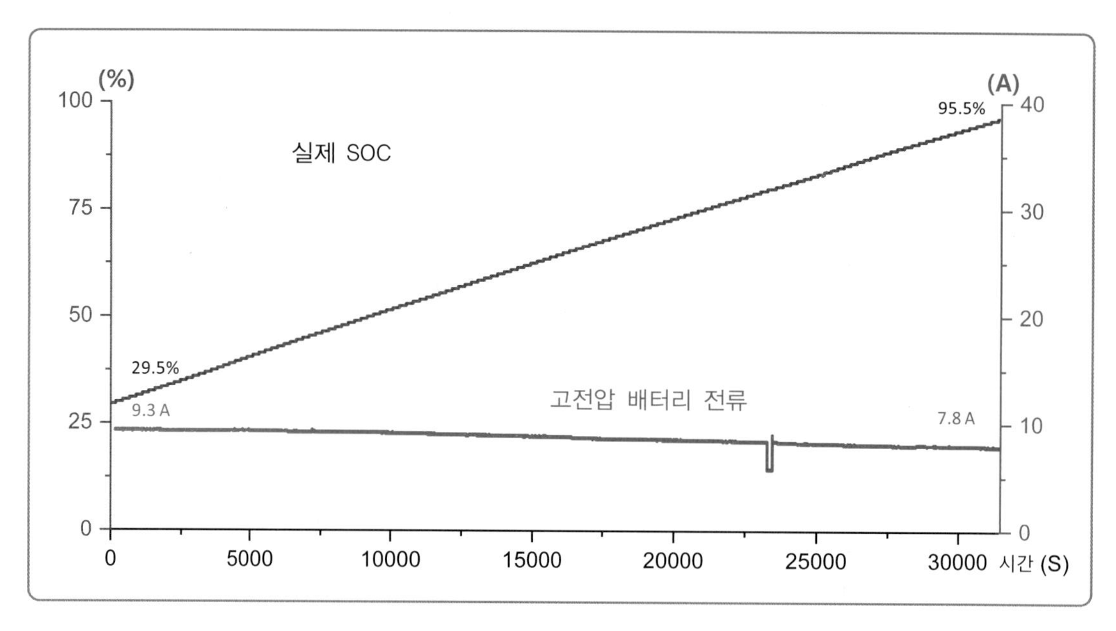

Fig. 14 **완속 충전 시 실제 SOC와 고전압 배터리 전류 변화**

나. 측정 데이터 해석

통합 충전기 및 컨버터 유닛(ICCU)은 OBC와 LDC 두 가지 기능을 갖추고 있다. OBC에서는 220V 교류 전압을 800V 직류 전압으로 승압시키는 역할을 하며, LDC는 800V 전압을 14V 전압으로 낮춰주는 시스템이다.

완속 충전 시 차량에 공급되는 220V 전압은 통합 충전기 및 컨버터 유닛(ICCU) 내 OBC를 통해 800V 전압으로 변환되어 고전압 배터리팩에 충전된다.

Fig. 15에서 P1, P2, P3, P4 지점의 전력량을 계산하면 충전기로부터 공급된 전력이 어떻게 사용되는지 확인할 수 있다.

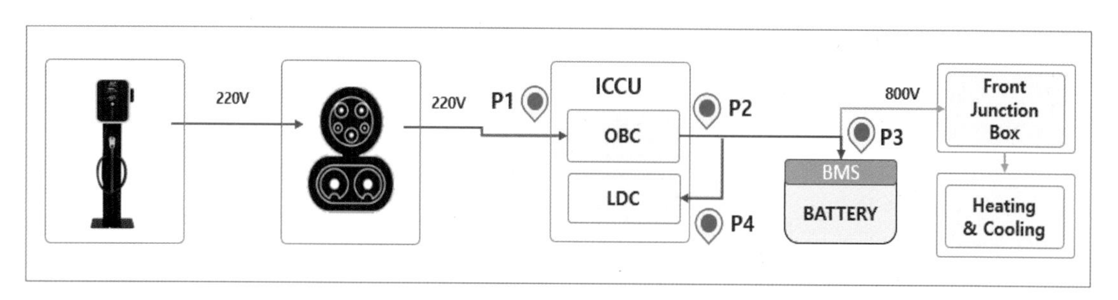

Fig. 15 **완속 충전 시 전력 흐름도**

1) P1 지점의 전력량 계산

측정된 신호 리스트 중 통합 충전기 및 컨버터 유닛(ICCU)에서 충전기가 차량에 공급하는 충전전류(OBC AC 전류)와 충전전압(OBC AC 전압)을 확인할 수 있다.

이 두 값의 데이터를 시계열로 표시하면 Fig. 16과 같이 나타난다. OBC(On Board Charger)에 공급되는 전압은 210 ~ 215V 이내이며, 전류는 31.2A이다.

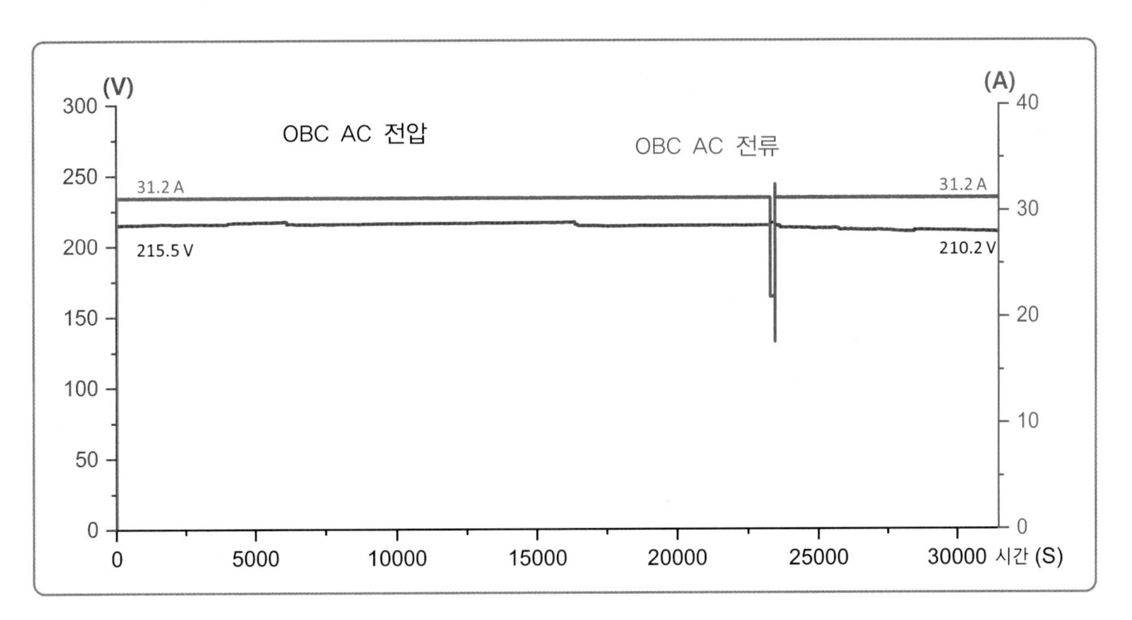

Fig. 16 완속 충전시 충전기 전류 및 충전기 전압 변화량

그리고 아래 공식을 이용하여 P1에 공급되는 전력량을 계산하면 58.82kWh이다.

P1 지점 전력량(kWh) = Σ(OBC충전전압×OBC충전전류 / 3,600 / 1,000)

시간 (초)	OBC 충전전압 (V)	OBC 충전 전류 (A)	P1 지점 전력량 (kWh)	비고
1	215.5	31.2	0.001868	
2	215.6	31.2	0.001869	
4	215.6	31.2	0.001869	
5	215.6	31.2	0.001869	
....	....	....	....	
31,679	210.2	31.17	0.00182	
31,680	210.2	31.17	0.00182	
31,681	210.2	31.17	0.00182	
	합 계		58.82283	

Fig. 17 P1 지점 전력량 계산

2) P2 지점의 전력량 계산

측정된 신호 리스트 중 통합 충전기 및 컨버터 유닛(ICCU)에서 OBC에서 출력되는 전류(OBC DC 전류)와 전압(OBC DC 전압)을 확인할 수 있다.

이 두 값의 데이터를 시계열로 표시하면 Fig. 18과 같이 나타난다. 전압이 220V에서 800V로 승압 되는 과정에서 전류는 31.2A에서 9.8A로 줄어든 것을 확인할 수 있다.

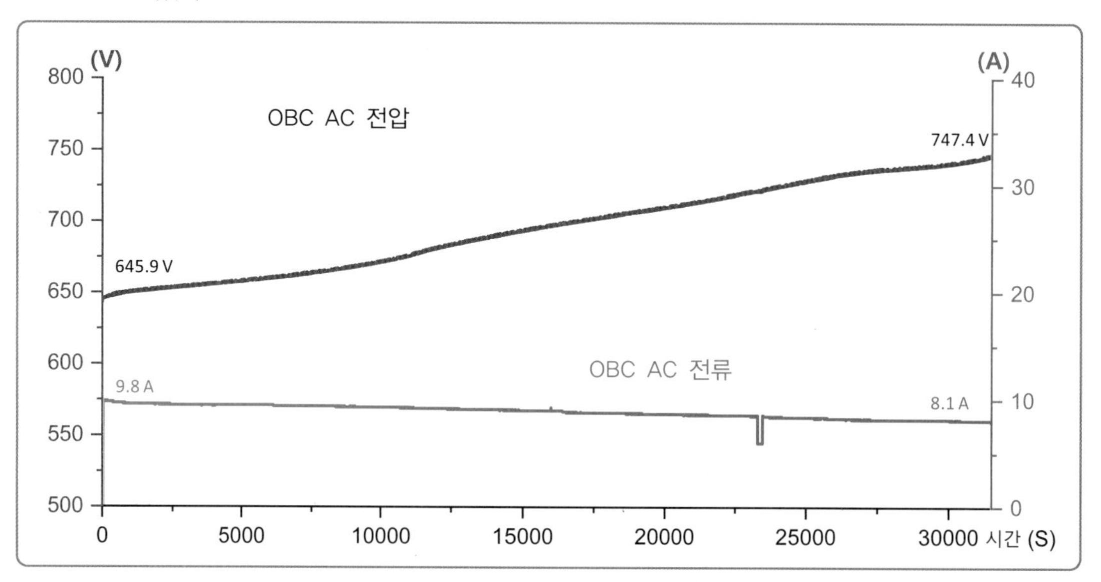

Fig. 18 800V 급속 충전 시 OBC DC 전압과 전류 변화

그리고 아래 공식을 이용하여 P2에 공급되는 전력량을 계산하면 54.33kWh이다.

P2 지점 전력량(kWh) = Σ(OBC DC전압×OBC DC전류 / 3,600 / 1,000)

시간 (초)	OBC DC전압 (V)	OBC DC전류 (A)	P2 지점 전력량 (kWh)	비고
1	645.9	9.8	0.001758	
2	645.9	9.8	0.001758	
4	645.9	9.8	0.001758	
5	645.9	9.8	0.001758	
....	....	....	....	
31,679	746.6	8.1	0.001661	
31,680	746.6	8.1	0.001661	
31,681	747.4	8.1	0.001661	
	합 계		54.32841	

Fig. 19 P2 지점 전력량 계산

3) P3 지점의 전력량 계산

측정된 신호 리스트 중 고전압 배터리 전압과 전류값을 확인할 수 있다. 이 두 값의 데이터를 시계열로 표시하면 Fig. 20과 같이 나타난다.

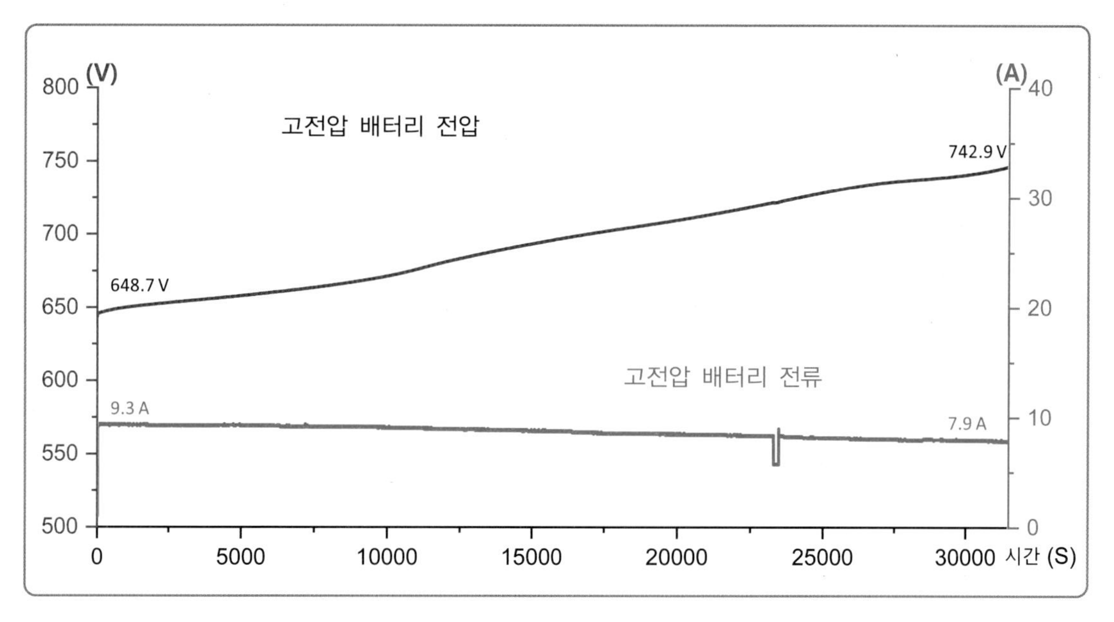

Fig. 20 **완속 충전 시 고전압 배터리 전압과 전류 변화량**

그리고 아래 공식을 이용하여 P3에 공급되는 전력량을 계산하면 52.954kWh이다.

P3 지점 전력량(kWh)
= Σ(고전압 배터리 전압×고전압 배터리 전류 / 3,600 / 1,000)

시간 (초)	고전압 배터리 전압 (V)	고전압 배터리 전류 (A)	P3 지점 전력량 (kWh)	비고
1	648.7	9.3	0.001676	
2	648.6	9.3	0.001676	
4	648.6	9.3	0.001676	
5	648.7	9.3	0.001676	
....	....	....	....	
31,679	742.9	7.9	0.00163	
31,680	742.9	7.9	0.00163	
31,681	742.9	7.9	0.00163	
	합 계		52.954125	

Fig. 21 **P3 지점 전력량 계산**

4) P4 지점의 전력량 계산

P4 지점은 고전압(800V)을 저전압(14V)으로 변환시켜주는 LDC에 공급되는 전원이다. 구동 모터나 고전압을 사용하는 부품에 비하면 LDC에 공급되는 전력량은 매우 작아서 무시할 수 있으나, 이번 테스트는 8시간 넘게 소요된 테스트로 LDC에 공급된 전력량 또한 고려되어야 할 사항으로 판단된다.

측정 신호 리스트에서 LDC에 공급되는 전력량 관련 항목은 확인할 수 없었다. 하지만 Fig. 15에서 LDC에 공급되는 P4 지점에 공급되는 전력은 P2지점과 P3지점의 차이이므로 두 값의 차이로 유추할 수 있다. P4 지점에 공급된 전력은 1.37kWh(54.33kWh - 52.96kWh)이다.

다. 요 약

완속 충전기에서 차량에 공급되는 전압은 220V이다. 220V 전압은 차량의 통합 충전기 및 컨버터 유닛(ICCU) 내의 OBC에서 800V의 전압으로 승압되는 과정에 승압 손실이 발생한다.

OBC 승압 손실은 P1지점과 P2 지점의 전력 차이로 확인할 수 있다. OBC에서 승압 된 전력 중 일부는 LDC에 공급되고 나머지 전력은 고전압 배터리팩에 공급된다. 승압 과정에 발생한 손실은 7.6%이고 LDC에서 소모되는 전력은 2.3%이다.

완속 충전 시에는 고전압 배터리에 낮은 전류가 공급되어 온도 상승 폭이 크지 않아 냉방 시스템 작동은 되지 않는다. 각 지점에서의 측정값을 정리하면 다음과 같다.

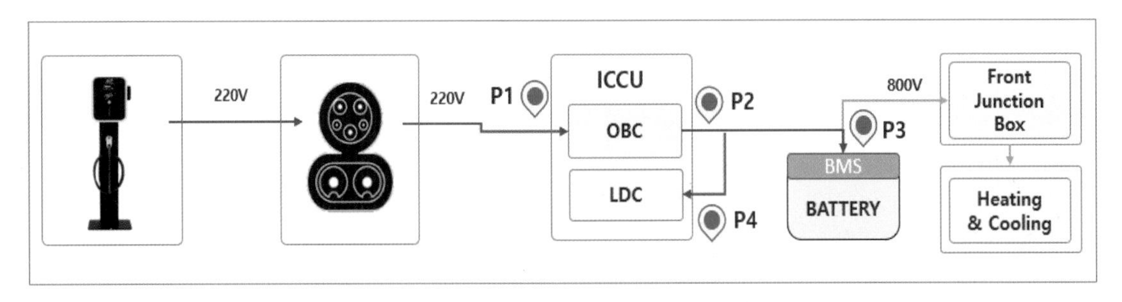

Fig. 22. 완속 충전 시 전력 흐름도

- P1 지점 = 58.82 kWh (100 %)
- P2 지점 = 54.33 kWh (92.4 %)
- P3 지점 = 52.95 kWh (90.0 %)
- P4 지점(LDC 소모전력) = 1.37 kWh (2.3 %)
- OBC 승압손실 = 4.49 kWh (7.6 %)

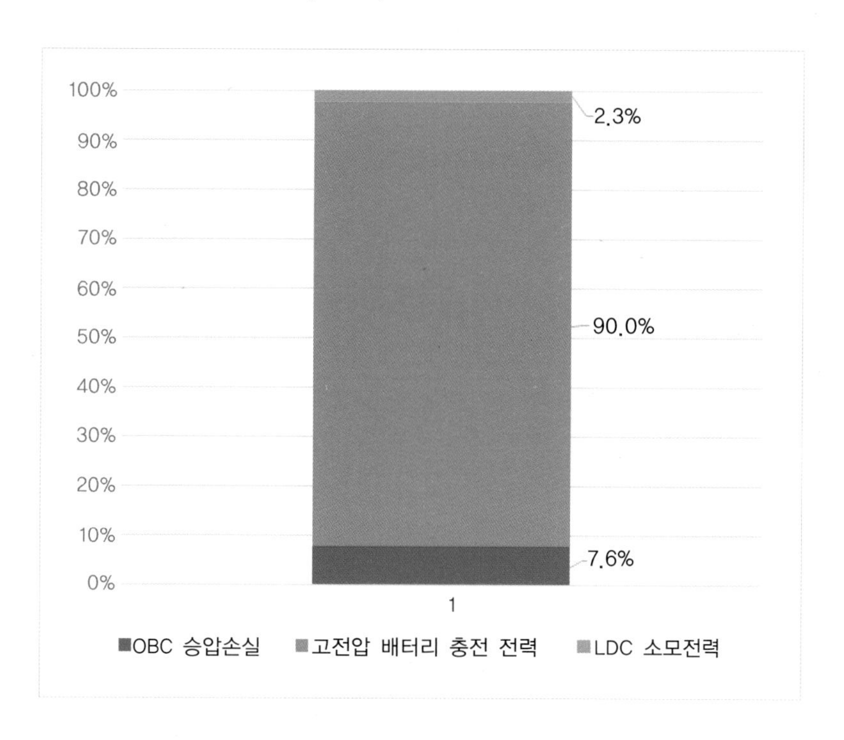

Fig. 23 완속 충전 시 충전 전력 소모량

TIP

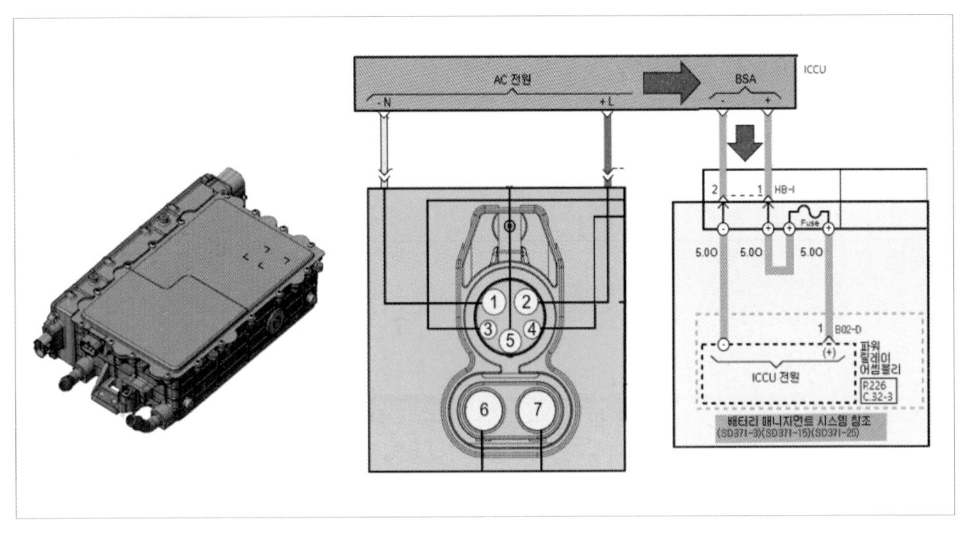

Fig. 24 ICCU와 ICCU 내 OBC 회로도

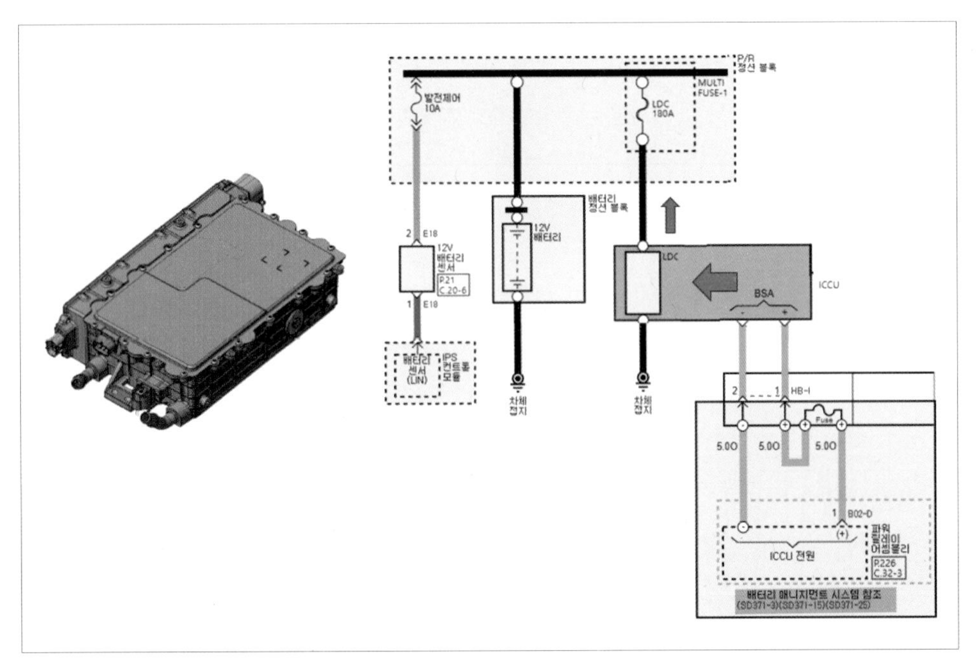

Fig. 25 ICCU와 ICCU 내 LDC 회로도

충전시스템

23

LDC 전력 변환 효율을 계산해보자

LDC(Low Voltage DC Converter)는 고전압 배터리의 전력을 저전압 배터리 전력으로 변환시켜 주는 장치로서 OBC(On Board Charger)와 함께 통합 충전 제어 유닛(ICCU)에 통합되어 작동한다. 내연기관 자동차에서는 14V용 제너레이터의 작동을 통해 제어기 및 부품들이 필요로 하는 전력을 엔진 작동 시 공급받는다. 그러나 전기자동차에서는 14V용 제너레이터 대신 고전압 배터리의 전력을 이용하는 LDC(Low Voltage DC Converter)를 통해 저전압에서 필요로 하는 전원을 공급받는다.

차량의 관점에서 보면 고전압에서 저전압으로 변환되는 과정이 필요하며, 이때에도 전력을 변환시키는 과정에 소모 전력이 발생한다. 그럼, LDC 내에서 에너지 변환이 발생할 때 어느 정도의 전력이 소모되는지 확인해 보자.

가. 테스트 조건

차　　종	현대 아이오닉 5 롱레인지
주행거리	65,985km
외기온도	25℃
측정시간	31,500초 (8.75 시간)

완속 충전기의 전력은 주로 3kW, 7kW 이며 차량에 공급되는 전류는 그리 높지 않다. Fig. 26에서 볼 수 있듯이, 고전압 배터리에는 약 9.0A 정도의 낮은 전류가 공급되었으며, 이로 인해 SOC가 29.5%에서 95.5%까지 충전되는 데 8시간 이상 소요되었다.

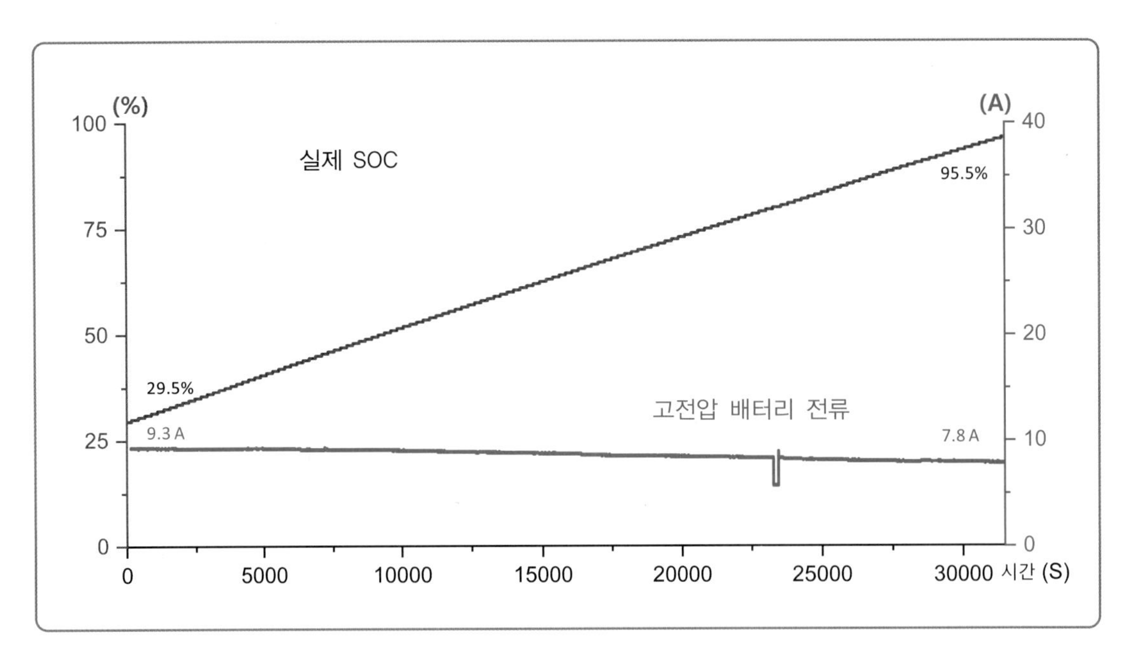

Fig. 26 **완속 충전 시 실제 SOC와 고전압 배터리 전류 변화량**

통합 충전기 및 컨버터 유닛(ICCU)은 OBC와 LDC 두 가지 기능이 있다. OBC에서는 220V 전압을 800V 전압으로 승압시키는 기능을 하며, LDC는 800V 전압을 14V 전압으로 낮추어주는 시스템이다. "완속 충전 시 충전 에너지 흐름을 알아보자" 편에서 Fig. 27의 지점 P4에 공급되는 전력량은 1.37kWh임을 이미 확인했다.

그럼 P4 지점의 공급 전력량과 LDC에서 출력되는 전력량을 계산하면 LDC 전력 변환 효율을 구할 수 있다.

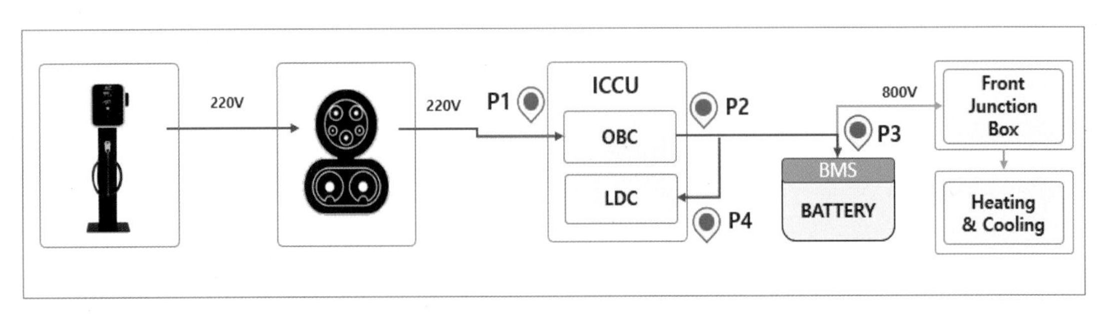

Fig. 27 **완속 충전 시 전력 흐름도**

나. 측정 데이터 확인

LDC(Low Voltage DC Converter) 시스템은 전기자동차에서 고전압 배터리를 충전 및 주행뿐만 아니라 차량 운행을 정지하거나 시동 OFF 후에도 주기적으로 작동하는 구성 부품 요소 중 하나이다. 이 시스템은 차량 내의 다양한 제어기와 부품들을 구동시키는 데 필요로 하는 저전원을 공급한다. 또한, 저전압 배터리의 전압을 유지하고 충전하는 역할도 수행한다.

Fig. 28을 참조하면 LDC에서 저전압으로 변환된 전력은 퓨즈박스와 연결되어 있으며 퓨즈박스에 연결된 각종 제어기 및 부품들에 전력을 공급한다. 그리고 저전압 배터리에도 전력을 공급하여 충전시키는 시스템으로 구성되어 있다.

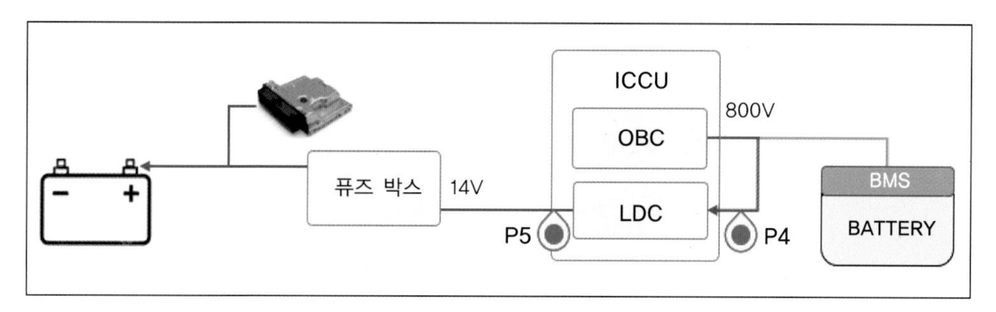

Fig. 28 완속 충전 시 LDC 전력변환 흐름도

측정된 신호 리스트 중 LDC 출력 전압과 LDC 출력 전류값을 확인할 수 있다. 이 두 값의 데이터를 시계열로 표시하면 Fig. 29와 같이 나타난다.

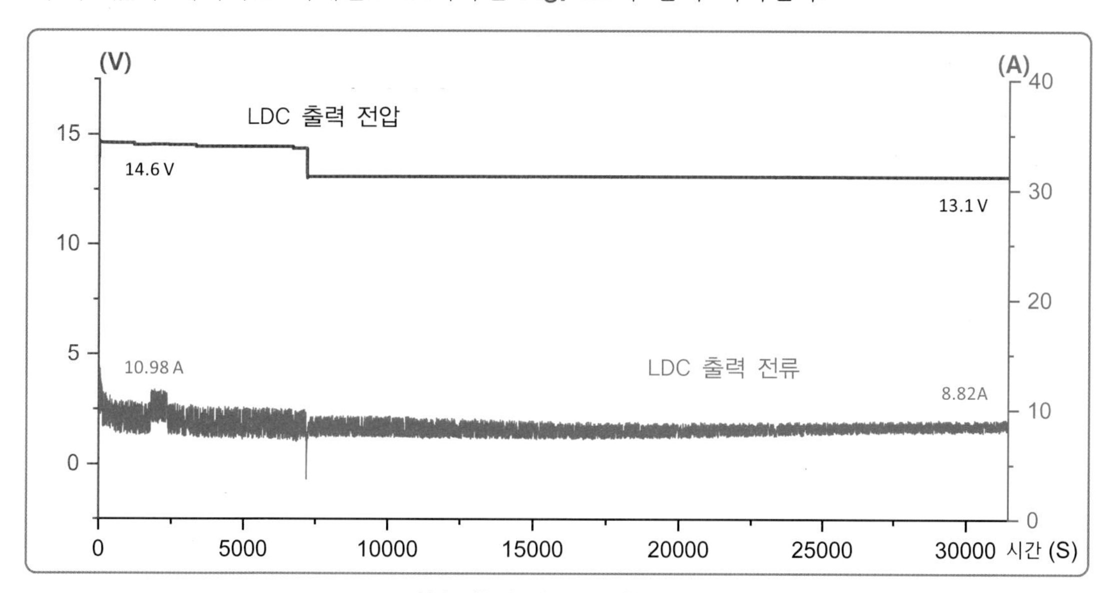

Fig. 29. 완속 충전 시 LDC 출력 전압과 전류 변화

그리고 아래 공식을 이용하여 LDC에서 출력되는 전력량을 계산하면 0.99kWh이다.

P5 지점 전력량(kWh) = Σ(LDC출력 전압×LDC출력 전류/3,600/1,000)

시간 (초)	LDC 출력전압 (V)	LDC 출력전류 (A)	P5 지점 전력량 (kWh)	비고
1	14.65	10.98	0.000045	
2	14.65	10.98	0.000045	
4	14.65	10.98	0.000045	
5	14.65	10.98	0.000045	
....	....	....	....	
31,679	13.106	8.82	0.000032	
31,680	13.106	8.82	0.000032	
31,681	13.106	8.82	0.000032	
	합 계		0.996656	

Fig. 30 LDC 출력 전력량 계산

다. 요 약

LDC 전력 변환 손실은 입력 전력량과 출력 전력량 간의 차이로 알 수 있다. LDC 시스템의 입력 전력량은 1.37kWh이며 출력 전력량은 0.99kWh이다. 나머지 0.38kWh는 LDC 내에서 전력 변환 시 발생된 손실이다. 이러한 손실량은 시스템 내에서 전력을 변환하는 과정에서 열로 손실된 에너지이다. LDC 전력 변환 손실량은 에너지 손실 비율은 LDC 공급 전력의 27.7%이다.

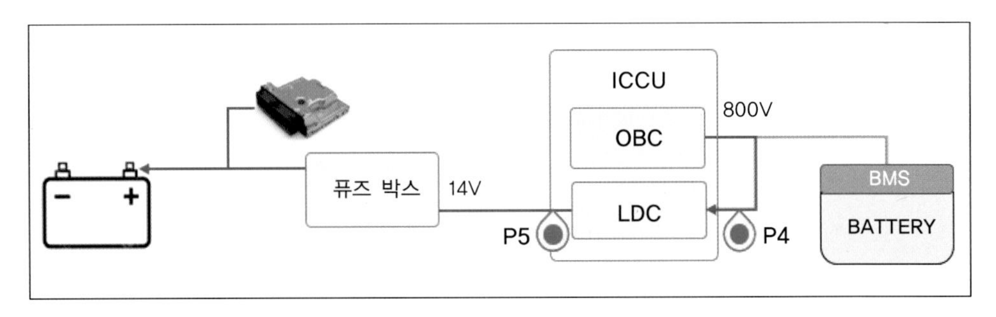

Fig. 31 완속 충전 시 LDC 전력변환 흐름도

• P4 지점 = 1.37kWh (100%)

• P5 지점 = 0.99kWh (72.3%)

• LDC 전력변환 손실량 = 0.38kWh (27.7%)

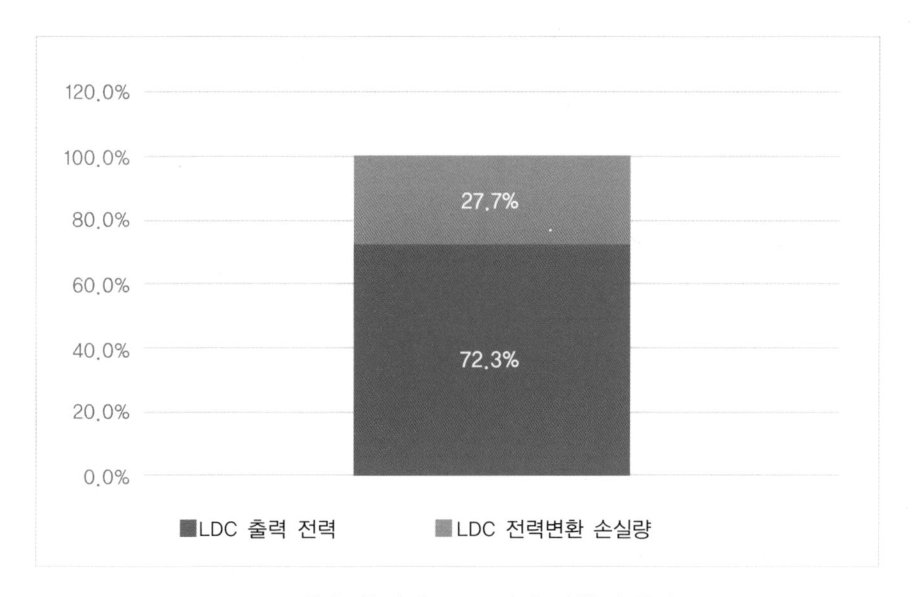

Fig. 32 완속 충전시 LDC 전력 변환 손실량

충전시스템

24

DC 충전구 입구 온도변화를 알아보자

전기자동차 충전 과정 중에는 충전 커넥터의 안전 및 성능을 보장하기 위해 온도 모니터링 시스템이 사용된다. 이 시스템은 충전 커넥터 내부에 설치된 온도 센서를 통해 충전기 커넥터와 접촉되는 부위의 온도를 실시간으로 모니터링하고, 비정상적인 온도 상승을 감지하는 경우 적절한 조치를 취하도록 한다.

전기자동차의 충전 제어 시스템(VCMS-Vehicle Charging Management System)에서는 온도 정보를 입력받아 안전한 충전이 이루어지도록 한다. 충전구 입구 온도 모니터링은 배터리의 성능과 수명을 유지하고 안전한 충전을 위해 매우 중요하다. 커넥터 부위 온도가 너무 높은 경우 충전 커넥터 녹은 현상이 있거나 심할 경우 화재까지 이어질 수 있다.

Fig. 33 충전 제어 시스템 기능

가. 테스트 조건

- 정격 전압 800V 충전기로 급속 충전
- 정격 전압 400V 충전기로 급속 충전

Fig. 34는 충전기 정격 전압에 따라 충전 전력 흐름을 나타낸 흐름도이다. 충전 전압이 800V인 경우, 전력은 리어 정션 박스(Rear Junction Box)를 통해 고전압 배터리에 직접 공급된다. 충전 전압이 400V인 경우, 충전 전력은 리어 정션 박스 내에서 모터 인버터를 거쳐 800V로 승압 된 후 고전압 배터리에 공급된다.

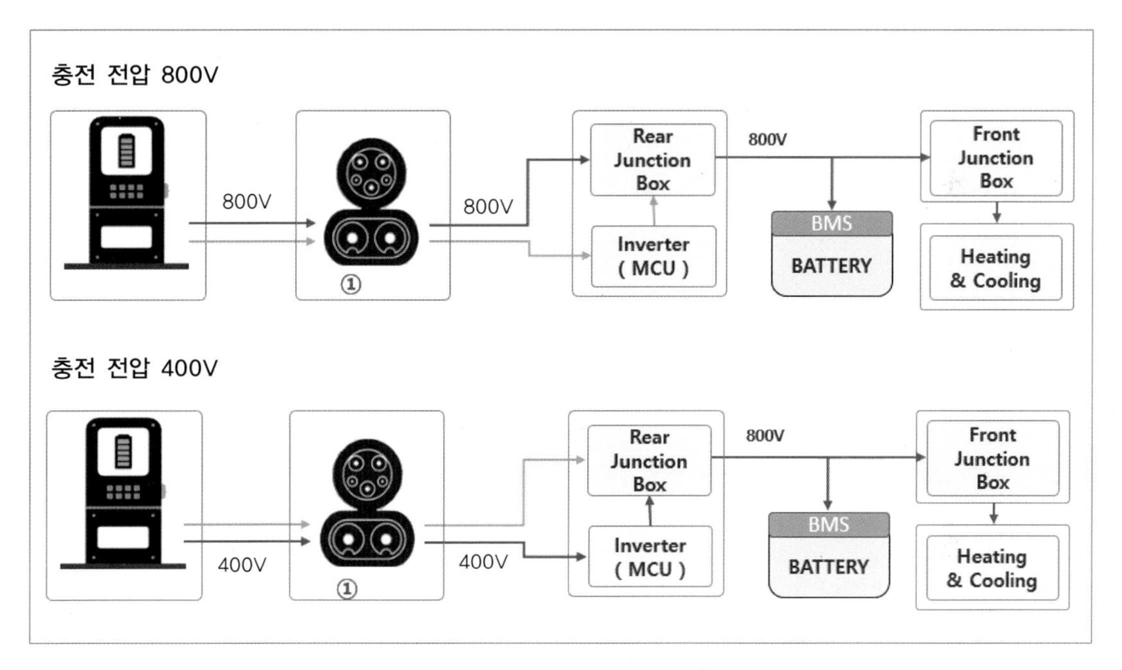

Fig. 34 충전 커넥터 충전전력 공급회로도

나. 측정 데이터 확인

Fig. 35는 800V 급속 충전이 되었을 때의 DC 커넥터 입구 측 온도를 나타낸다. DC 커넥터 입구 온도는 충전 시작 시 34℃에서 충전 진행에 따라 43℃까지 상승한다.

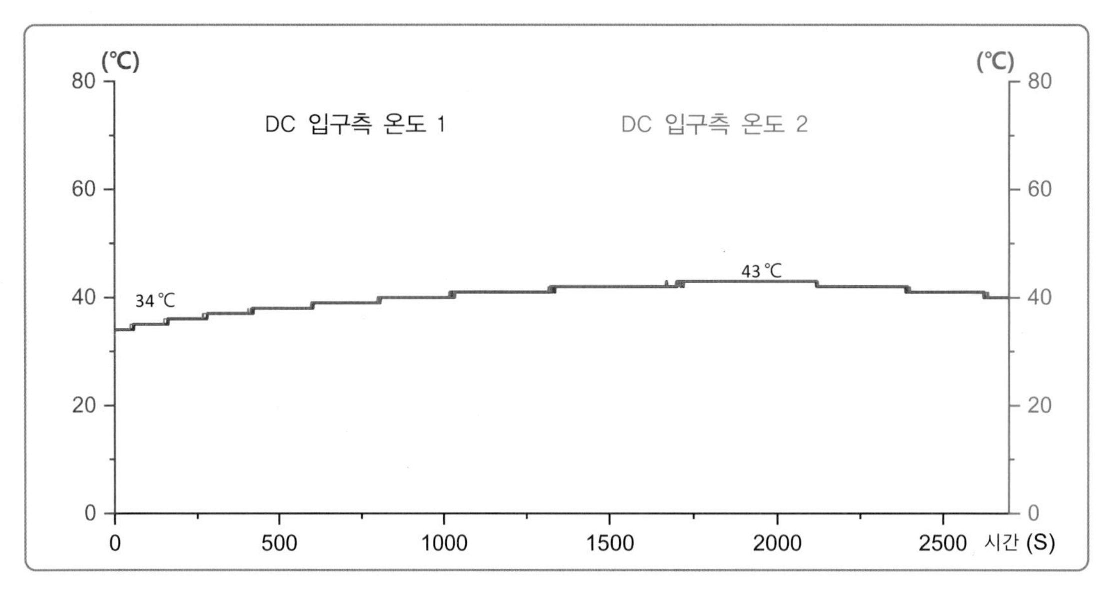

Fig. 35. 800V 급속 충전 시 커넥터 입구 온도 변화

Fig. 36은 400V 급속 충전 시의 DC 커넥터 입구 측 온도를 보여주고 있다. 충전 시작 시 DC 커넥터 입구 온도는 21℃에서 출발하여 충전 진행에 따라 상승하며, 최종적으로 28℃까지 상승한 것을 확인할 수 있다.

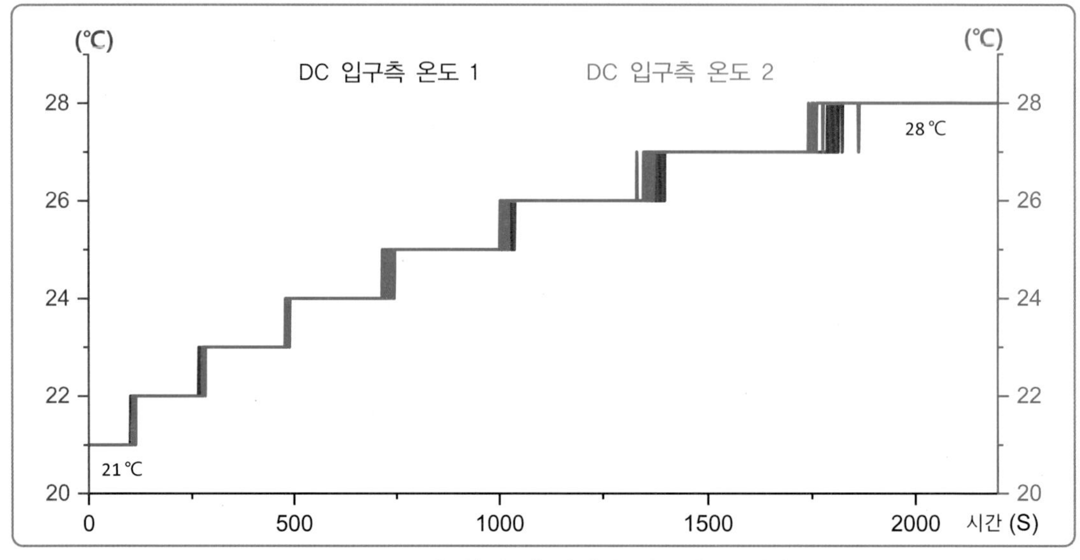

Fig. 36 400V 급속 충전 시 커넥터 입구 온도 변화량

다. 요 약

800V와 400V 급속 충전 시 DC 커넥터 입구 온도의 상승 폭은 약 10℃ 정도이다. 당연히 충전 중 외기 온도 및 차량 상태에 따라 상이할 수 있다. 커넥터 온도 모니터링 기능은 전기자동차 충전 과정 중 안전 및 성능을 감지하는 데 중요한 역할을 한다. VCMS를 통해 실시간으로 온도를 모니터링하고, 비정상적인 온도 상승을 감지하면 효과적인 조치를 통해 화재 및 안전 문제를 방지할 수 있다.

TIP

DC 충전 커넥터 내 온도센서 2개가 장착되어 있으며, 충전 제어 시스템(VCMS)에서 신호를 모니터링 한다.

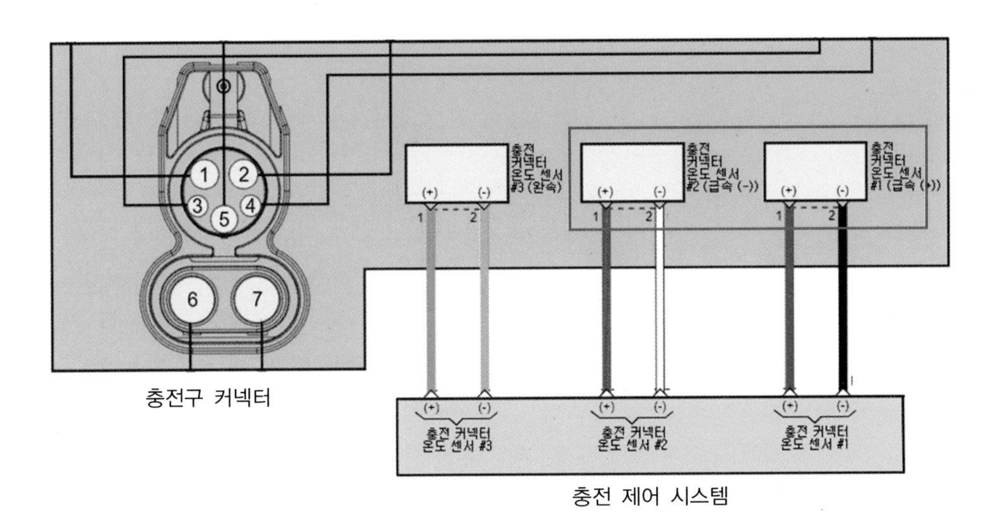

Fig. 37 DC 충전기 커넥터 내 온도 센서 회로도

충전시스템 25

완속 충전 시 충전구 커넥터 온도 변화를 알아보자

전기자동차 충전 과정 중에는 충전 커넥터의 안전 및 성능을 보장하기 위해 온도 모니터링 시스템이 사용된다. 이 시스템은 충전 커넥터 내부에 설치된 온도 센서를 통해 충전기 커넥터와 접촉하는 부위의 온도를 실시간으로 모니터링하고, 비정상적인 온도 상승을 감지할 때 적절한 조치를 취하도록 한다.

전기자동차의 충전 제어 시스템(VCMS - Vehicle Charging Management System)에서는 온도 정보를 입력받아 안전한 충전이 이루어지도록 한다. 충전구 입구 온도 모니터링은 배터리의 성능과 수명을 유지하고 안전한 충전을 위해 매우 중요하다. 커넥터 부위 온도가 너무 높은 경우 충전 커넥터 녹은 현상이 있거나 심할 경우 화재까지 이어질 수 있다.

	충전 커넥터		충전기	비고
완속 충전				벽부형
완속 충전 (휴대용 충전)				ICCB (휴대용)

Fig. 38 **완속 충전기**

가. 테스트 조건

- AC 충전기로 6시간 이상 완속 충전함.

Fig. 39는 220V 완속 충전 시 충전 전력 흐름을 나타낸 흐름도이다. 충전 전압 220V는 ICCU 내 OBC를 거치면서 800V로 승압되어 고전압 배터리에 공급된다.

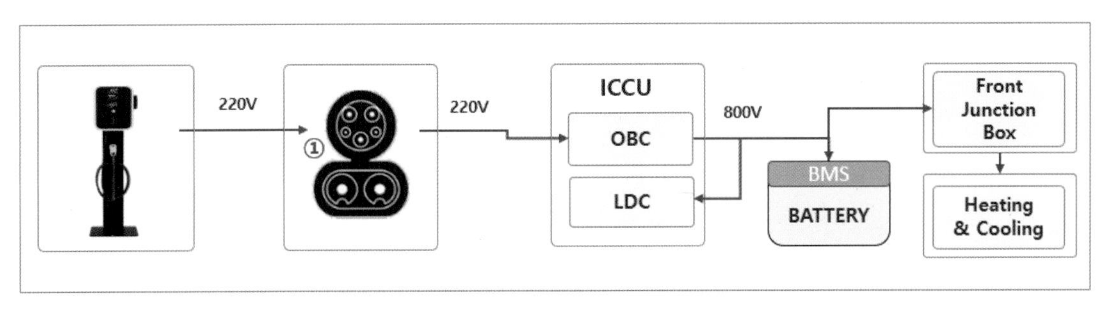

Fig. 39 충전 커넥터 충전전력 공급회로도

나. 측정 데이터 확인

Fig. 40은 완속 충전 시 AC 커넥터 입구 측 온도를 나타낸다. AC 커넥터 입구 온도는 충전 시작 시 32℃에서 시작하여 충전 진행에 따라 88℃까지 상승된 것을 확인할 수 있다.

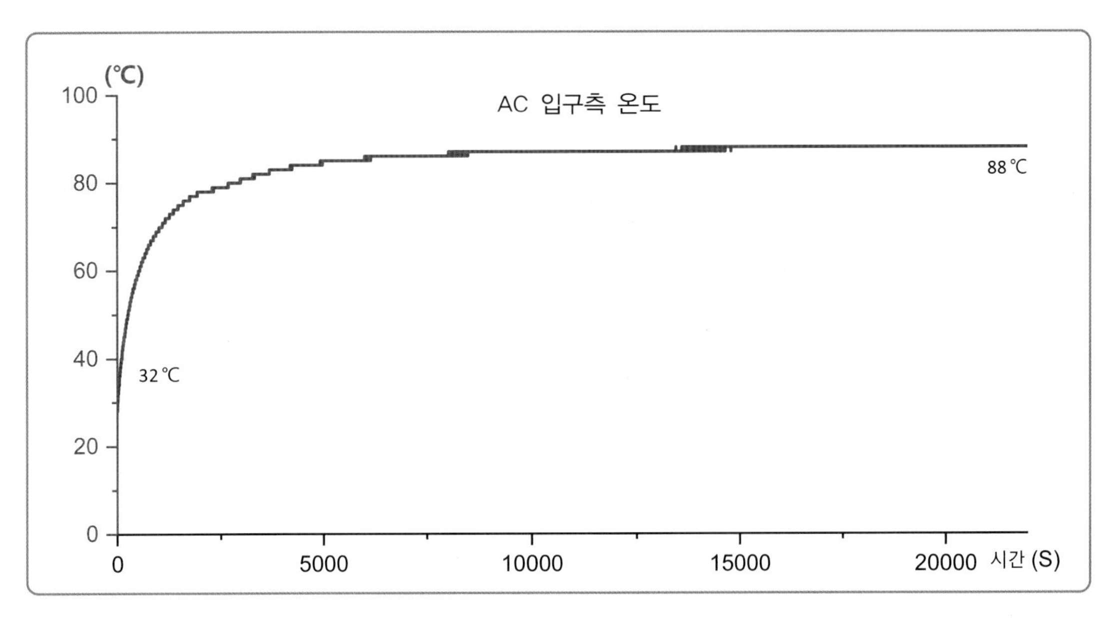

Fig. 40 완속 충전 시 커넥터 입구 온도 변화량

다. 요 약

완속 충전 시 AC 커넥터 입구 온도의 상승 폭은 약 56℃ 내외로 나타났다. 이는 DC 급속 충전 시와 비교하여 굉장히 높은 수치이다. 특히 DC 급속 충전과 비교할 때 낮은 전압으로 전류가 공급되지만 온도 상승 폭이 큰 이유는 전력량 대비 전원선의 굵기 차이에서 기인한 것으로 추측된다.

전선은 전류가 흐르는 동안 일정한 저항을 가지고 있다. 옴의 법칙(Ohm's Law)에 따르면, 전류가 일정할 경우, 저항이 크면 전력 손실이 크게 발생하며 이로 인해 배선이 가열된다. 더 굵은 배선을 사용할 경우 저항은 상대적으로 낮아지므로 열 발생 상승 폭은 낮아진다.

또한 배선의 열은 주변 환경과 열 교환이 이루어진다. 굵은 배선은 외부와 더 넓은 표면 면적을 가지므로 열 확산과 방출이 더 효과적으로 이루어진다. 반면에 얇은 배선은 열을 효과적으로 방출하지 못하여 배선의 온도가 더 높아질 가능성이 높다. 배선의 온도가 너무 높으면 안전 문제를 일으킬 수 있으므로 배선 굵기는 중요한 설계 요소 중 하나이다.

+ 추가 데이터 확인

아이오닉5와 동일한 시스템을 사용하는 EV6 차량의 테스트 결과와 비교해본다. EV6 차량의 완속 충전 초기에는 30℃에서 출발하여 시간이 경과함에 따라 56℃까지 상승한다. 아이오닉 5와 비교해 보면, EV6의 온도 상승 폭이 상대적으로 낮게 나타난다.

동일한 충전시스템이 적용된 두 차종에서 상승 폭이 30℃가량 차이가 나타나는 것은 이상한 현상이다. 이 차이에 대한 정확한 원인을 파악하기 위해서는 더 많은 충전 관련 테스트 데이터가 필요하다. 추가적인 테스트와 함께 데이터 수집 및 분석이 이루어진다면, 온도 차이에 대한 근본 원인을 파악하여 두 차종 간의 성능 차이를 이해하고 보완할 수 있을 것이다.

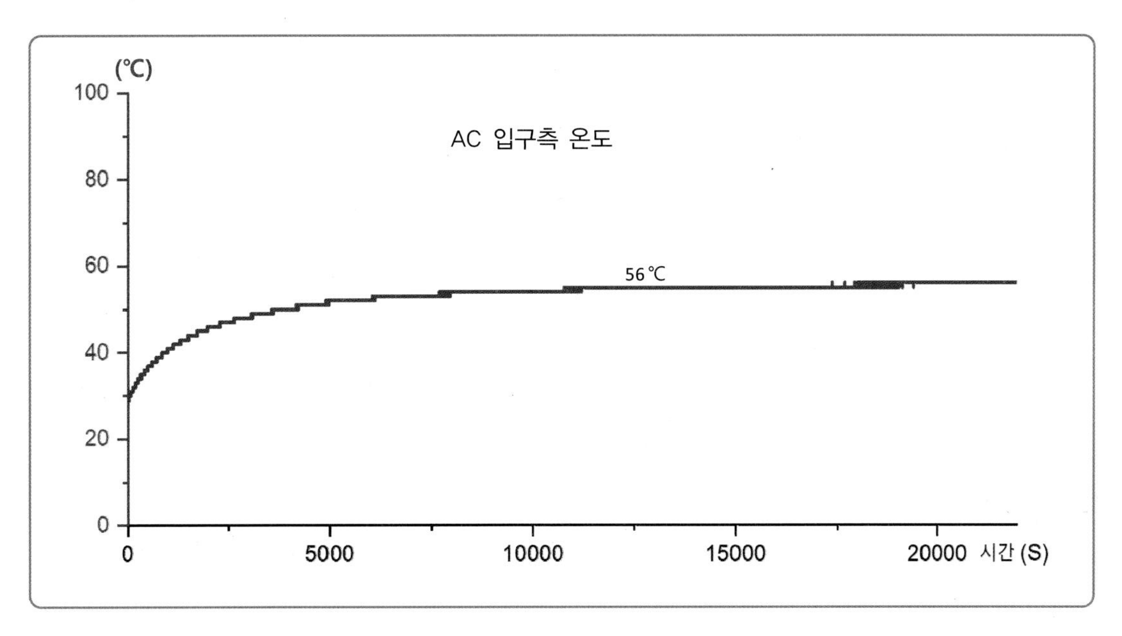

Fig. 41 EV6 완속 충전 시 커넥터 입구 온도 변화량

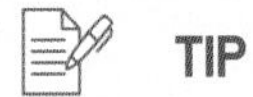

TIP

AC 충전 커넥터 내 온도센서 1개가 장착되어 있으며, 충전 제어 시스템(VCMS)에서 신호를 모니터링 한다.

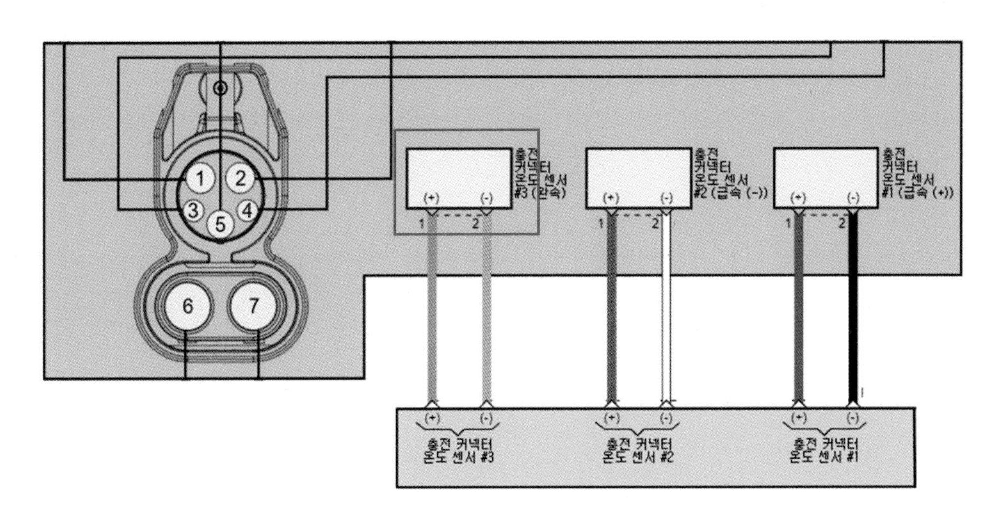

Fig. 42 AC 충전 커넥터 내 온도 센서 회로도

충전 시 모터 인버터 온도 변화를 알아보자

차량은 800V용 고전압 배터리팩이 장착되어 있다. 급속 충전기는 충전기의 정격 출력 전압에 따라 800V와 400V로 구분된다. 800V 정격 전압의 전력이 공급되면 Fig. 43과 같이 리어 고전압 정션 박스(Rear Junction Box)에서 고전압 배터리팩으로 직접 공급된다. 반면에 400V 정격 전압의 전력이 차량에 공급될 경우 Fig. 44와 같이 모터 내부 회로를 이용한 인버터 작용에 의해 800V로 승압시킨 후 고전압 배터리에 전력이 공급되도록 스위칭 작동이 이루어진다.

800V 급속 충전과 400V 급속 충전에 따라 모터 인버터 내부의 온도 변화를 살펴보겠다.

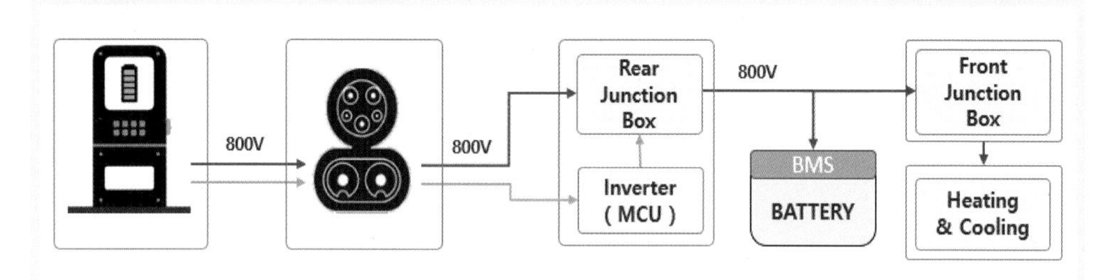

Fig. 43 800V 급속 충전 시 충전 전력 흐름도

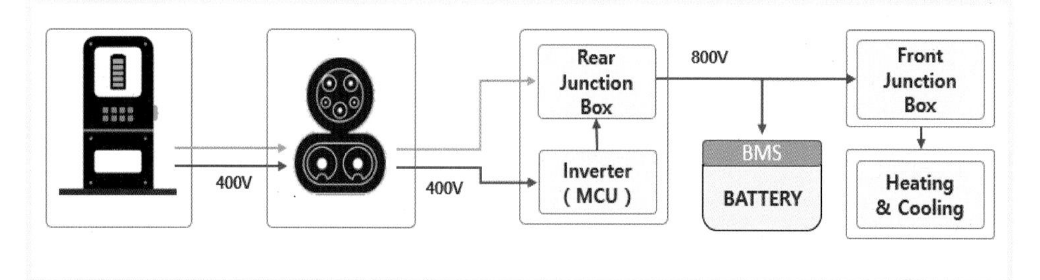

Fig. 44 400V 급속 충전 시 충전 전력 흐름도

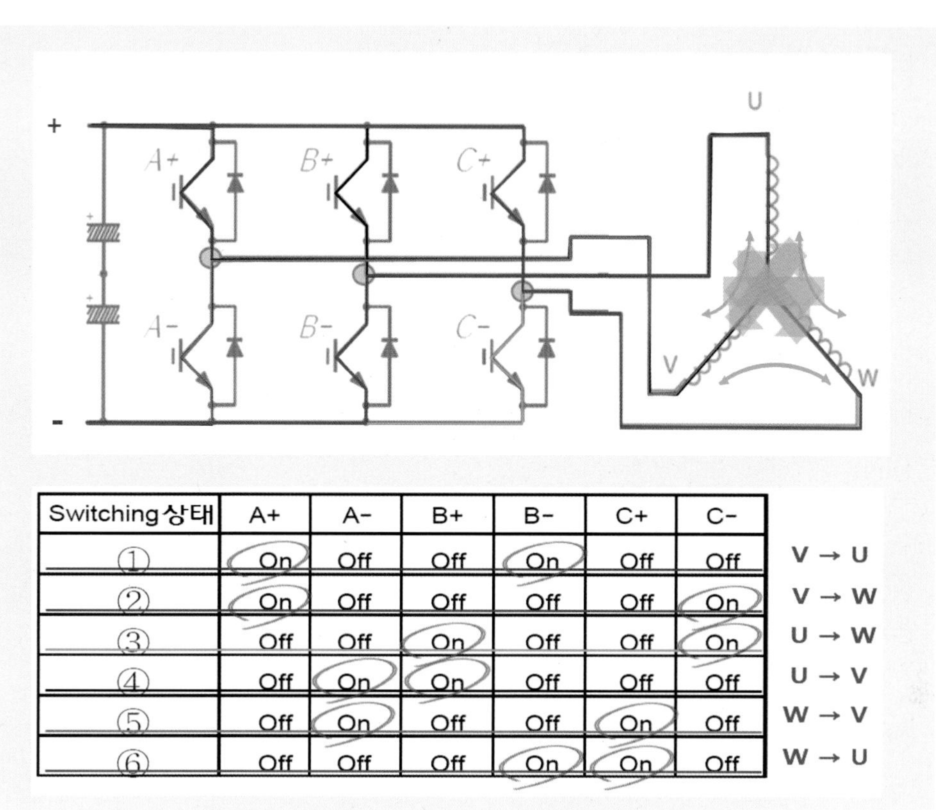

Switching상태	A+	A-	B+	B-	C+	C-	
①	On	Off	Off	On	Off	Off	V → U
②	On	Off	Off	Off	Off	On	V → W
③	Off	Off	On	Off	Off	On	U → W
④	Off	On	On	Off	Off	Off	U → V
⑤	Off	On	Off	Off	On	Off	W → V
⑥	Off	Off	Off	On	On	Off	W → U

Fig. 45 인버터 스위칭 제어에 의한 모터 회전

가. 테스트 조건

- 정격 전압 800V 충전기로 급속 충전함.
- 정격 전압 400V 충전기로 급속 충전함.

나. 측정 데이터 확인

Fig. 46은 정격 전압 800V 충전기를 통한 급속 충전 과정에서 모터 인버터 내부의 온도 변화를 보여준다. 800V 전압의 전력이 공급될 경우 리어 고전압 정션 박스에서 직접 고전압 배터리팩으로 스위칭되므로 모터 인버터는 작동하지 않는다. 이에 따라 모터 인버터 내부의 온도는 35~36℃를 유지한다.

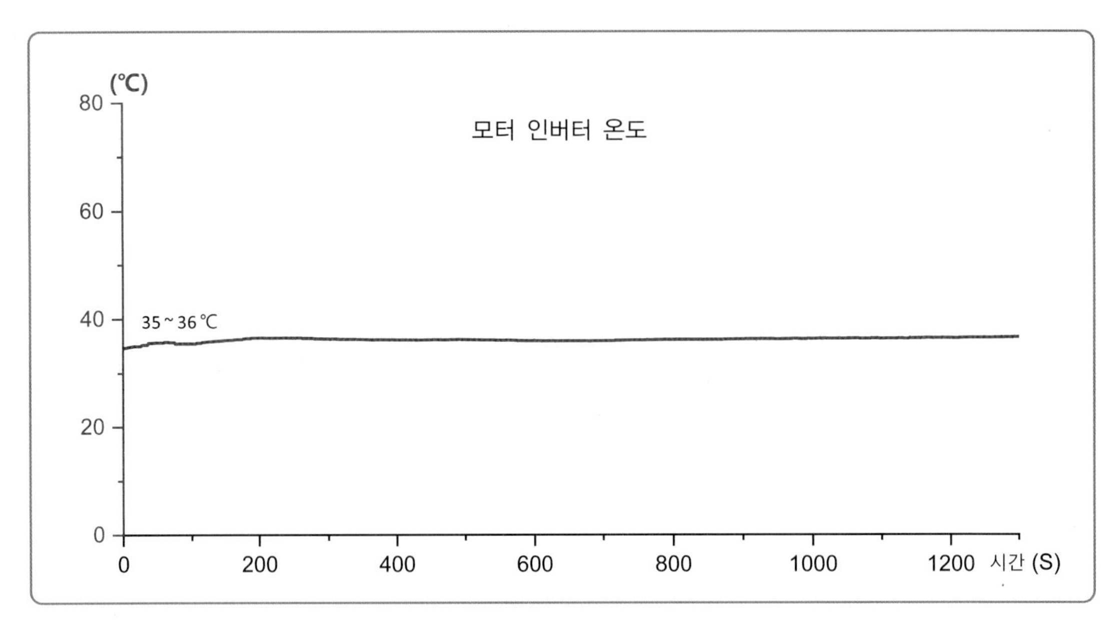

Fig. 46 800V 급속 충전 시 모터 인버터 온도 변화량

Fig. 47은 정격 전압 400V 충전기를 통한 급속 충전 과정에서 모터 인버터 내부의 온도 변화를 보여준다. 400V 전압이 공급되면 리어 고전압 정션 박스에서 모터 내 인버터를 이용하여 800V로 승압시킨다. 이 과정에서 열이 발생하며, 이로 인해 온도가 30℃에서 62℃까지 약 32℃가량 상승한다.

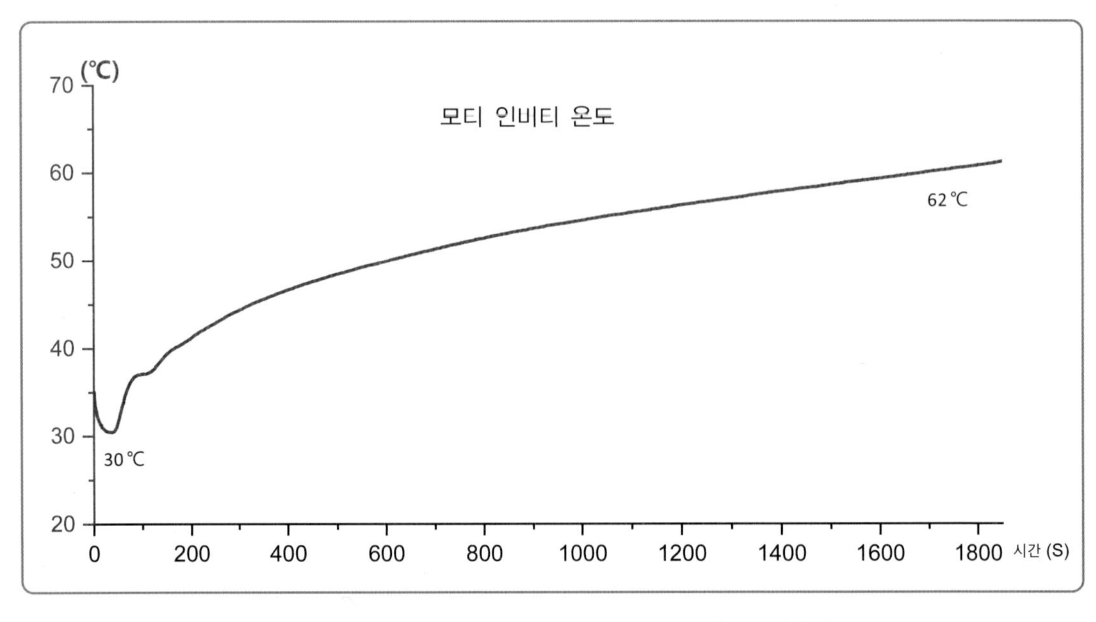

Fig. 47 400V 급속 충전 시 모터 인버터 온도 변화량

다. 요 약

고전압 배터리에 높은 전압의 전력을 공급하면 동일한 전류라 하더라도 총 전력이 높아지므로 충전 시간을 줄일 수 있다. 그러나 차량 내 고전압 배터리 전압이 800V인 차량에 정격 출력 전압이 400V인 충전기를 연결한 경우가 종종 있다.

이로 인해 발생하는 문제 중 하나는 400V에서 800V로 전압을 승압하는 과정에서 발생하는 에너지 손실이다. 이전에 언급한 바와 같이 400V 급속 충전 시에는 인버터 내에서 승압하는 과정에서 4.3%가량의 에너지 손실이 발생하며, 이는 온도 상승으로 이어진다. 기준 이상의 온도가 상승될 경우 냉각 시스템이 작동하여 온도를 낮추어 시스템을 안정화시키는 과정에 추가적인 에너지 손실이 발생된다.

800V를 사용하는 고전압 배터리에 800V 전압을 공급하면 충전 시간을 줄이면서도 모터 인버터 내 승압으로 인한 에너지 손실을 줄일 수 있다. 그러므로 차량에 적용된 시스템에 맞는 충전기를 찾아 충전하는 것도 차량 관리 방법 중 하나라 생각한다.

TIP

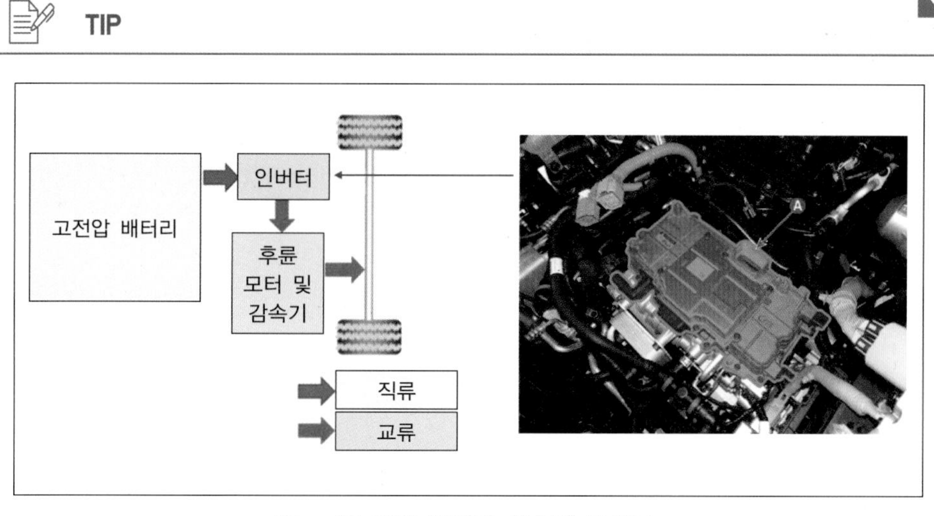

Fig. 48 **모터 인버터 시스템 구성도**

TIP

아래 그림은 인버터 스위칭 제어로 모터 내부의 U,V,W 상에 인가되는 전류 흐름의 변화에 의하여 모터가 시계방향으로 회전하게 되는 개념도를 보여준다.

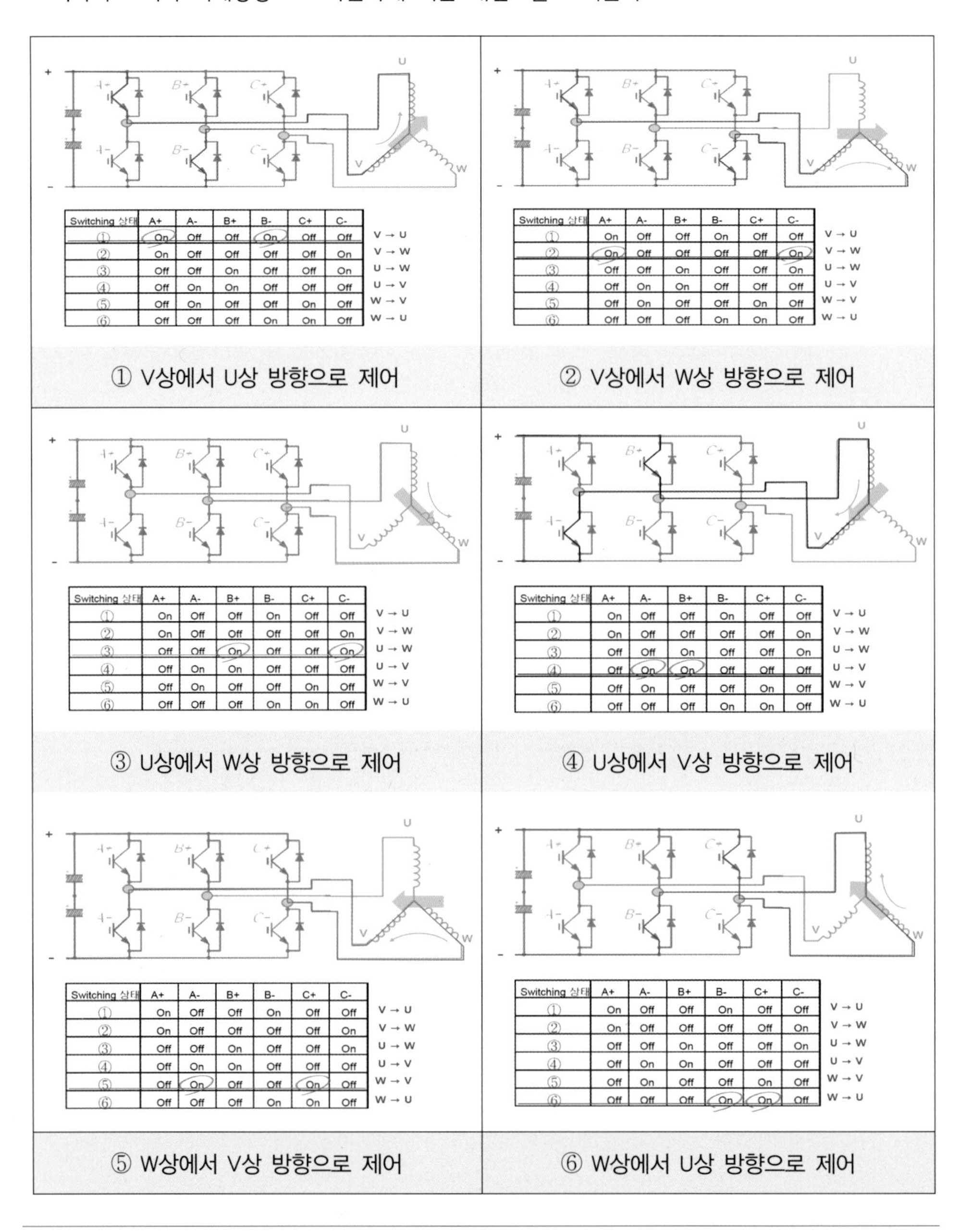

Switching 상태	A+	A-	B+	B-	C+	C-	
①	On	Off	Off	On	Off	Off	V → U
②	On	Off	Off	Off	Off	On	V → W
③	Off	Off	On	Off	Off	On	U → W
④	Off	On	On	Off	Off	Off	U → V
⑤	Off	On	Off	Off	On	Off	W → V
⑥	Off	Off	Off	On	On	Off	W → U

① V상에서 U상 방향으로 제어

② V상에서 W상 방향으로 제어

③ U상에서 W상 방향으로 제어

④ U상에서 V상 방향으로 제어

⑤ W상에서 V상 방향으로 제어

⑥ W상에서 U상 방향으로 제어

충전시스템

27

충전 시 통합 충전기 및 컨버터 유닛의 온도 변화를 알아보자

통합 충전기 및 컨버터 유닛(ICCU)은 양방향 완속 충전기(OBC)와 저전압 직류 변환 장치(LDC)가 일체형으로 구성된 통합형 유닛으로 차량의 전력 변환 및 공급을 위한 중요한 부품이다. 양방향 완속 충전기는 완속 충전 시에 사용되며, 220V 교류 전원을 800V 직류 전원으로 변환하는 기능을 수행한다. 저전압 직류 변환 장치(LDC)는 800V 직류 전원을 14V 직류 전원으로 변환하는 역할을 한다.

이러한 에너지 변환 과정에 발생되는 열로 인하여 온도 상승이 생긴다. 특히, 양방향 완속 충전기와 저전압 직류 변환 장치가 작동하는 동안에는 일정 수준의 발열이 예상되며, 이러한 발열과 온도 변화는 시스템 내에서의 전력 변환 효율성과 안정성에 영향을 미친다.

두 장치가 작동하는 과정에 어느 정도의 열이 발생되는지 확인해 보자.

Fig. 49 통합 충전기 및 컨버터 유닛(ICCU) 내부

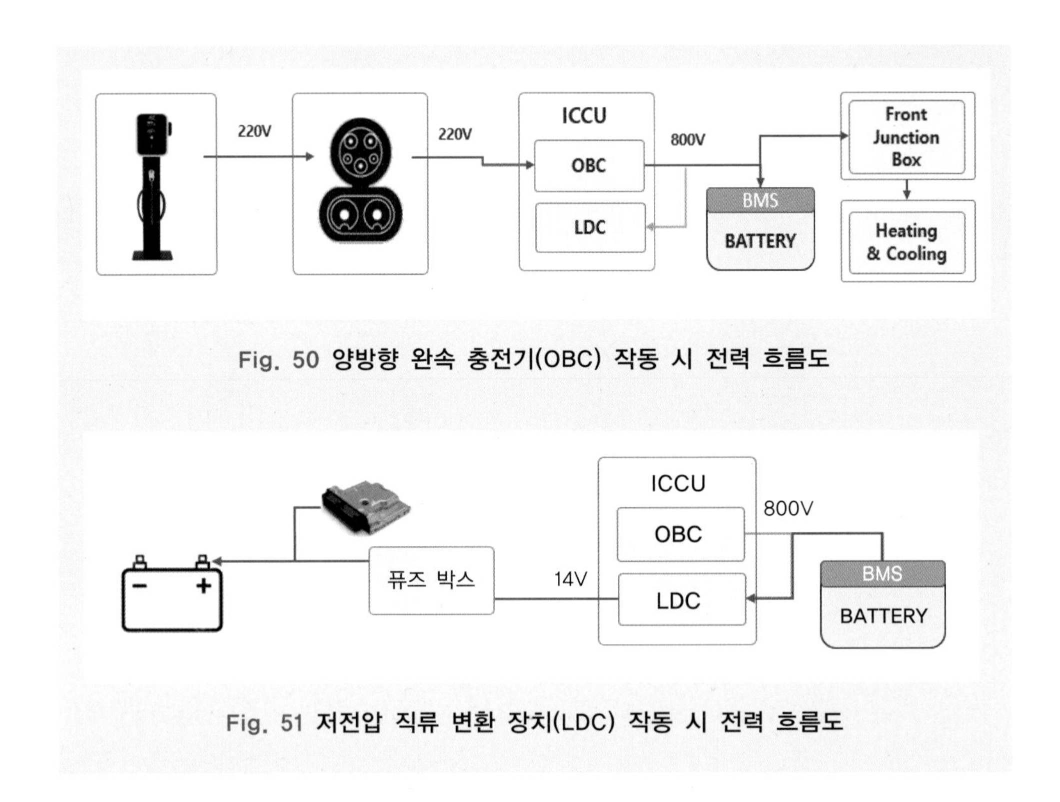

Fig. 50 양방향 완속 충전기(OBC) 작동 시 전력 흐름도

Fig. 51 저전압 직류 변환 장치(LDC) 작동 시 전력 흐름도

가. 테스트 조건

- 220V 완속 충전기로 완속 충전

나. 측정 데이터 확인

Fig. 52는 완속 충전 시에 양방향 완속 충전기(OBC)가 220V 교류 전원을 800V 직류 전원으로 변환하는 과정에서 내부 온도의 변화를 보여준다. 충전이 시작된 시점 온도 33℃에서 충전 진행에 따라 72℃까지 상승하는 것을 확인할 수 있다. 40℃가량의 온도 변화는 OBC가 전력을 변환하고 전원을 제공하는 과정에서 발생되는 발열이다.

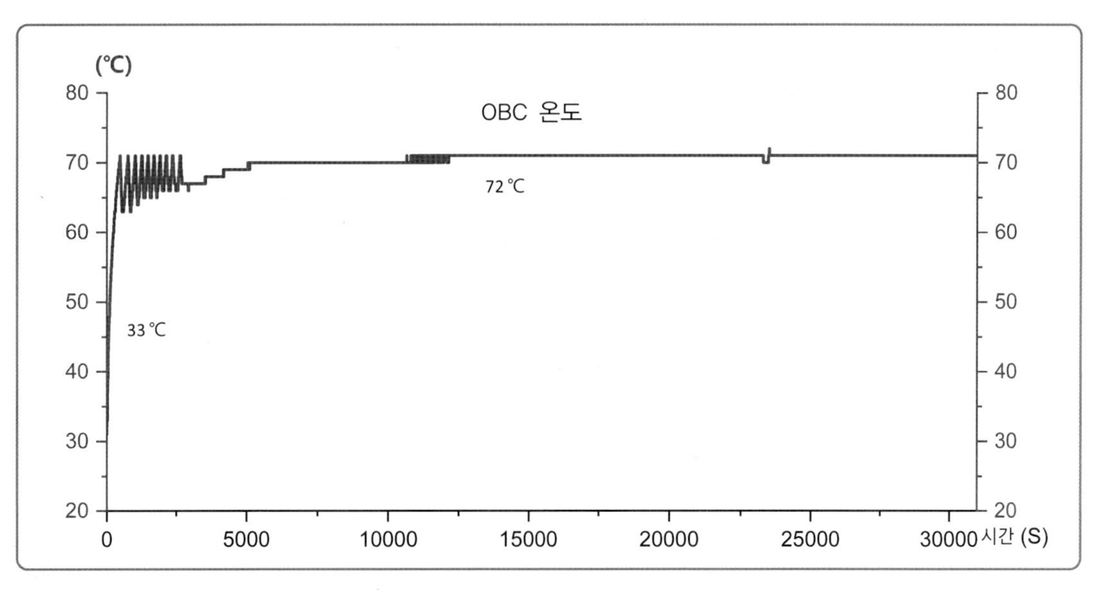

Fig. 52 양방향 완속 충전기(OBC) 작동 시 온도 변화량

Fig. 53은 완속 충전 시에 저전압 직류 변환 장치(LDC)에서 800V 고전압 직류 전원을 14V 저전압 직류 전원으로 변환하는 과정에서 내부 온도의 변화를 보여준다. 충전이 시작된 시점 온도 37℃에서 충전 진행에 따라 52℃까지 상승하는 것을 확인할 수 있다. 15℃가량의 온도 변화는 LDC가 전력을 변환하고 전원을 제공하는 과정에서 발생하는 발열의 결과이다.

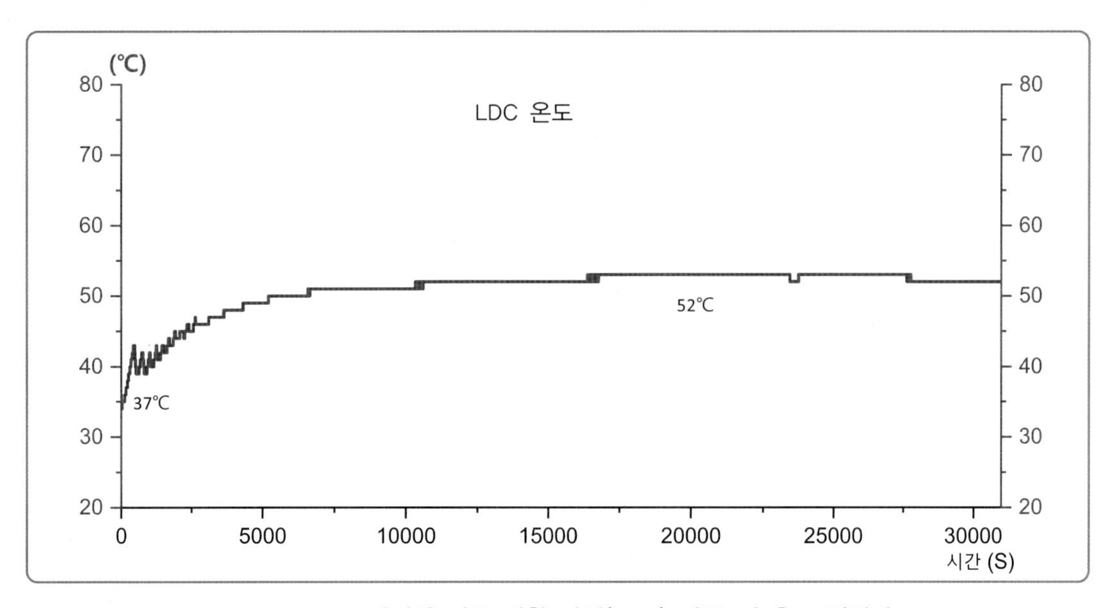

Fig. 53 저전압 직류 변환 장치(LDC) 작동 시 온도 변화량

다. 요 약

전기자동차는 400V 전원을 800V로 승압하거나, 220V 교류 전원을 800V 직류 전원으로 변환하거나, 800V 직류 전원을 14V 직류 전원으로 변화시키는 다양한 전력 변환 장치를 필요로 한다. 이러한 제어기들은 에너지 변환 작업을 수행하는 동안 열 손실이 발생된다. 또한, 이러한 제어기들은 높은 온도에 노출될 수 있는 환경에서 운전된다. 따라서 이러한 제어기들의 안정적인 성능과 내구성을 유지하기 위해서는 효율적인 열 관리가 필수적이다.

TIP

Fig. 54는 니로 EV의 완속 충전 시 OBC 온도 변화를 나타낸다. 아이오닉 5는 72℃에서 일정하게 유지되는 반면, 니로 EV는 60 ~ 65℃ 구간에서 5℃ 정도의 온도 편차를 나타내며 유지된다.

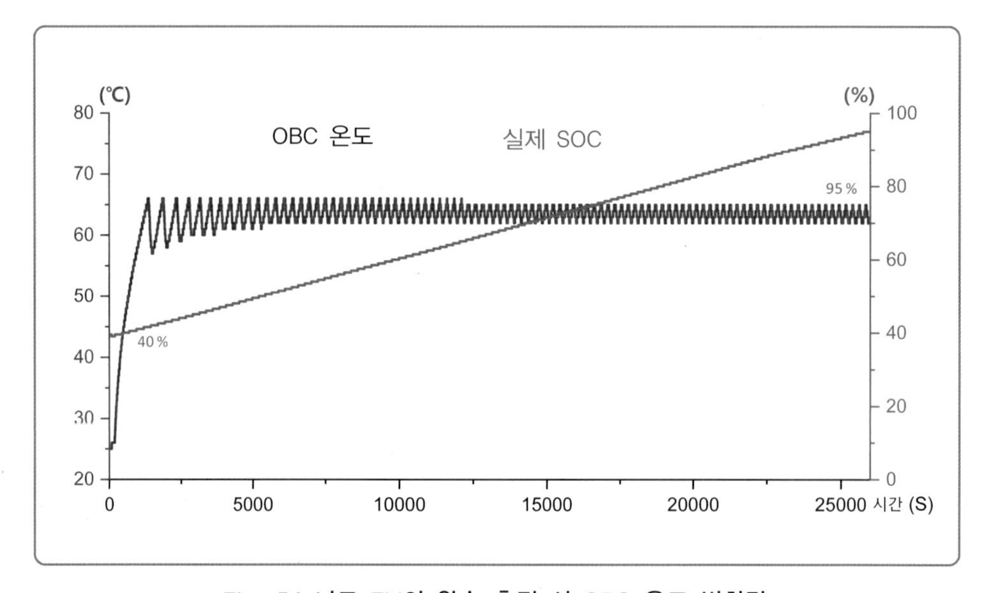

Fig. 54 니로 EV의 완속 충전 시 OBC 온도 변화량

28 충전 시 충전기와 차량은 어떻게 정보를 주고 받나?

한국에서 사용되는 충전기 커넥터는 J1772 표준에 따라 콤보 타입을 사용하고 있으며, 데이터 전송은 PLC(Power Line Communication) 기술을 활용한다. PLC 통신 기술은 전력과 데이터 통신을 동시에 처리할 수 있는 기술로, 스마트 그리드, 스마트 홈, 자동화 등 다양한 응용 분야에서 활용되고 있다.

전기자동차와 충전 장치 간의 통신은 CP(Control Pilot)를 사용하는데, 이는 PLC 통신 기술과 함께 충전 장치와 전기자동차 간에 교환되는 주요 정보를 포함한다. 주요 정보에는 충전 시작, 충전 종료, 충전 속도, 충전 조절, 충전 상태 모니터링 등이 포함되어 있다.

이러한 데이터 교환을 통해 충전기는 충전 시작 및 종료를 관리하며, 충전 중에는 전기자동차가 요구하는 전류 및 전압에 따라 필요한 전력을 제공한다. 이런 방식으로 충전기와 전기자동차 간의 효율적인 통신을 통해 안전하고 효율적인 충전이 이루어진다.

Fig. 55 **차량충전**

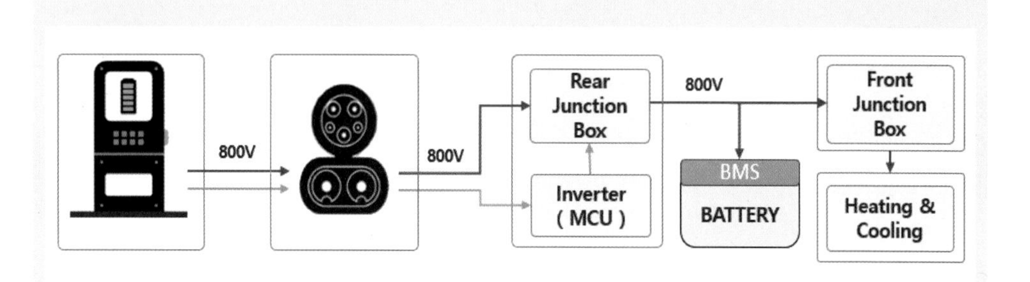

Fig. 56 **급속 충전 시 전류 흐름도**

충전 관리 시스템(VCMS)은 CAN 통신 네트워크를 활용하여 고전압 배터리 제어기 및 기타 제어기들과 데이터를 교환한다. 이 중 충전과 관련된 특정 데이터는 PLC 통신 방식으로 변환되어 충전기와의 정보 공유를 이루어낸다. 이러한 데이터 교환을 통해 충전 관리 시스템은 충전기와의 원활한 상호작용 및 충전 프로세스의 효율적인 관리를 수행한다.

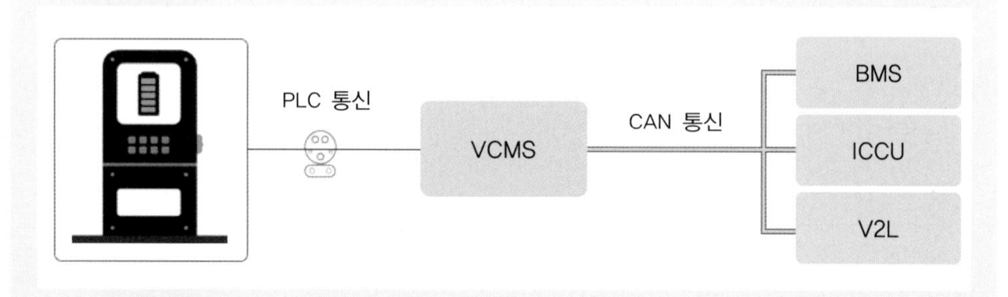

Fig. 57 **충전기와 차량 내 차량 충전 관리 시스템(VCMS)의 통신 개략도**

가. 테스트 조건

차 종	현대 아이오닉 5 롱레인지
측정시간	2,700초

급속 충전기의 충전 커넥터를 연결하여 충전하고 충전이 종료된 후 충전 커넥터를 탈거하였다. 충전 커넥터 체결 상태를 알 수 있는 PD(Proximity Detection) 신호는 미체결 시에는 4.4V를 나타내고, 체결 시에는 1.5V를 나타낸다.

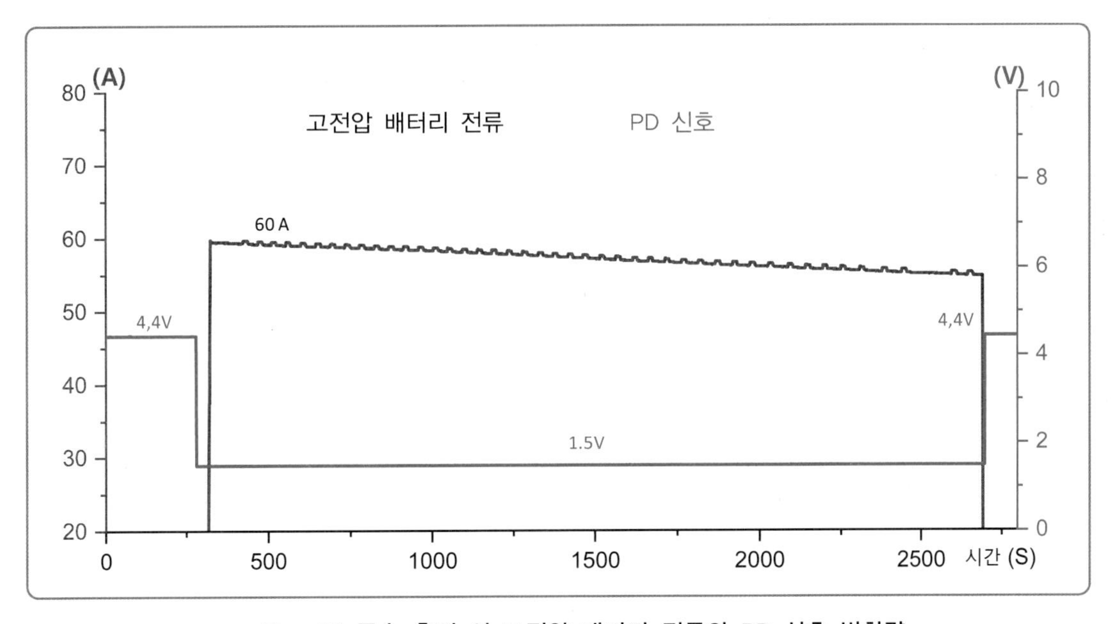

Fig. 58 급속 충전 시 고전압 배터리 전류와 PD 신호 변화량

나. 측정 데이터 확인

CP(Control Pilot) 신호 프로토콜은 충전기와 전기자동차 간에 충전에 필요한 정보를 교환하는 중요한 통신 수단이다. 충전 시작과 충전 종료 시 CP 신호의 변화를 통해 충전 상태를 확인할 수 있다. 진단기에서 CP 신호를 확인하는 방법은 다음과 같다.

1) CP 신호 듀티

충전 커넥터 미 연결 시에는 0.0%를 나타내고 있다가 충전 시작 및 충전 종료 시에는 6.0%, 충전 중에는 5.0%를 나타낸다.

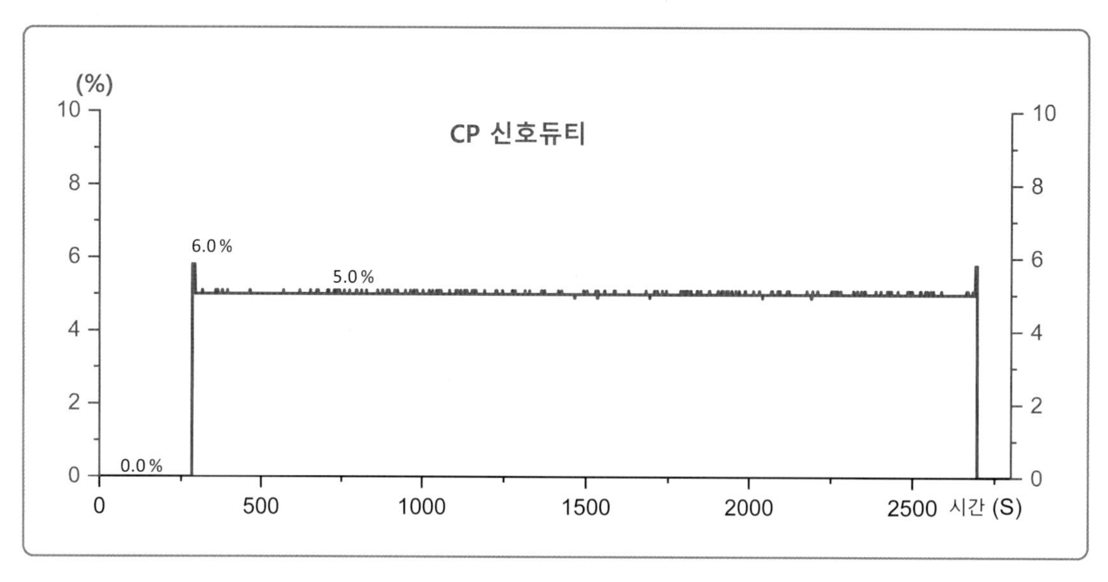

Fig. 59 급속 충전시 CP 신호 듀티 변화량

2) CP 신호 주파수

충전 커넥터 미 연결 시에는 0.0Hz, 충전 중에는 996Hz를 나타낸다.

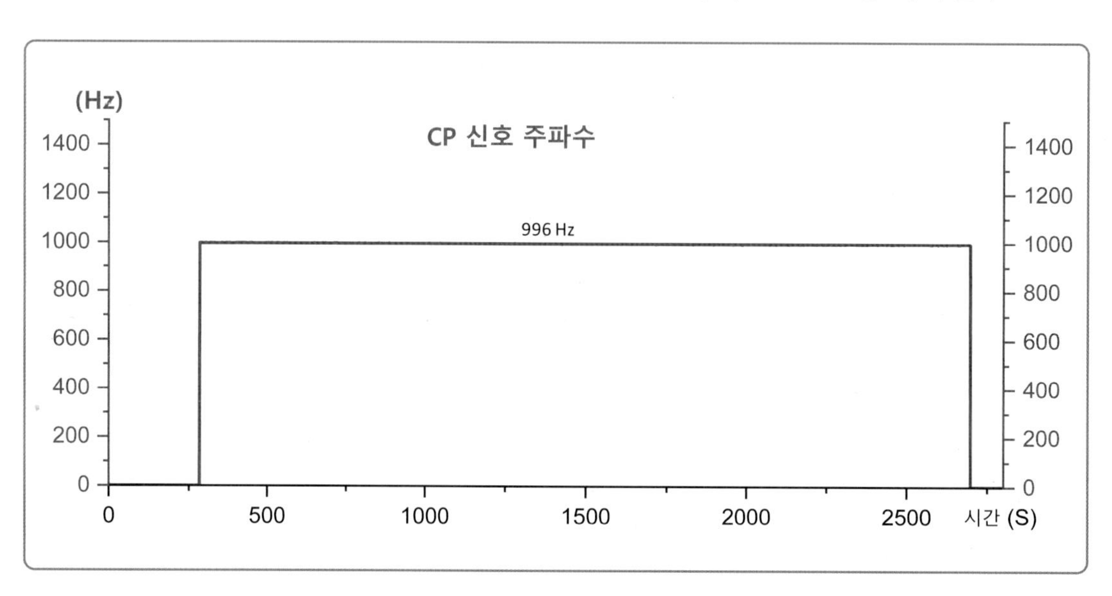

Fig. 60 급속 충전시 CP 신호 주파수 변화량

3) CP 신호 전압

충전 커넥터 미 연결 시에는 0.8V, 충전 시작 및 충전 종료 시에는 9.0V, 충전 중에는 6.0V를 나타낸다.

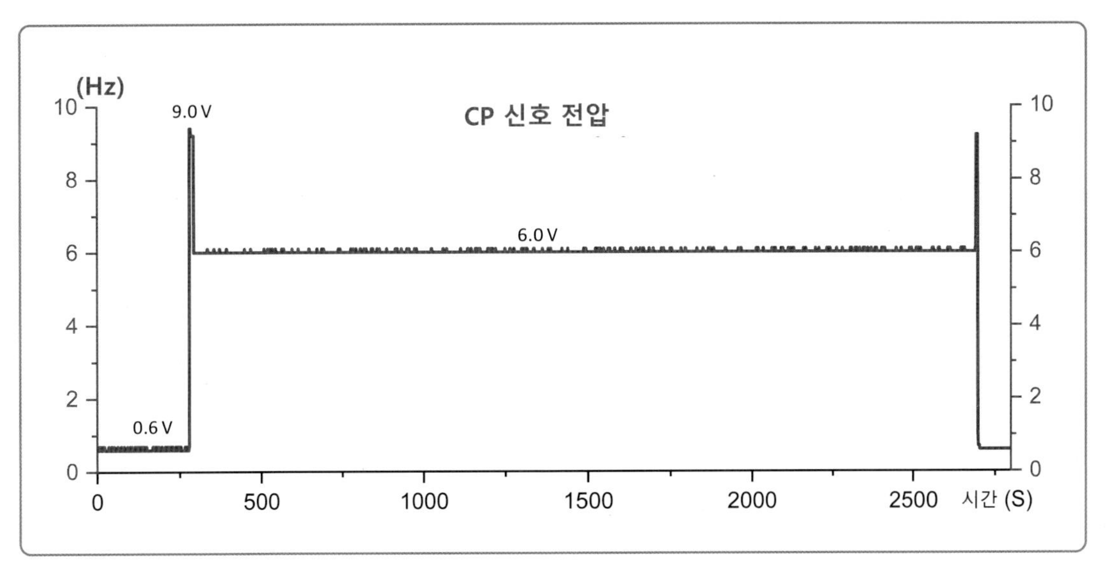

Fig. 61 **급속 충전 시 CP 신호 전압 변화량**

다. 요 약

CP(Control Pilot) 신호는 충전기와 전기자동차 간에 통신이 이루어질 때, 충전에 필요한 정보를 주고 받는 핵심적인 요소이다. 그러나 CP 신호를 통해 충전기와 차량 간에 주고받는 구체적인 정보를 확인하기 위해서는 별도의 장비 및 충전기 개발에 사용되는 사양서가 필요하다. 이 장에서는 차량 진단기를 통해 확인이 가능한 CP 신호 관련 정보만을 다루었다.

TIP

Fig. 62의 충전 커넥터 핀 배열을 살펴보면, 완속 충전을 위한 교류 전원(AC-, AC+)용 단자, 통신을 위한 CP 단자, 충전 커넥터 연결 상태를 확인할 수 있는 PD 단자, CP 통신에 사용되는 CP용 접지단자, 급속 충전을 위한 전원(DC-, DC+)용 단자로 구성되어 있다.

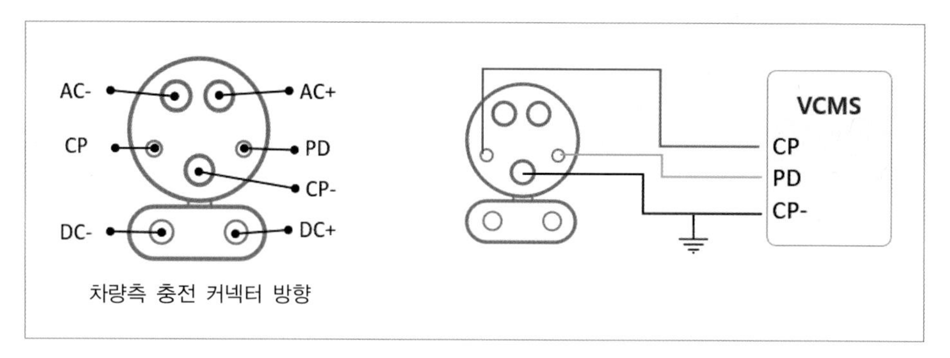

Fig. 62 **충전 커넥터 핀 정보**

PART

04 냉·난방 시스템

29. 에어컨 작동 시 냉방 시스템을 이해하자.
30. 히터 작동 시 난방 시스템 작동 원리를 이해하자.
31. 겨울철 캠핑 시 얼마나 따뜻하게 보낼 수 있을까?
32. 에어컨 작동과 히터 작동 어느 모드가 주행가능거리에 영향을 더 주나?

냉·난방 시스템

29

에어컨 작동 시 냉방 시스템을 이해하자

전기자동차에 적용된 에어컨의 구성은 기본적으로 Fig.1과 같다. 각 부품 사이를 냉매가 순환하면서 액체에서 기체로 변하고 다시 액체로 변화되는 과정에 외부의 열을 흡수하거나 발산하는 과정에 냉방 성능을 나타낸다.

이 냉방 원리는 내연기관에 적용된 에어컨 시스템과 거의 동일하지만 몇 가지 다른 점이 있다. 첫째, 에어컨 컴프레서는 내연기관의 동력을 사용하지 않고 고전압 배터리 전압으로 구동된다. 둘째, 내연기관 작동 시 발생하는 열을 이용하여 실내 온도를 높이는 히터코어가 전기자동차에는 없는 대신 에어컨 시스템 작동 시 발생하는 열을 이용하는 실내 콘덴서가 장착되어 있다.

전기자동차의 냉방 시스템 작동 시 냉매가 흘러가는 순서에 따라 순차적으로 살펴보자.

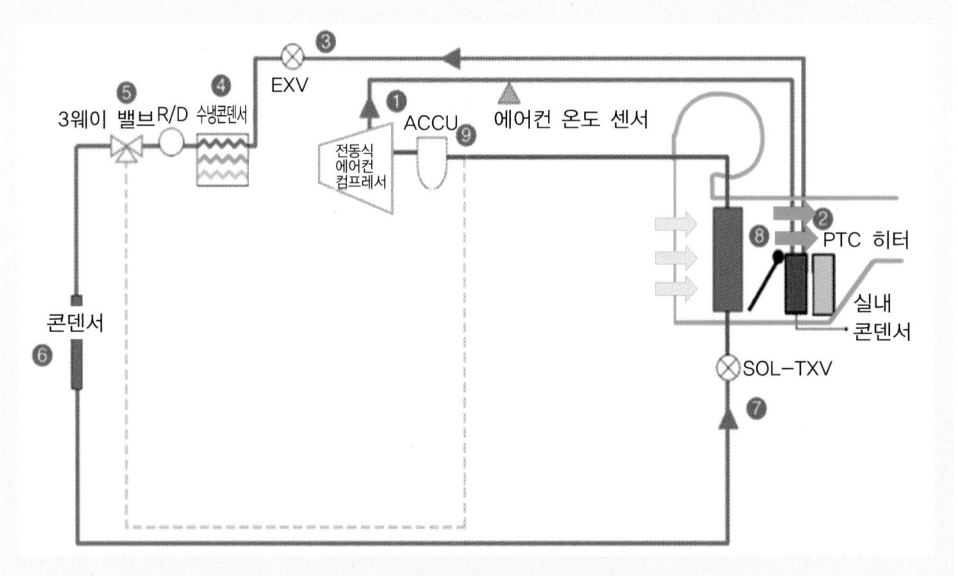

Fig. 1 **냉방 시스템 작동 흐름도**

① **전동식 에어컨 컴프레서** : 전동 모터로 구동되어지며 저온 저압 가스 냉매를 고온 고압 가스로 만들어 실내 콘덴서로 보낸다.

② **실내 콘덴서** : 압축된 고압, 고온의 냉매가 실내 콘덴서를 통과한다. 냉방 시에는 블로우 모터 바람이 지나지 않도록 밀폐되어 있으므로 실내와 열 교환은 없다.

③ **팽창 밸브(EXV)** : 냉방모드에서는 냉매를 바이패스 시킨다.

④ **R/D 수냉 콘덴서** : 고온 고압의 가스 냉매를 응축시켜 고온 고압의 액상 냉매로 만든다.

⑤ **3웨이 밸브** : 냉매를 콘덴서로 이동하게 제어한다.

⑥ **콘덴서** : R/D 수냉 콘덴서에서 응축한 냉매를 한 번 더 응축시켜 준다.

⑦ **에어컨 냉매 솔레노이드 밸브(SOL-TXV)** : 고압의 액상 냉매를 저온 저압으로 바꾸어 준다.

⑧ **이베퍼레이터** : 냉매의 증발되는 효과를 이용하여 공기를 냉각한다.

⑨ **어큐뮬레이터** : 기체 냉매만 컴프레서에 유입될 수 있도록 냉매의 기체와 액체를 분리한다.

가. 테스트 조건

차　　종	현대 아이오닉 5 롱레인지
주행거리	102,565km
외기온도	30℃
측정시간	310초

차량은 정차된 상태에서 버튼을 이용하여 실내 온도를 최저 온도로 세팅한 후, 블로우 모터를 최대 속도로 5분 정도 작동시켰다. 에어컨 시스템이 작동할 때, 에어컨 컴프레서는 2,920rpm 속도까지 상승하여 작동되고 에어컨 작동을 멈추었을 때는 0rpm으로 떨어졌다.

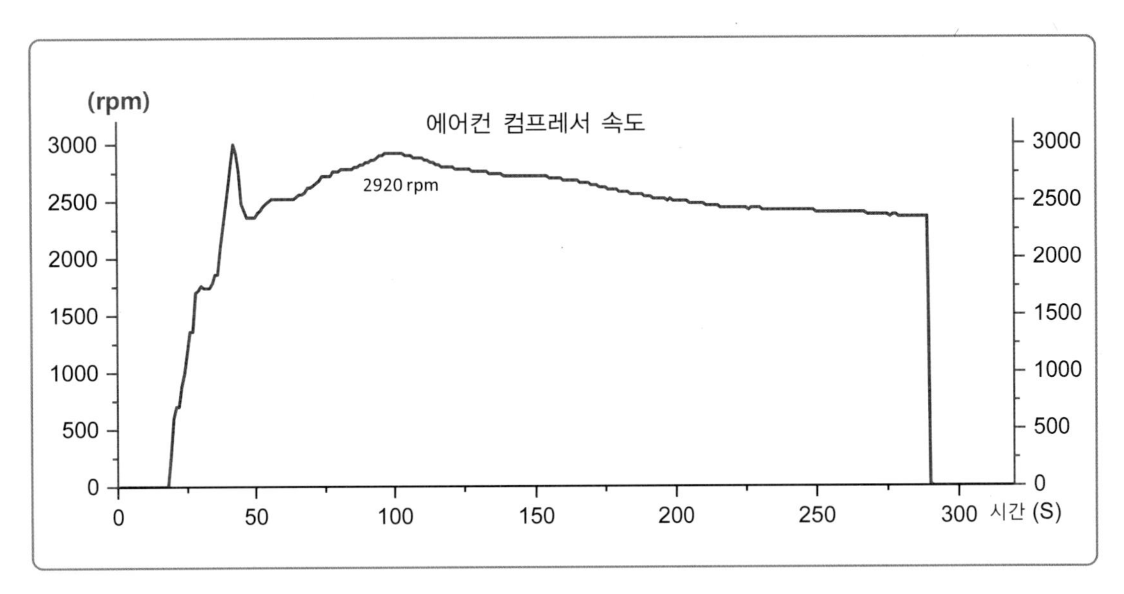

Fig. 2 **에어컨 컴프레서 작동 속도 변화량**

나. 측정 데이터 확인

1) 3웨이 밸브(3-Way Valve)

3웨이 밸브(3-Way Valve)는 에어컨 컴프레서로부터 유입된 고온 고압 가스 냉매 흐름을 결정한다. 실내 냉방 시스템 작동 시에는 냉매를 콘덴서로 흘러가도록 밸브를 작동시켜 준다.

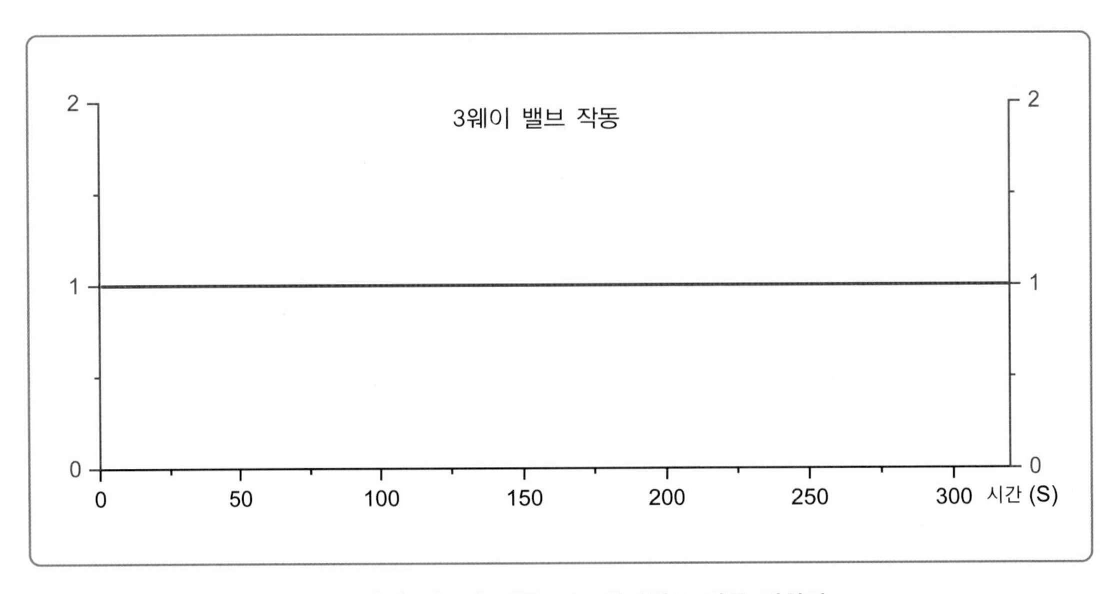

Fig. 3 **냉방 시스템 작동 시 3웨이밸브 작동 변화량**

2) 이베퍼레이터 온도 변화

고온 고압의 액상 냉매가 팽창 밸브(EXV)를 통과하면서 저온 저압의 냉매로 변화된다. 저온 저압의 냉매는 이베퍼레이터 온도를 낮추고 외부 온도와 열 교환이 이루어지며, 이에 따라 실내 온도가 낮추어진다.

이베퍼레이터 내에는 온도 센서가 장착되어 있다. 냉방 시스템 작동 시 이베퍼레이터 온도는 3.5℃까지 내려가는 것을 확인할 수 있으며, 냉방 시스템이 종료되는 시점에 온도는 다시 상승하는 것을 볼 수 있다.

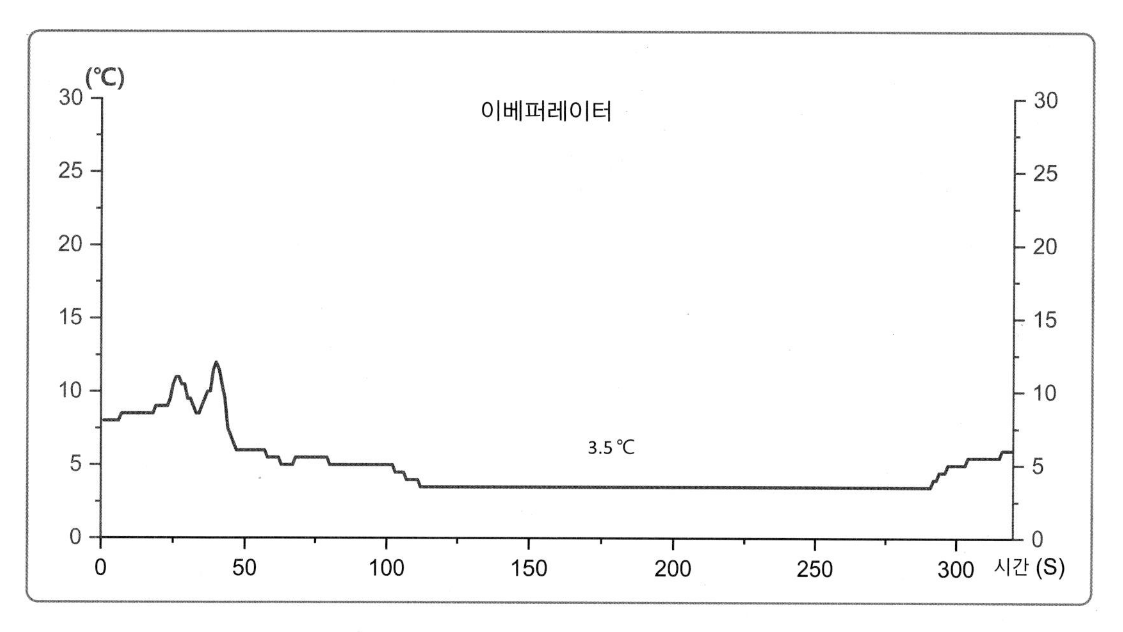

Fig. 4 냉방 시스템 작동 시 이베퍼레이터 온도 변화량

3) 에어컨 냉매 라인 압력

에어컨 냉매 라인은 주로 두 가지로 나뉜다. 먼저, 에어컨 컴프레서에서 냉매를 고온 및 고압 상태로 압축시키는 고압 라인이 있다. 다음으로, 고온 및 고압으로 압축된 냉매가 팽창 밸브를 통과하면서 저온 및 저압 상태로 변하는 저압 라인이 있다.

Fig. 5를 살펴보면 에어컨 냉매 고압 라인의 압력은 냉방 시스템이 비 작동 상태에서 9.8kgf/cm^{2}이며, 에어컨 컴프레서가 작동됨에 따라 압력이 12.8kgf/cm^{2}로 상승하는 것을 확인할 수 있다. 반면에 에어컨 냉매 저압 라인의 압력은 에어컨 컴프레서가 작동할 때 냉매를 흡입하기 때문에 비 작동 상태에서는 3.6kgf/cm^{2}이며, 작동 상태에서는 2.2kgf/cm^{2}로 감소하는 것을 확인할 수 있다.

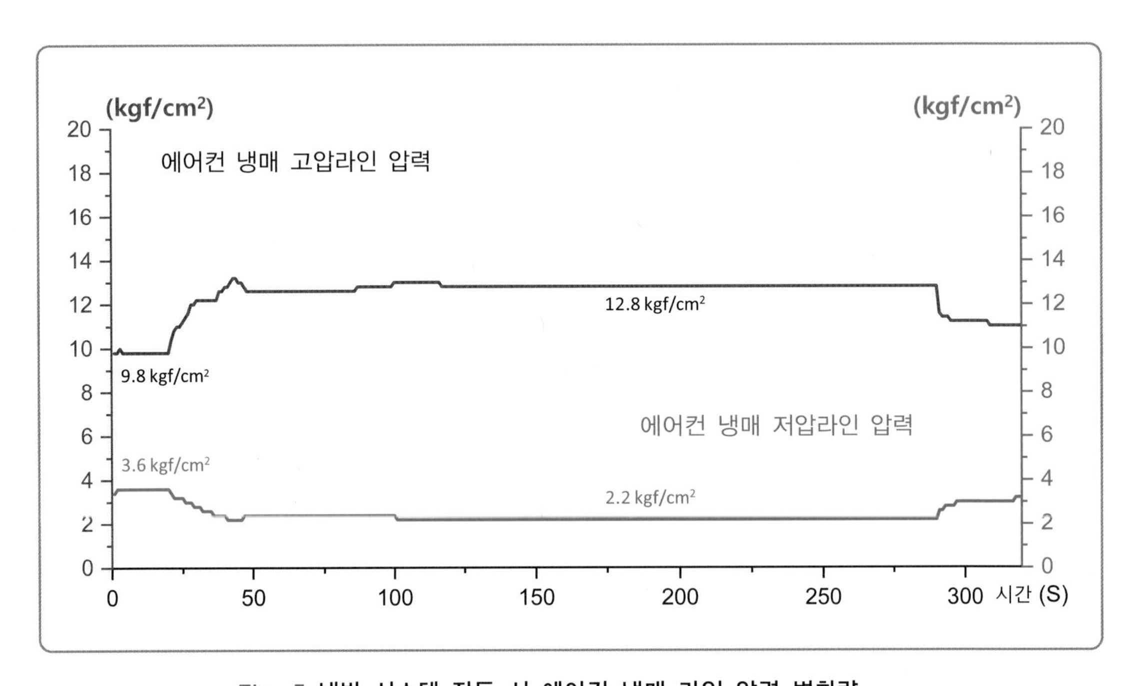

Fig. 5 냉방 시스템 작동 시 에어컨 냉매 라인 압력 변화량

4) 에어컨 냉매 라인 온도

에어컨 냉매 라인 온도 센서는 에어컨 냉매 라인에 부착된 압력 센서 내에 있다. Fig. 6에서 확인할 수 있듯이, 에어컨 냉매 고압 라인 내의 온도는 79.5℃까지 상승하며, 에어컨 냉매 저압 라인 내의 온도는 33.5℃ 근처에서 유지되고 있다.

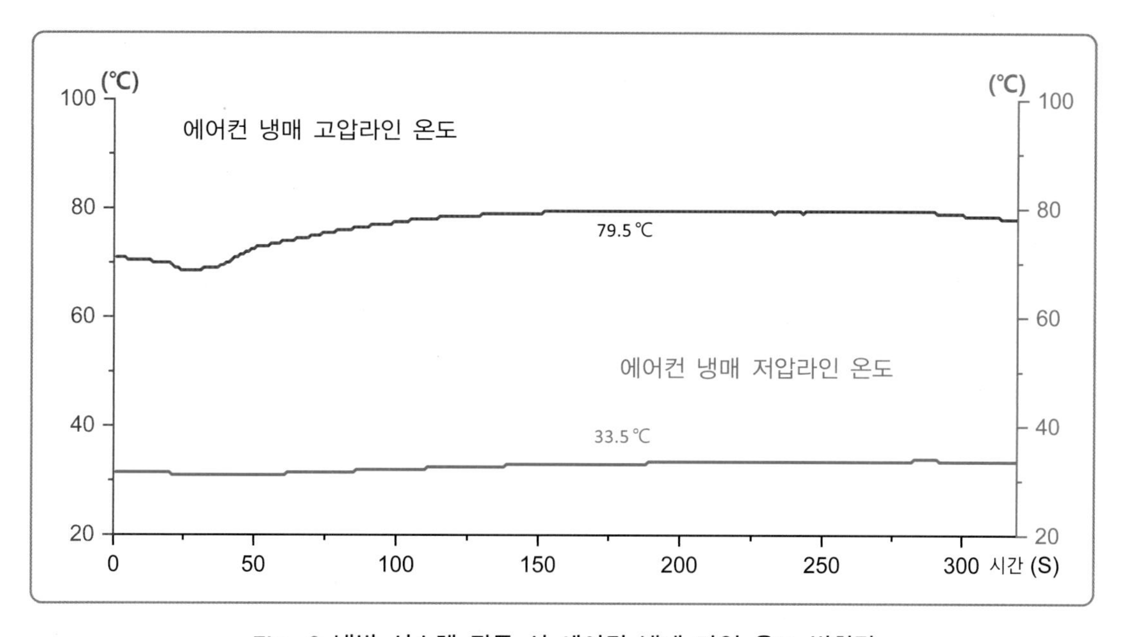

Fig. 6 냉방 시스템 작동 시 에어컨 냉매 라인 온도 변화량

5) 에어컨 컴프레서 소모 전력

에어컨 컴프레서는 전동식으로, 고전압으로 작동하는 장치이다. 작동 전력은 고전압 배터리로부터 프런트 고전압 정션박스를 통해 직접 공급되며, 에어컨 컨트롤 유니트에서 CAN 통신을 통해 작동 여부 및 회전속도를 제어한다. 에어컨 컴프레서 작동 시 구동 전압은 660V이며, 소모 전류는 3.4A 정도이다.

따라서 에어컨 컴프레서가 작동될 때의 소모 전력은 2,24kW(660V × 3.4A)가량 계산된다.

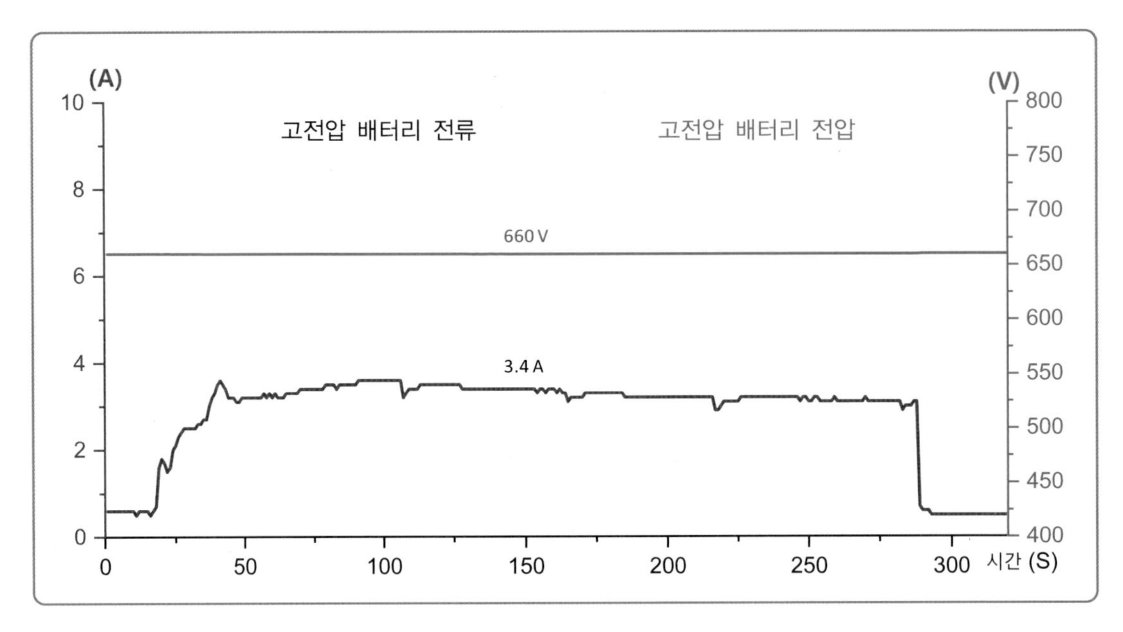

Fig. 7 냉방 시스템 작동 시 에어컨 컴프레서 작동 전압 및 전류 변화

TIP

전동식 에어컨 컴프레서에 연결된 커넥터는 고전압 전원선, CAN통신선, 고전압 커넥터 탈거 여부를 확인하는 인터록 신호 순으로 구성되어 있다.

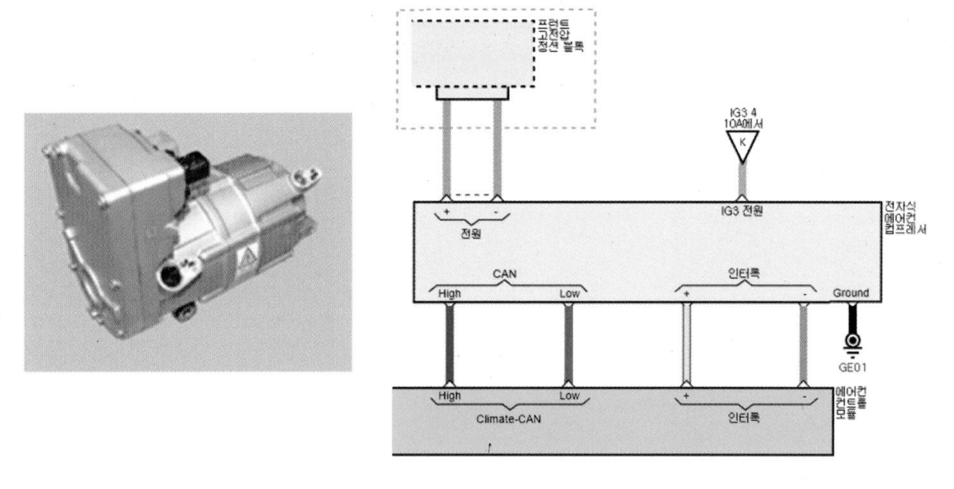

Fig. 8 **전동식 에어컨 컴프레서 사진 및 회로도**

TIP

이베퍼레이터는 실내 공조 중앙에 위치하고 있다.

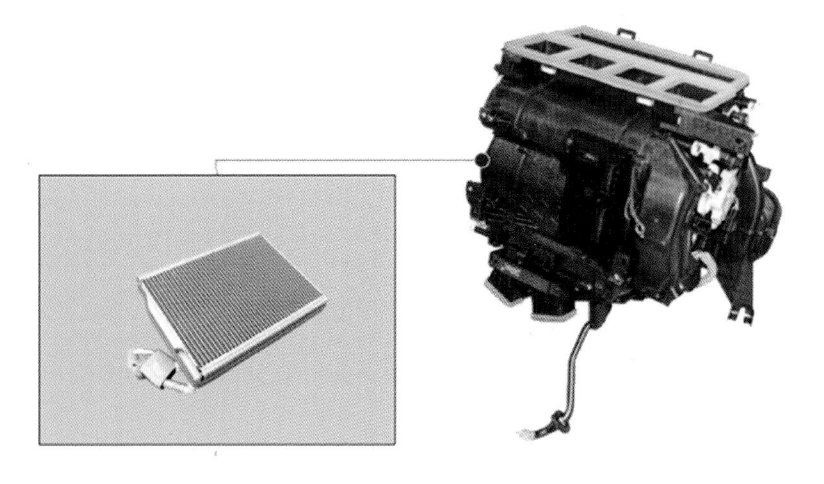

Fig. 9 **이베퍼레이터**

TIP

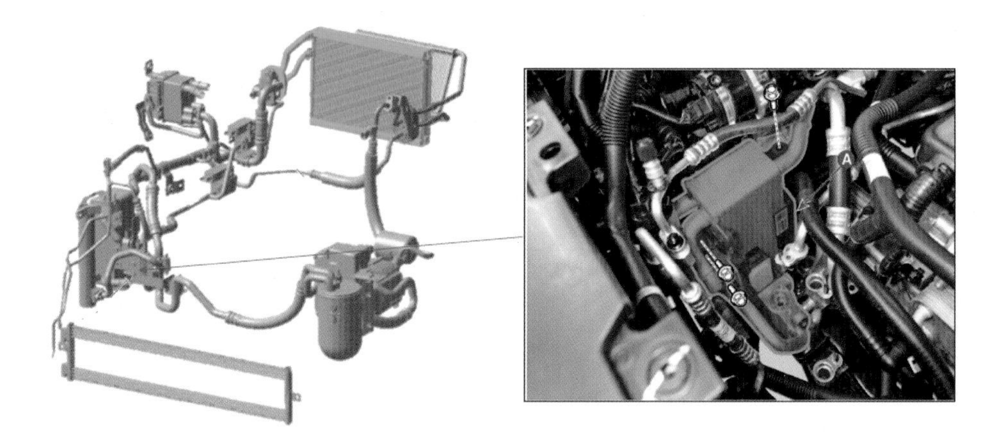

Fig. 10 3웨이 밸브

히터 작동 시 난방 시스템 작동 원리를 이해하자

내연기관을 사용하는 자동차는 주로 내연기관 작동 시 발생하는 열을 활용하여 실내 온도를 조절한다. 그러나 전기자동차는 내연기관과는 다르게 발열량이 부족하기 때문에 난방을 위한 구조가 약간 다르다. 전기자동차에서는 난방 모드에서도 에어컨 컴프레서가 작동하며, 이를 통해 실내 온도를 제어한다. 이베퍼레이터와 실내 콘덴서는 실내 콘솔에 장착되어 있으며, 공기가 어떤 부품을 통과하느냐에 따라 실내 온도가 조절된다.

전기자동차의 난방 시스템 작동 시 냉매가 흘러가는 순서에 따라 순차적으로 살펴보자.

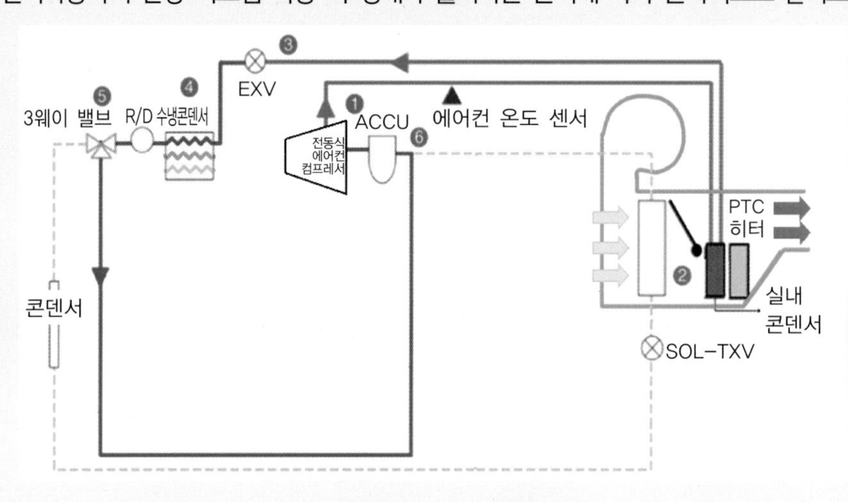

Fig. 11 난방시스템 작동 순서

① **전동식 에어컨 컴프레서** : 전동 모터로 구동되어지며 저온 가스 냉매를 고온 가스로 만들어 실내 콘덴서로 보낸다.

② **실내 콘덴서** : 압축된 고온, 고압의 냉매가 실내기를 통과한다. 실내방향 믹스 도어가 열리면서 난방을 시작한다.

③ **히트펌프 EXV** : 압축된 고온, 고압의 냉매가 히트펌프 EXV를 통해서 팽창 밸브 기능으로 저온 저압으로 변화된다.

④ **R/D 수냉 콘덴서** : 저온 저압의 냉매가 PE시스템의 열을 흡수한다.

⑤ **3웨이 밸브** : 냉매를 콘덴서를 바이패스하여 곧바로 어큐뮬레이터로 이동한다.

⑥ **어큐뮬레이터** : 저온 저압의 냉매를 컴프레서로 기체 냉매만 유입될 수 있게 냉매의 기체와 액체를 분리한다.

가. 테스트 조건

차 종	현대 아이오닉 5 롱레인지
주행거리	102,565km
외기온도	30℃
측정시간	1,220초

차량은 정차된 상태에서 버튼을 이용하여 실내 온도를 최저로 세팅한 후, 블로우 모터를 최대 속도로 5분 정도 작동시켰다. 에어컨 시스템이 작동할 때, 에어컨 컴프레서는 4,000rpm 속도까지 상승하여 작동된 후 에어컨 작동을 멈추었을 때는 0rpm으로 떨어졌다. 에어컨 컴프레서 속도는 실내 설정 온도, 실외 온도, 냉매 압력 등 주변 상황에 따라 달라질 수 있다.

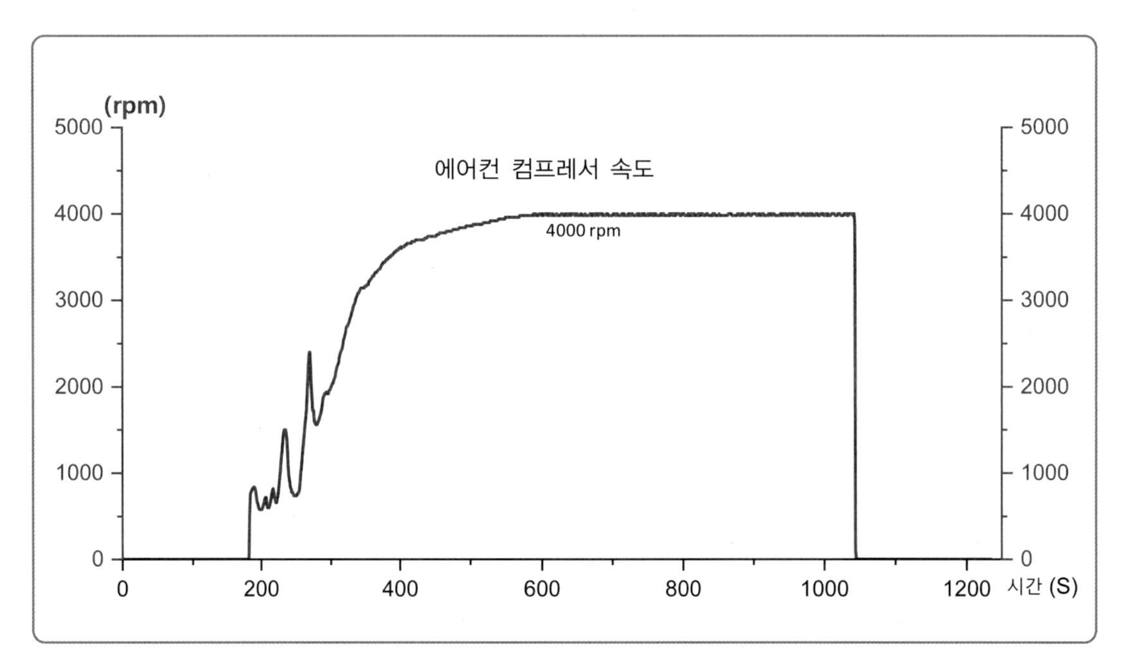

Fig. 12 **에어컨 컴프레서 작동 속도 변화**

나. 주요 부품 작동상태 확인

1) 3웨이 밸브(3-Way Valve)

3웨이 밸브는 냉매의 흐름을 제어하여 콘덴서와 어큐뮬레이터 중 하나로 유도한다. 난방 시스템이 작동할 때, 에어컨 컴프레서로부터 유입된 고온 고압의 가스 냉매는 에어컨 냉매 솔레노이드 밸브를 통과하여 저온 저압의 냉매로 변환되고, 3웨이 밸브를 통해 냉매의 열 손실을 최소화하기 위해 어큐뮬레이터로 바로 이동한다.

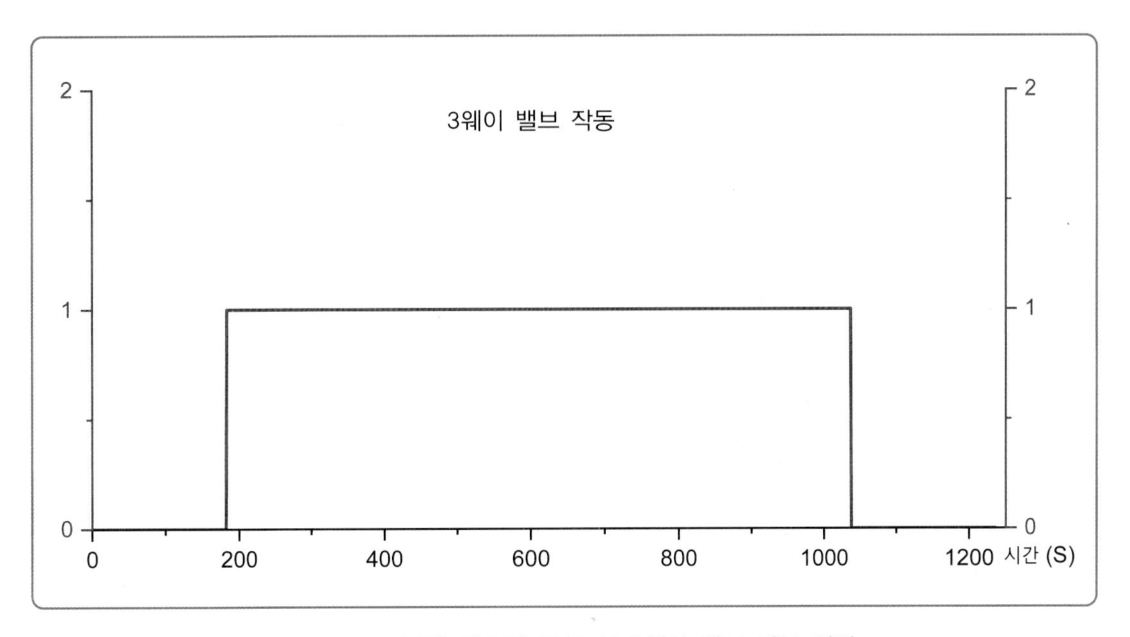

Fig. 13 난방 시스템 작동 시 3웨이 밸브 작동 변화

2) 이베퍼레이터 온도

Fig. 11의 난방 시스템 작동 시 냉매 흐름을 분석한 결과, 냉매는 3웨이 밸브의 작동으로 어큐뮬레이터로 바로 가며, 이베퍼레이터에는 유입되지 않음에도 불구하고 온도가 25℃에서 10.5℃로 낮아지는 것을 관찰할 수 있다. 이는 3웨이 밸브가 냉매를 완전히 차단하지 못해 냉매 일부가 이베퍼레이터로 유입되었거나, 외부 요인으로 인해 온도가 내려간 것으로 추정된다. 이러한 현상에 대한 명확한 원인은 조금 더 확인해 볼 필요가 있다.

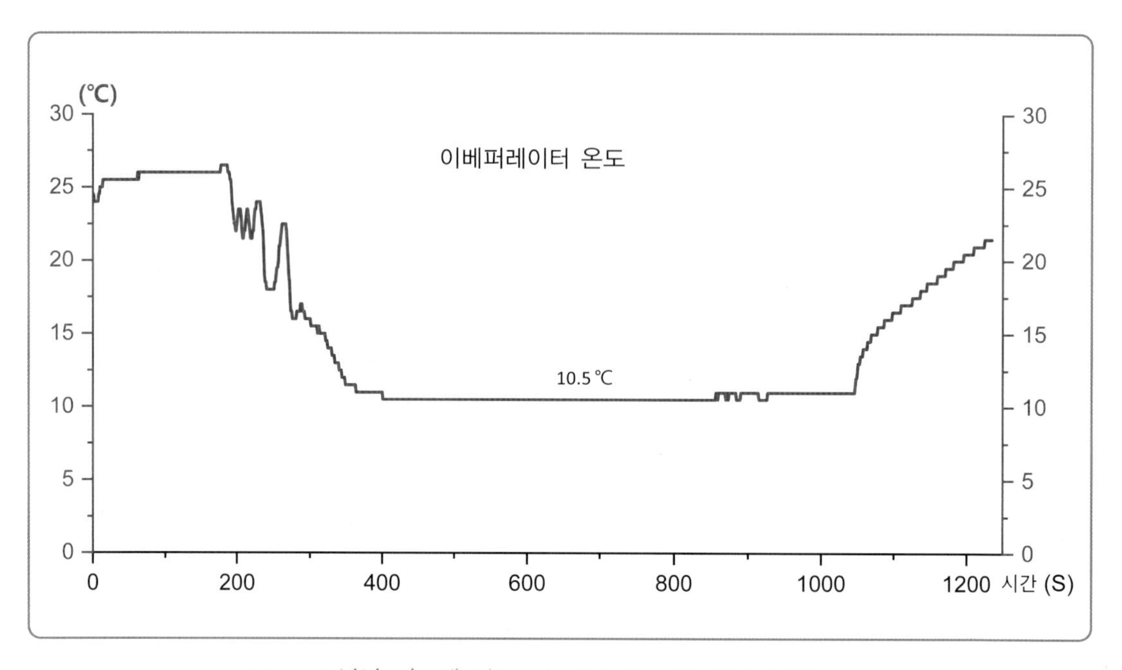

Fig. 14 난방 시스템 작동 시 이베퍼레이터 온도 변화

3) 에어컨 냉매 라인 압력

에어컨 냉매 라인은 냉매 압력에 따라 두 가지로 나뉜다. 먼저, 에어컨 컴프레서에서 냉매를 고온 및 고압 상태로 압축시키는 고압 라인이 있다. 다음으로, 고온 및 고압으로 압축된 냉매가 팽창 밸브를 통과하면서 저온 및 저압 상태로 변하는 저압 라인이 있다.

Fig. 15를 살펴보면 에어컨 냉매 고압 라인의 압력은 냉방 시스템이 비 작동 상태에서 7.0kgf/cm^{2}이며, 에어컨 컴프레서가 작동됨에 따라 압력이 15.0kgf/cm^{2}로 상승하는 것을 확인할 수 있다. 반면에 에어컨 냉매 저압 라인의 압력은 비 작동 상태에서는 6.6kgf/cm^{2}이며, 에어컨 컴프레서가 작동할 경우에는 냉매를 흡입하기 때문에 에어컨 컴프레서 작동 상태에서는 2.8kgf/cm^{2}로 감소하는 것을 확인할 수 있다.

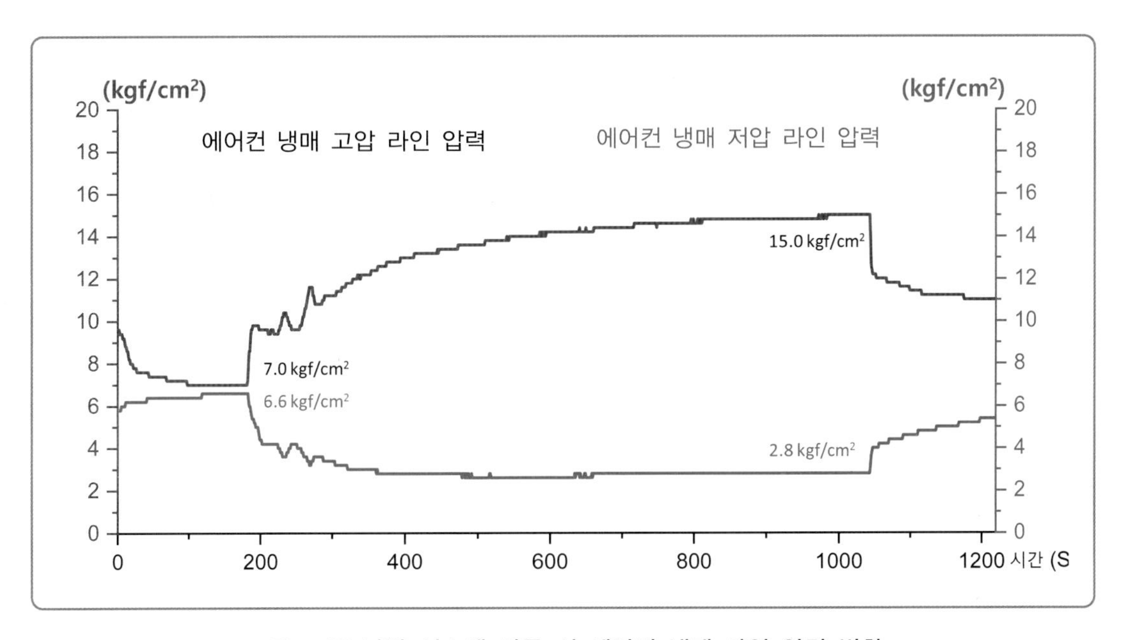

Fig. 15 난방 시스템 작동 시 에어컨 냉매 라인 압력 변화

4) 에어컨 냉매 라인 온도

에어컨 냉매 라인 온도 센서는 에어컨 냉매 라인에 부착된 압력 센서 내에 있다. Fig. 16에서 확인할 수 있듯이, 에어컨 냉매 고압 라인 내의 온도는 87.5℃까지 상승하며, 에어컨 냉매 저압 라인 내의 온도는 35.5℃ 근처에서 유지되고 있다.

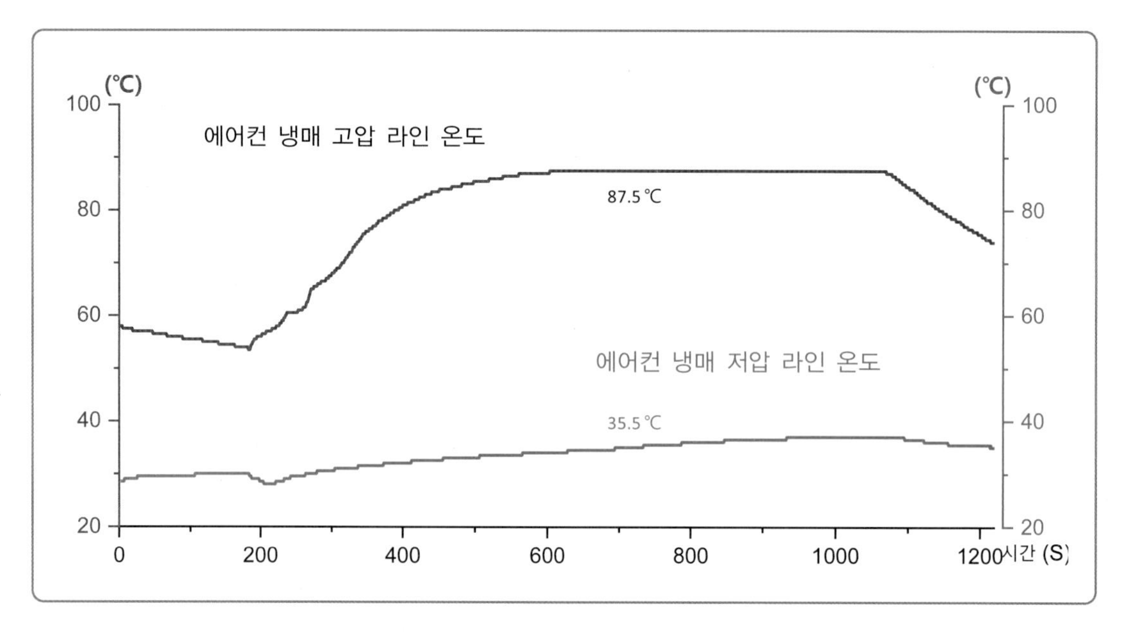

Fig. 16 난방 시스템 작동 시 에어컨 냉매 라인 온도 변화

5) 에어컨 컴프레서 소모 전력

에어컨 컴프레서는 전동식으로, 고전압에서 작동하는 장치이다. 작동 전력은 고전압 배터리로부터 프런트 고전압 정션박스를 통해 직접 공급되며, 에어컨 컨트롤 유니트에서 CAN 통신을 통해 작동 여부와 회전속도를 제어한다.

에어컨 컴프레서가 작동되는 구간에서 소모 전류가 안정화된 한 시점의 구동 전압은 631V이며, 작동 전류는 5.0A이다. 따라서 에어컨 컴프레서가 작동될 때의 소모 전력은 3,25kW(631V×5.0A)이다.

냉방 시스템 작동 시 소모 전류는 '에어컨 작동 시 냉방 시스템을 이해하자' 편에서 측정 결괏값이 2.24kW임을 확인했다. 냉방 시스템 작동보다 난방 시스템 작동 시 더 높은 전력이 소모되는 되는 것으로 확인된다. 그러나 이러한 결과는 외기 온도 및 테스트 환경에 따라 달라질 수 있으므로, 난방 모드에서 더 높은 전력을 소모한다고 일반화할 수는 없다.

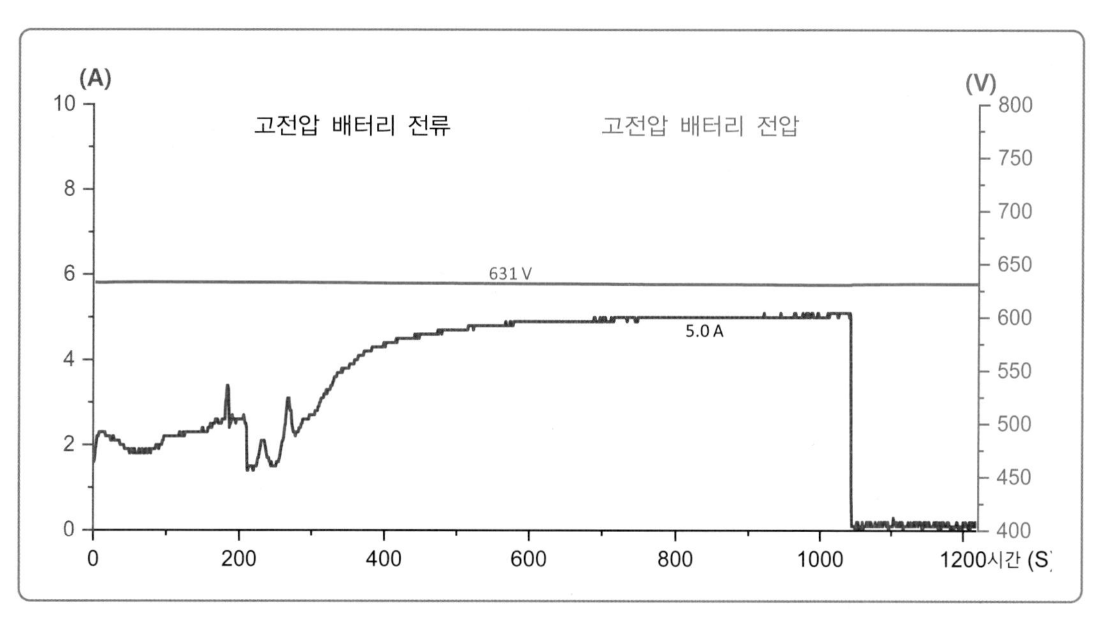

Fig. 17 난방 시스템 작동 시 에어컨 컴프레서 작동 전압 및 전류 변화

6) PTC 히터 작동

PTC 히터는 전기자동차의 난방 시스템에서 발열시키는 부품이다. 이 장치는 전류가 흐를 때 내부 세라믹 요소의 온도를 높여서 난방을 수행한다. 처음 PTC 온도가 낮은 경우에는 전기 저항이 낮아 많은 전류가 흐르지만, PTC 요소가 가열되면 전기 저항이 급격히 증가하여 낮은 전류가 흐른다. 이 특성 덕분에 PTC 히터는 일정한 온도에서 안정적으로 가열된다.

Fig. 18에서 PTC 히터는 난방 시스템의 작동을 시작할 때 초기 200여 초 동안만 가열을 수행한 후 중지된다. 그 이후에는 에어컨 컴프레서 작동으로 온도가 상승한 실내 콘덴서를 활용하여 실내 온도를 높인다.

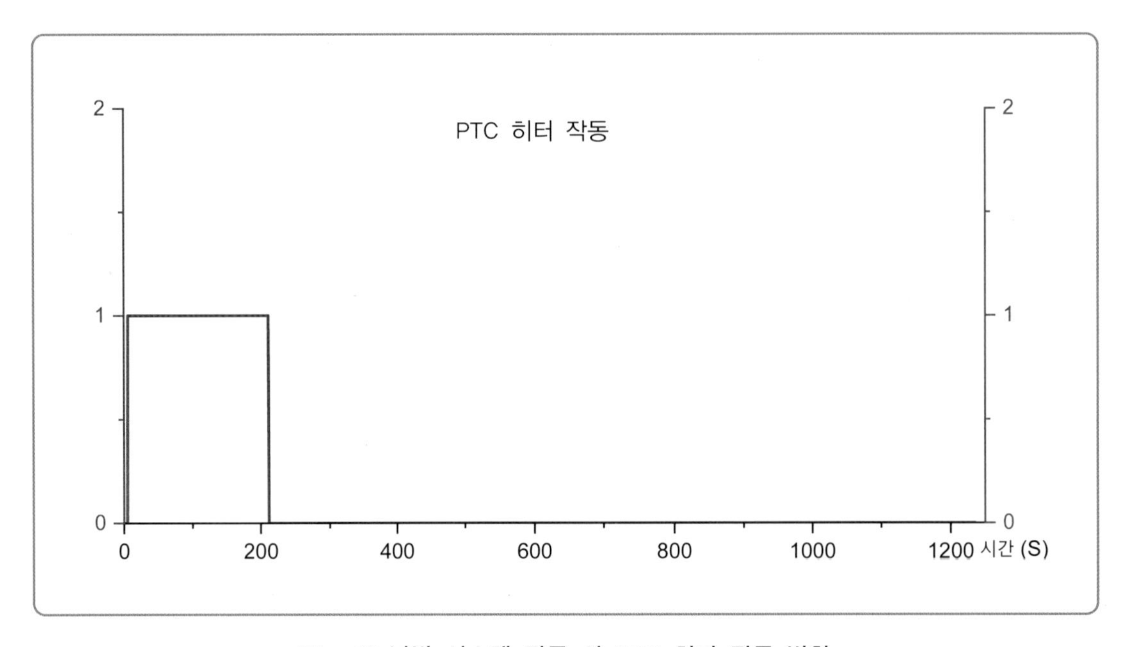

Fig. 18 **난방 시스템 작동 시 PTC 히터 작동 변화**

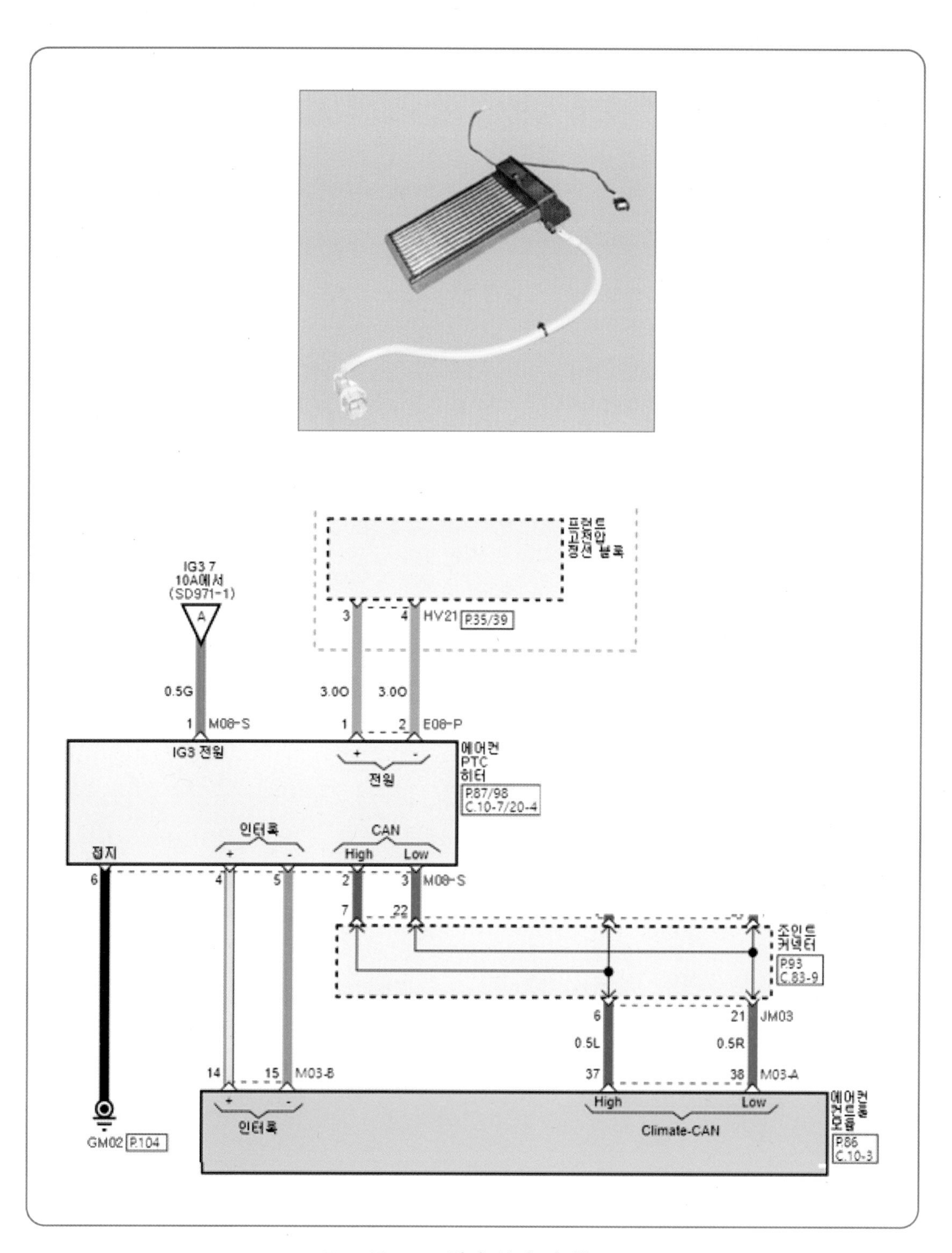

Fig. 19 PTC 히터 사진 및 회로도

냉·난방 시스템

31 겨울철 캠핑 시 얼마나 따뜻하게 보낼 수 있을까?

전기자동차를 이용한 겨울철 캠핑은 많은 이점을 제공한다. 충전된 고전압 배터리를 활용하여 전기자동차의 난방 기능을 통해 차량 내부를 따뜻하게 유지할 수 있기 때문에 매우 유용하게 사용된다. 그러나 실제로 얼마나 따뜻하게 보낼 수 있는지는 여러 요소에 의해 결정된다. 간단한 테스트를 통해 완충된 고전압 배터리를 활용하여 추운 겨울철 캠핑을 얼마나 즐길 수 있는지 확인해 보자.

가. 테스트 조건

차　종	현대 아이오닉 5 롱레인지
주행거리	102,565km
외기온도	30℃
측정시간	1,240초

차량 문을 닫고 히터 온도를 최대로 설정한 후 블로우 모터 속도를 8단계(최고)로 선택하여 20분간 작동시켰다. Fig. 20을 살펴보면 히터 작동 시 PTC 히터가 초기 3분가량 작동한 후 멈추며, PTC 히터 작동이 멈추는 시점에 에어컨 컴프레서가 활성화되어 회전 속도가 점차 증가하여 4,000rpm에서 안정적으로 회전하는 것을 확인할 수 있다.

이 결과로 보아, 난방 작동 시 PTC 히터는 초기에만 활성화되며 그 이후에는 에어컨 컴프레서를 활용한 난방 시스템이 운영되는 것으로 나타난다.

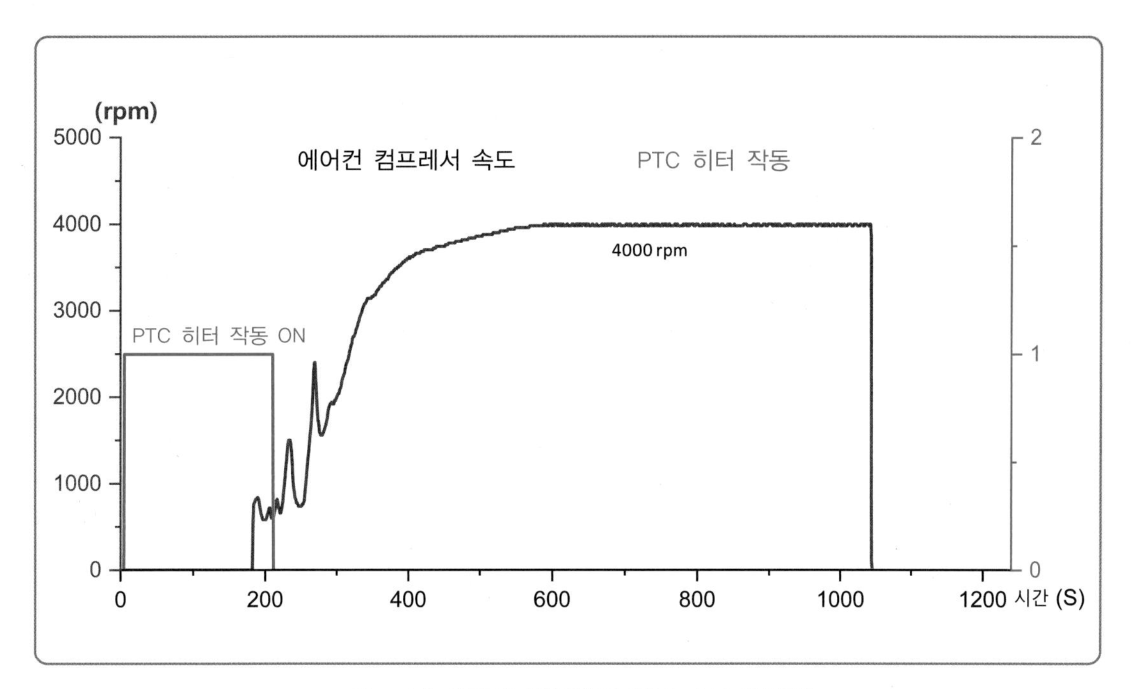

Fig. 20 에어컨 컴프레서 작동 속도 변화량

나. 난방 시스템 소모 전력량 계산

히터 작동 시 PTC 히터가 활성화되는 구간에서는 고전압 배터리 소모 전류는 2.2A가량이며, 에어컨 컴프레서가 안정적으로 작동되는 구간에서는 5.0A가량의 소모 전류가 확인된다.

- 난방 시스템 운영에 필요한 전력 = 3.15kW (5.0A x 630V / 1,000)
- 1초에 동안 소모되는 전력량 = 0.000875kWh (3.15kWh / 3,600)
- 고전압 배터리 에너지량 = 72.6kWh
- 고전압 배터리 에너지량 소모시키는데 소요되는 시간
  = 23.04 시간 (72.6kWh/0.000875/3,600)

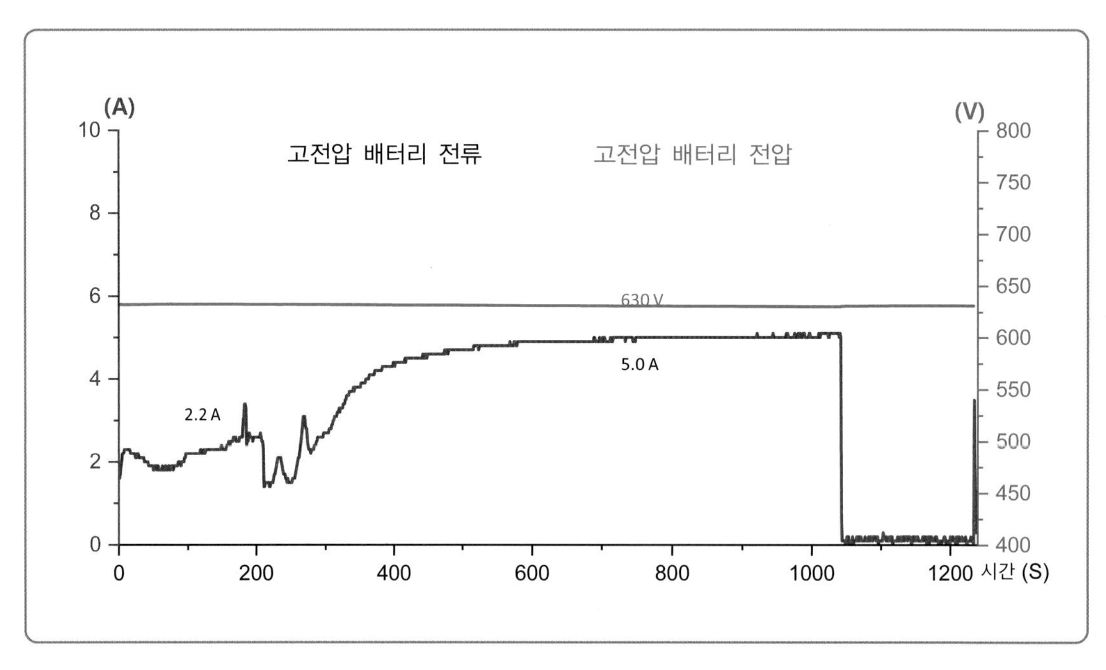

Fig. 21 **난방 시스템 작동 시 고전압 배터리 전류와 전압 변화**

다. 요 약

고전압 배터리 용량이 72.6kWh인 아이오닉5 차량으로 캠핑을 하는 경우, 히터를 최대한 작동시키는 조건으로 약 23시간 동안을 따뜻하게 보낼 수 있다. 물론 외부 온도와 차량에 연결하여 사용하는 전기용량에 따라 사용할 수 있는 시간은 다를 수 있으나, 난방만을 최대 온도로 설정하여 사용할 경우 23시간 이상을 충분히 활용할 수 있다.

난방을 위해 소모되는 전력은 여러 가지 요인의 영향을 받는다. 전기자동차의 배터리 에너지양, 차량 실외 온도, 히터의 설정 온도, 배터리 상태 등 여러 요인에 따라 차량 내부를 따뜻하게 사용할 수 있는 시간은 달라질 수 있다.

차량에 탑재된 히터의 종류와 설정 온도도 영향을 미친다.

배터리의 용량이나 상태가 좋지 않을 경우 히터 작동 시 배터리 소모가 빨라질 수 있으므로 배터리 상태도 고려해야 한다.

또한, 차량 내에서 사용되는 전기 도구들의 전력 소비도 중요한 요소이다. 밥솥, TV, 컴퓨터 등의 장비는 모델에 따라 소비 전력이 다를 수 있으므로 에너지 효율이 좋은 기기를 선택하여 사용하는 것이 중요하다.

캠핑 시 히터 작동 가능 시간은 사용 조건과 주변 환경에 따라 다르기 때문에 정확한 시간을 예측하려면 차량의 사양과 주변 조건을 함께 고려하여 판단해야 한다.

냉·난방 시스템

32 에어컨 작동과 히터 작동 어느 모드가 주행가능거리에 영향을 더 주나?

전기자동차의 핵심 성능 중 하나는 주행할 수 있는 거리이다. 이는 주로 차량에 장착된 고전압 배터리의 용량과 상태에 따라 크게 결정된다. 그러나 운전자의 운전 습관, 회생 제동 정도, 그리고 외부 온도에 따른 냉난방 시스템의 작동 여부도 주행할 수 있는 거리에 영향을 미친다. 이러한 정보는 주행할 수 있는 거리가 표시된 계기판을 통해 운전자가 손쉽게 확인할 수 있습니다. 그럼 여러 요소 중 냉방과 난방 중 어느 모드가 에너지 소비량이 더 많은지 비교해 보자.

가. 테스트 조건

차 종	현대 아이오닉 5 롱레인지
주행거리	102,565km
외기온도	30℃
측정시간	1220초

Fig. 22는 냉방 시스템이 작동할 때 에어컨 컴프레서와 PTC 히터의 동작을 나타내고 있다. 초기에 에어컨 컴프레서는 5,000rpm으로 작동하다가 냉방 시스템이 안정화되면서 회전속도는 4,200rpm으로 낮아진다.

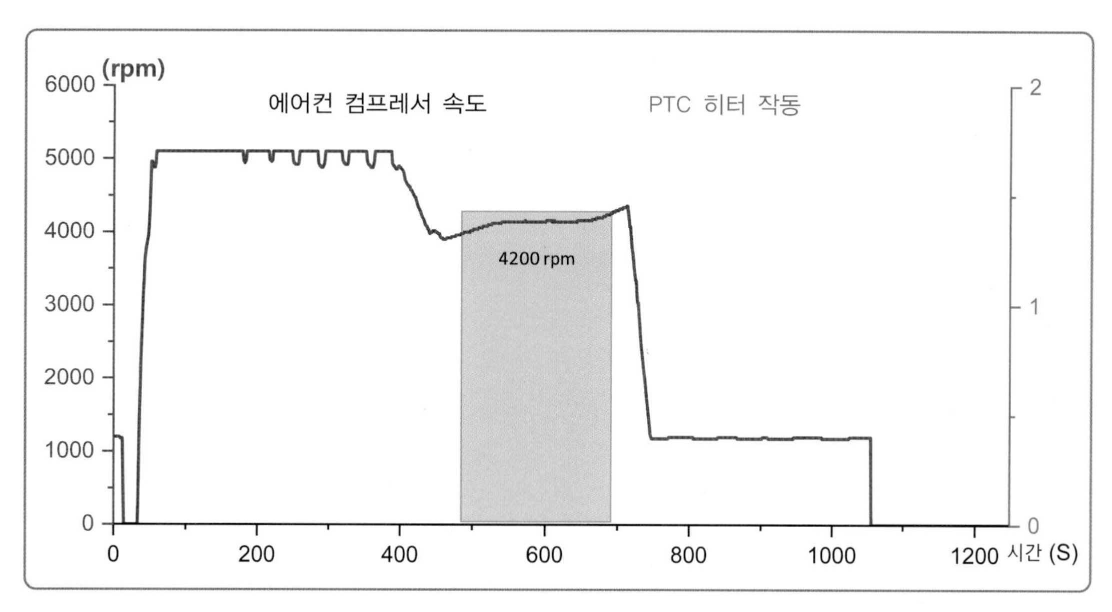

Fig. 22 **냉방 시스템 작동 시 에어컨 컴프레서와 PTC 히터 작동상태**

Fig. 23은 난방 시스템이 작동할 때 에어컨 컴프레서와 PTC 히터 동작을 나타내고 있다. 난방 시스템이 작동하기 시작하면 초기에는 PTC 히터가 약 200초 동안 작동하며, 그 이후는 에어컨 컴프레서가 가동된다. 그리고 난방이 안정화되는 구간에 들어가면서 에어컨 컴프레서 작동 속도는 4,000rpm으로 낮아진다.

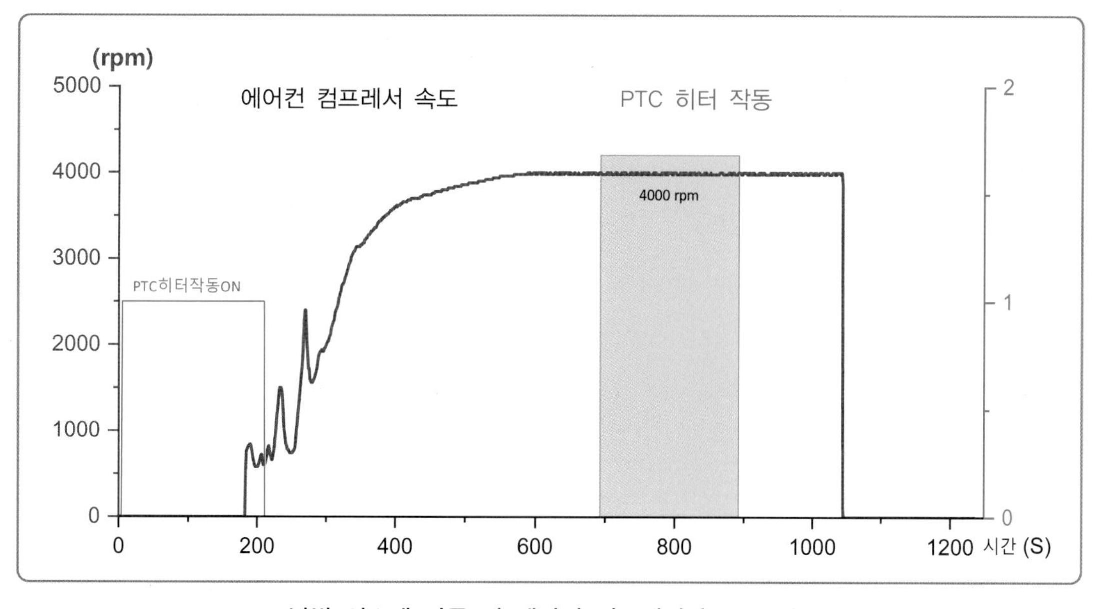

Fig. 23 **난방 시스템 작동 시 에어컨 컴프레서와 PTC 히터 작동상태**

나. 측정 데이터 확인

Fig. 24에서 냉방 시스템이 안정적으로 작동하는 시점을 표시했으며, 이 시점의 고전압 배터리 전류는 5.4A이고 전압은 632.5V이다. 이는 냉방 시스템이 안정적으로 작동하는 동안 소비되는 전력으로 계산하면 냉방 시스템 작동 시 소모 전력은 3.415kW(5.5A × 632.5V/1,000)이다.

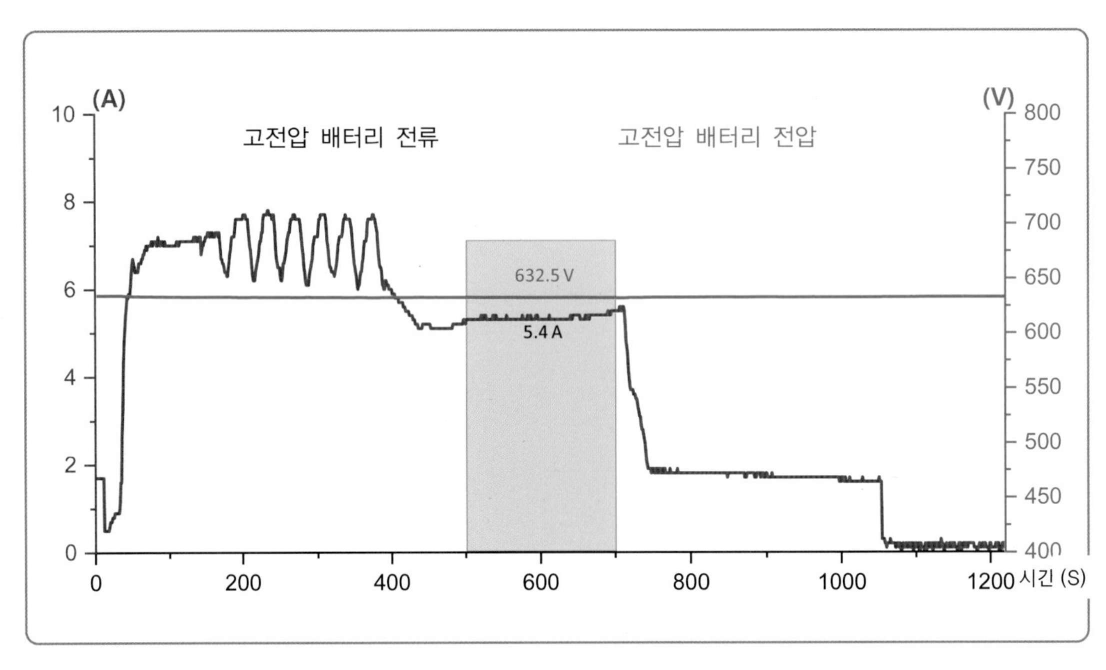

Fig. 24 냉방 시스템 작동 시 고전압 배터리 전류와 전압 변화량

Fig. 25에서 난방 시스템이 안정적으로 작동하는 시점을 표시했으며, 이 시점의 고전압 배터리 전류는 5.0A이고 전압은 630V이다.

이는 난방 시스템이 안정적으로 작동하는 동안 소비되는 전력으로 보고 계산하면 난방 시 소모 전력은 3.15kW(5.0A × 630V/1,000)이다.

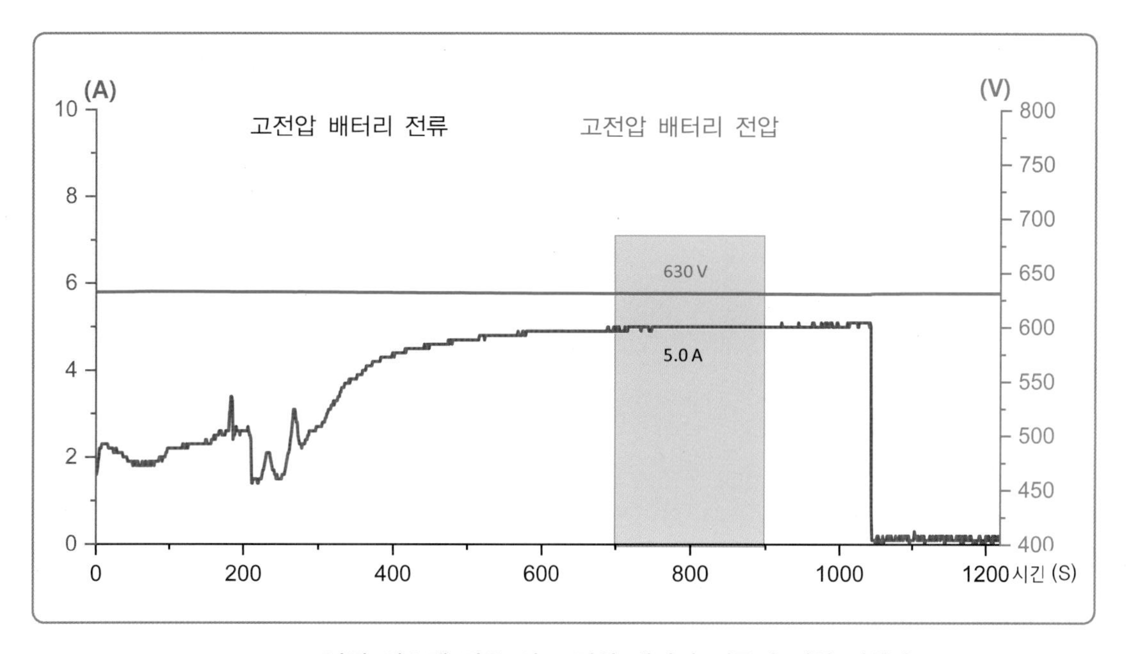

Fig. 25 **난방 시스템 작동 시 고전압 배터리 전류와 전압 변화량**

다. 요 약

아이오닉5 차량의 냉방 시스템 작동 시와 난방 시스템 작동 시 소모되는 전력을 비교해 보면, 냉방 시스템 작동 시 전력을 8%가량 더 소모하는 것을 확인할 수 있다.

하지만, 냉난방 설정 온도, 외기 온도, 차량 상태 등에 따라 소모 전력량은 달라질 수 있다. 또한, 차량 제조사마다 냉난방 시스템의 효율성이 다를 수 있으므로, 한 차량으로 한 번의 테스트 결과로 모든 전기차를 일반화하기는 어렵다.

차량마다 적용된 시스템을 이해하고 주행 중 전력 소모량을 계속 모니터링하면서 적절한 온도 설정을 한다면 조금 더 효율적인 에너지 관리는 가능할 것으로 보인다.

PART

05 보조 배터리

보조 배터리

33

보조 배터리는 언제 충전되나?

통합 충전기 및 컨버터 유닛(ICCU)은 양방향 완속 충전기(OBC)와 저전압 직류 변환 장치(LDC)가 일체형으로 구성된 통합형 유닛이다. 저전압 직류 변환 장치(LDC)는 800V 직류 전원을 14V 직류 전원으로 변환해 주는 장치로, 전기자동차의 전기부하 조건에 따라 LDC와 저전압 배터리가 상관관계를 가지며 작동합니다. 다양한 주행 조건에서 LDC와 저전압 배터리가 충전되는 조건을 확인해 보자.

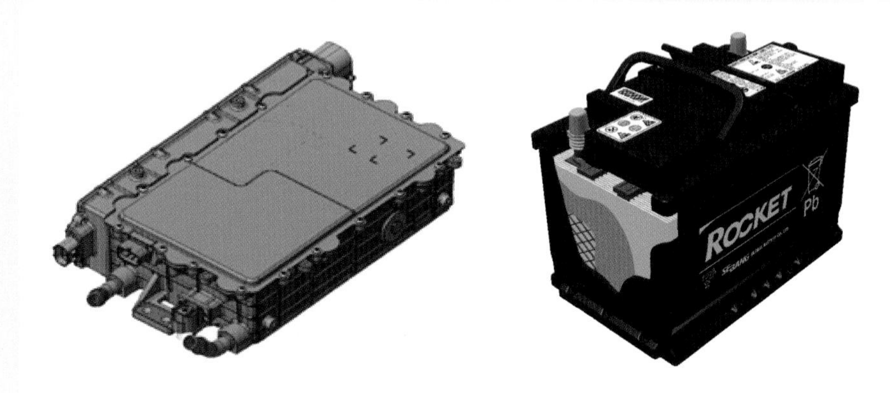

Fig. 1 통합 충전기 및 컨버터 유닛(ICCU)과 AGM 저전압 배터리

TIP

Fig. 2는 저전압 직류 변환 장치(LDC)가 800V 고전압의 전원을 14V 저전압으로 변환하는 과정을 설명하고 있다. 이 과정에서 LDC는 고전압 전원을 입력받아 저전압으로 변환한 후, 변환된 전원을 퓨즈박스로 공급한다. 저전압 전원은 퓨즈박스를 통해 많은 제어기 및 부품들에 공급되며 동시에 저전압 배터리를 충전한다. 충전된 저전압 배터리는 필요에 따라 저전압 직류 변환 장치(LDC)와 함께 저전압용 제어기와 부품들에 전원을 제공한다. 이러한 과정을 통해 전체 시스템은 안정적으로 동작하며 다양한 부품들이 필요한 전원을 공급받는다.

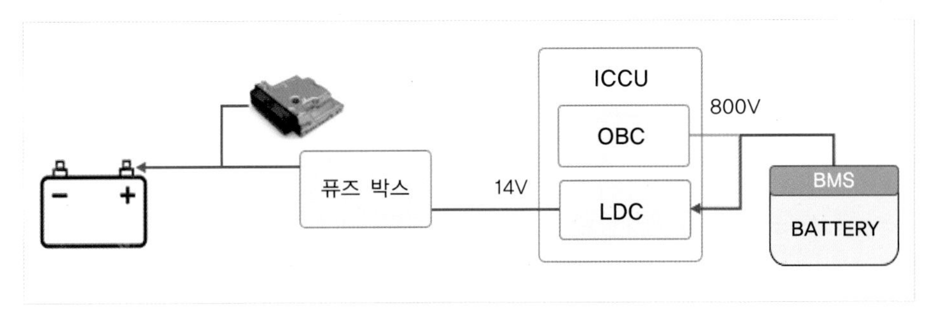

Fig. 2 LDC 작동 시 전력 흐름도

가. 일반 도로 주행 1

■ 테스트 조건

차 종	현대 아이오닉 5 롱레인지
주행 조건	시내 및 고속도로 주행
주행거리	102,457km
외기온도	30℃
측정시간	46,000초 (1시간 16분)

Fig. 3은 차량의 주행 속도를 보여준다. 시내에서는 주로 저속(약 25km/h)으로 주행하고, 고속도로에서는 시속 80~100km/h로 주행하였다. 총 80여 분가량 주행한 데이터이다.

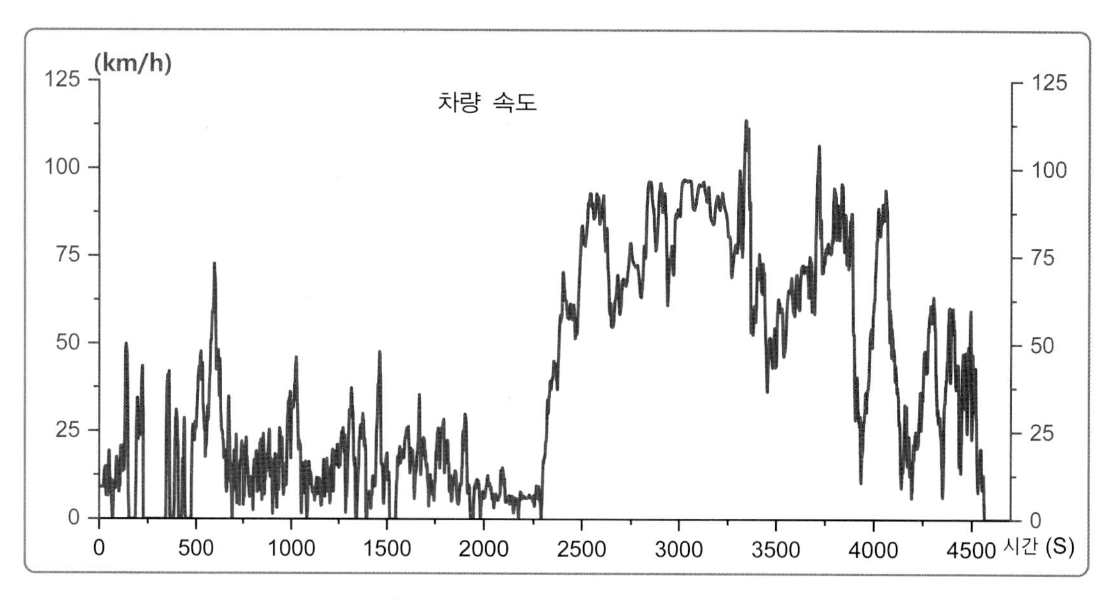

Fig. 3 **일반 도로 주행 시 차량 속도 변화량**

■ 측정 데이터 확인

Fig. 4는 저전압 배터리 SOC와 LDC 출력 전압의 변화를 보여준다. 저전압 배터리 충전량 (SOC)는 주행 초기에는 90% 정도이며, 주행 종료 시에는 98%를 나타낸다. LDC 출력 전압은 지속적으로 14.1V를 나타낸다. 그러나 저전압 배터리 충전량이 98%인 구간에서 LDC 출력 전압은 12.6V로 잠깐 떨어진 후 다시 상승하는 것을 확인할 수 있다.

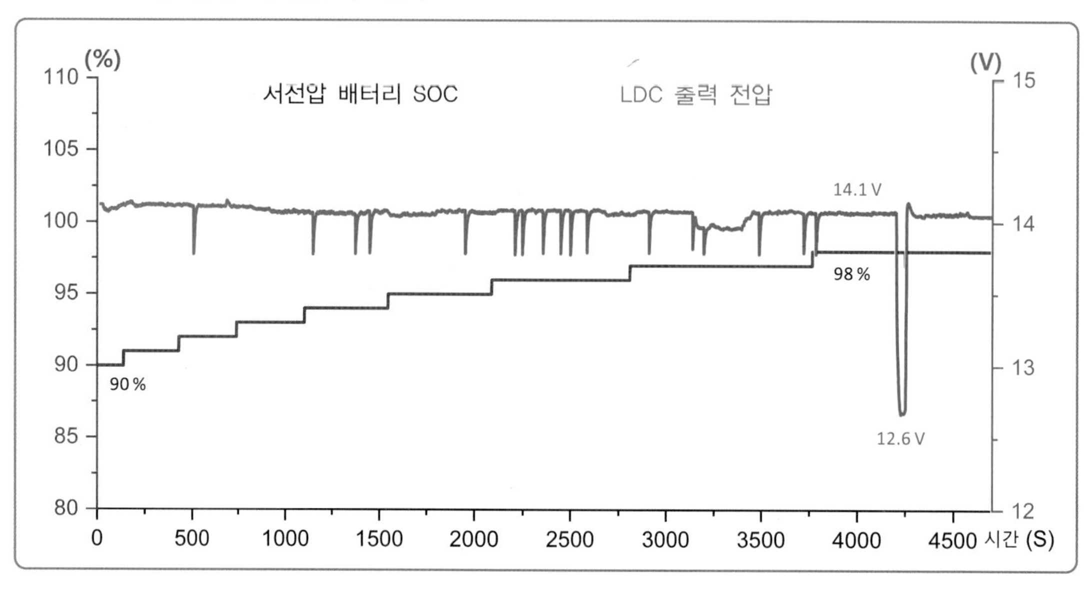

Fig. 4 **일반 도로 주행 시 저전압 배터리 SOC와 LDC 출력 전압 변화**

Fig. 5는 사례 1의 테스트 조건에서 LDC 출력 전류와 저전압 배터리 소모 전류의 변화를 보여준다. LDC는 차량에 약 50A의 출력 전류를 제공하며, 이 중 약 7A는 저전압 배터리를 충전하는 데 사용된다. 또한, 50A를 공급하다가 일시적으로 28.9A로 감소하거나 0.8A로 출력을 잠시 멈출 때가 있다.

28.9A로 낮아지는 구간은 차량의 속도가 급격히 감속하는 구간이며, 0.8A로 낮아진 구간은 LDC가 출력을 멈추거나 출력을 줄이는 대신 차량 구동에 필요한 전력을 저전압 배터리에서 가져다 사용하기 때문에 잠깐 저전압 배터리에서 (-) 소모 전류가 확인된다.

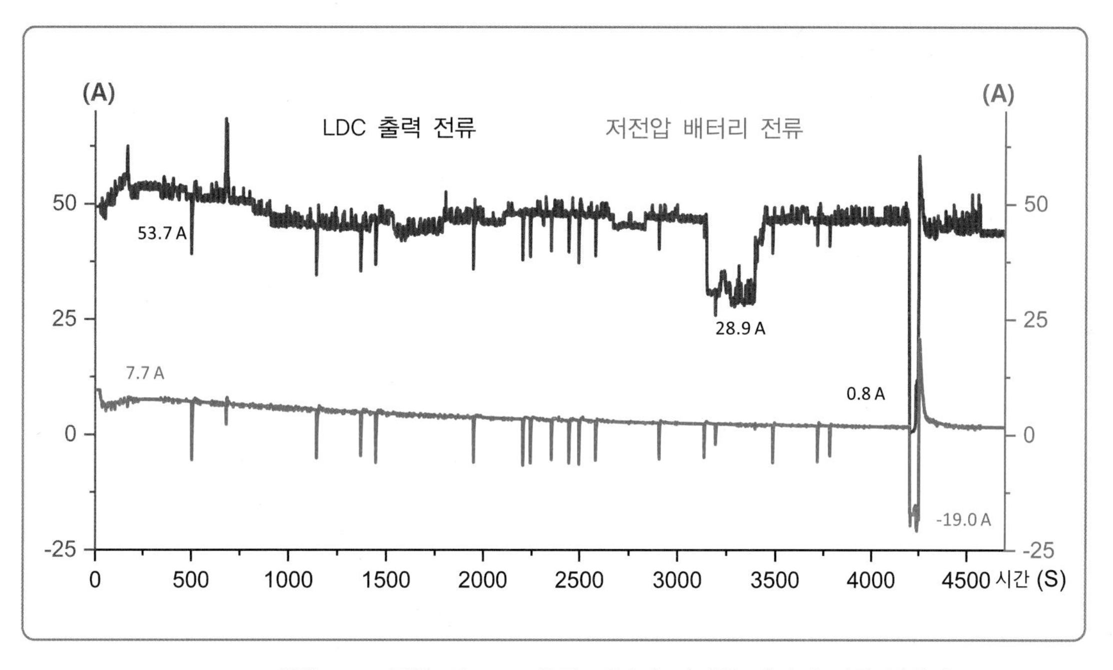

Fig. 5 일반 도로 주행 시 LDC 출력 전류와 저전압 배터리 전류 변화량

결론적으로, 저전압 배터리 충전량(SOC)이 98% 부근에 이르면 LDC는 출력 전력량을 줄이거나 공급을 멈추고, 차량에서 필요로 하는 전력을 저전압 배터리에서 공급받는 것을 확인할 수 있다.

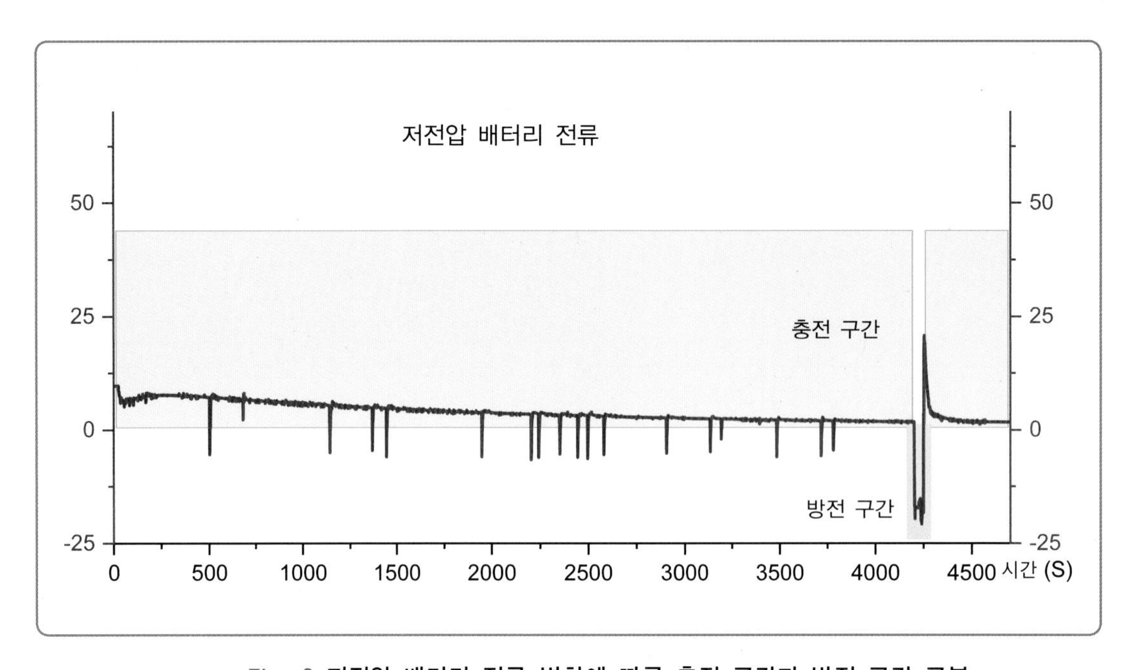

Fig. 6 **저전압 배터리 전류 변화에 따른 충전 구간과 방전 구간 구분**

나. 일반 도로 주행 2

■ 테스트 조건

차 종	현대 아이오닉 5 롱레인지
주행 조건	시내 및 고속도로 주행
주행거리	102,409km
외기온도	27℃
측정시간	46,000초 (1시간 16분)

Fig. 7은 차량의 주행 속도를 나타내며, 80여 분 동안의 주행 중에는 고속 구간에서는 시속 75 ~ 100km/h 속도로, 시내 주행 구간에서는 저속으로 주행하며 정지를 반복하였다.

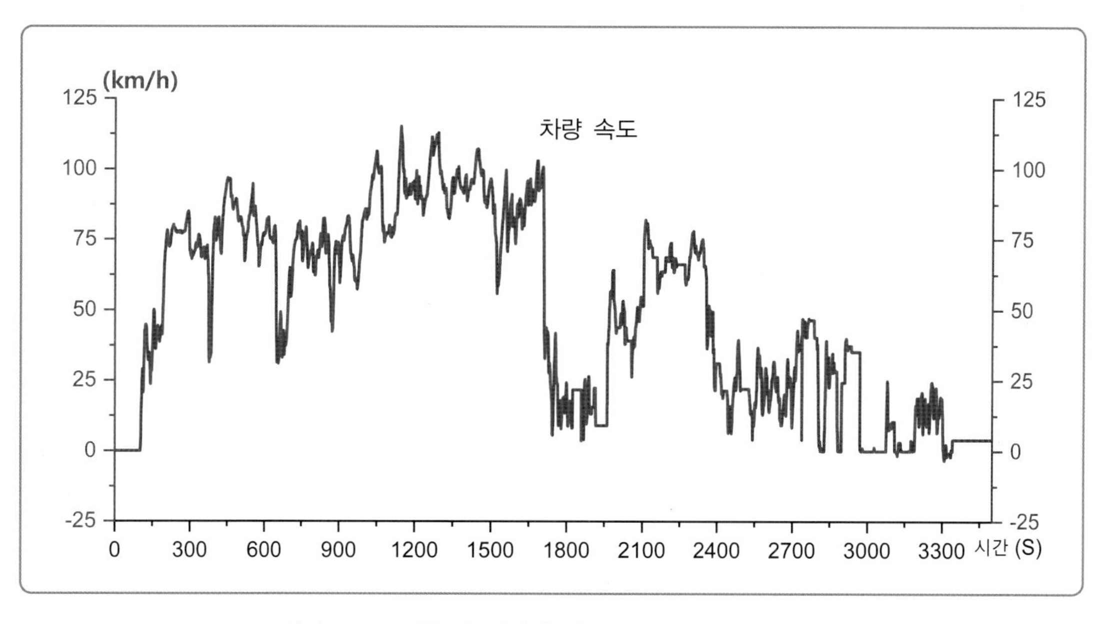

Fig. 7 일반 도로 주행 시 저전압 배터리 SOC와 LDC 출력전압 변화량

■ 측정 데이터 확인

Fig. 8은 일반 도로 주행 중의 저전압 배터리 충전량(SOC)과 LDC 출력전압의 변화를 나타낸다. 저전압 배터리 SOC가 97%에서 94%로 감소할 때 LDC 출력전압은 12.8V로 나타나며, 저전압 배터리 SOC가 94%에서 97%로 상승할 때 LDC 출력전압은 13.9V로 증가한다. 그리고 저전압 배터리 SOC가 97% 이후에는 다시 12.7V로 감소하는 것을 확인할 수 있다.

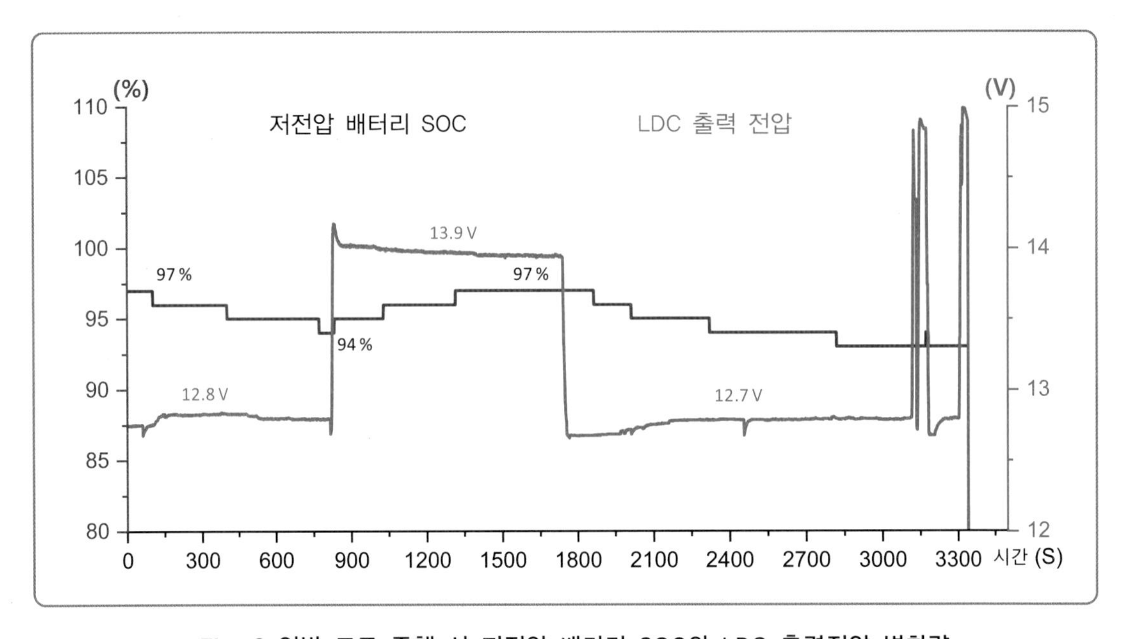

Fig. 8 일반 도로 주행 시 저전압 배터리 SOC와 LDC 출력전압 변화량

Fig. 9에서 LDC 출력 전류가 23A인 구간에서는 저전압 배터리 전류는 -6.3A로 방전되고 있으며, LDC 출력 전류가 34.5A인 구간에서는 저전압 배터리는 6.5A로 충전된다. 주행 시 자동차에서 필요로 하는 전기 부하는 대략 28A가량으로 보이며, 이 전류를 저전압 배터리 충전량에 따라 LDC와 저전압 배터리가 상호작용을 하며 차량에서 필요로 하는 전류를 공급하는 것을 확인할 수 있다.

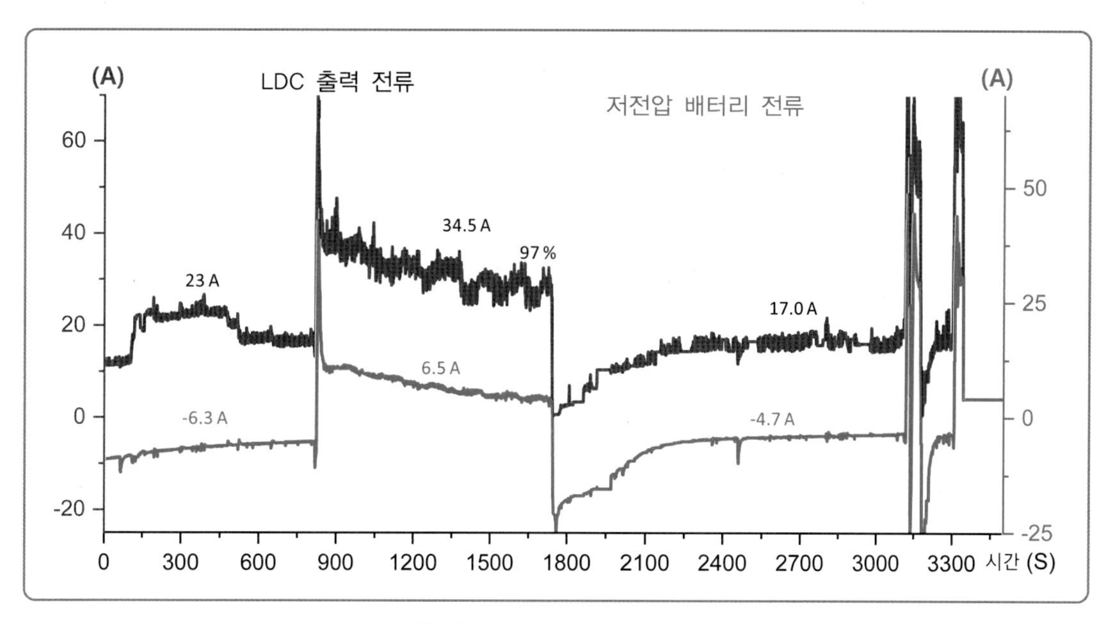

Fig. 9 일반 도로 주행 시 LDC 출력 전류와 저전압 배터리 전류 변화량

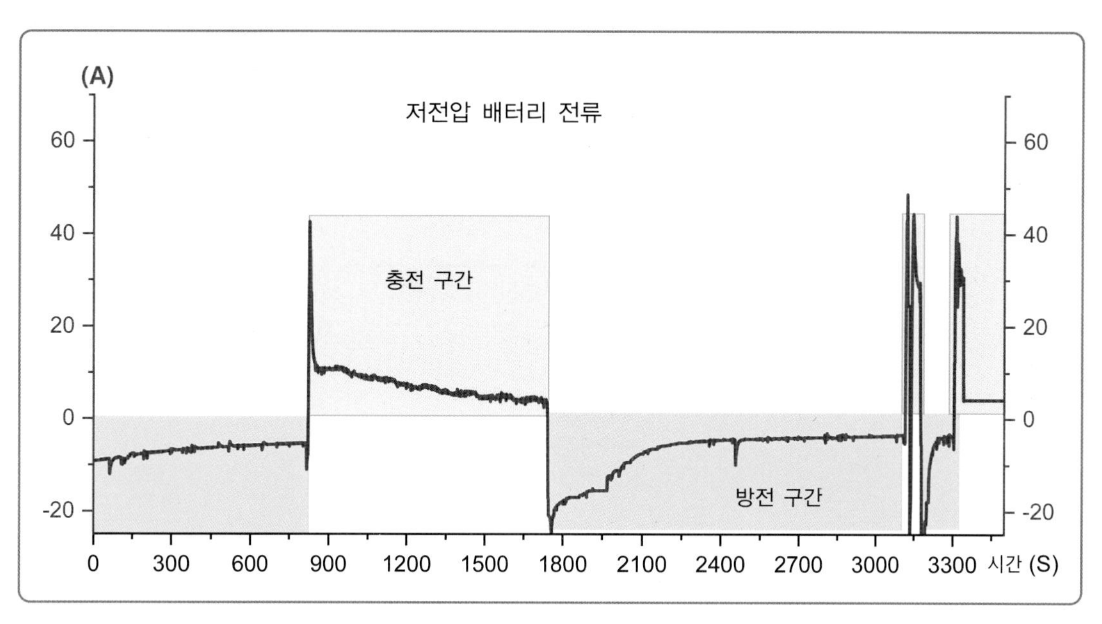

Fig. 10 저전압 배터리 전류 변화에 따른 충전 및 방전 구간

다. 완속 충전

■ 테스트 조건

차 종	현대 아이오닉 5 롱레인지
주행 조건	완속 충전
주행거리	67,048km
외기온도	21℃
측정시간	19,000초 (5시간 15분)

Fig. 11은 5시간 가량의 완속 충전 시 고전압 배터리팩에 충전되는 전류 변화를 보여준다. 차량은 정차된 상태에서 완속 충전으로 8A 정도의 낮은 전류로 안정적으로 충전이 이루어진다.

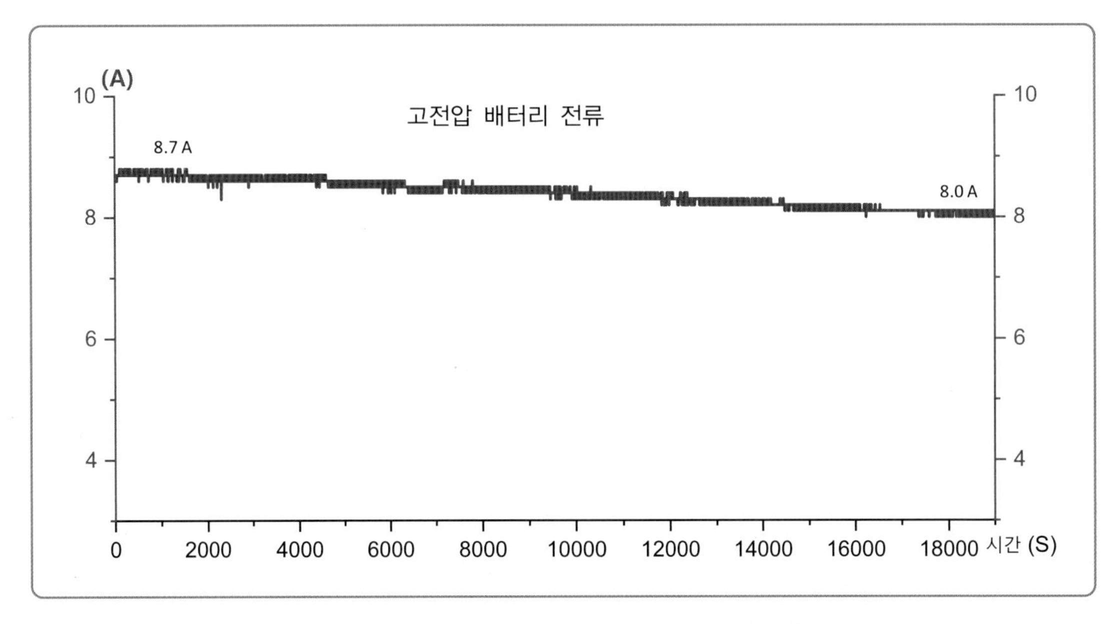

Fig. 11 완속 충전 시 고전압 배터리 전류 변화량

■ 측정 데이터 확인

Fig. 12는 완속 충전 시 저전압 배터리 충전량(SOC)이 92%에서 96%로 상승한 후 계속 유지된다. LDC 출력 전압은 14.5V에서 조금씩 낮아지다가 저전압 배터리 충전량(SOC)이 96% 되는 지점에서 13.1V로 낮아진 후 완속 충전이 끝나는 시간까지 계속 유지된다.

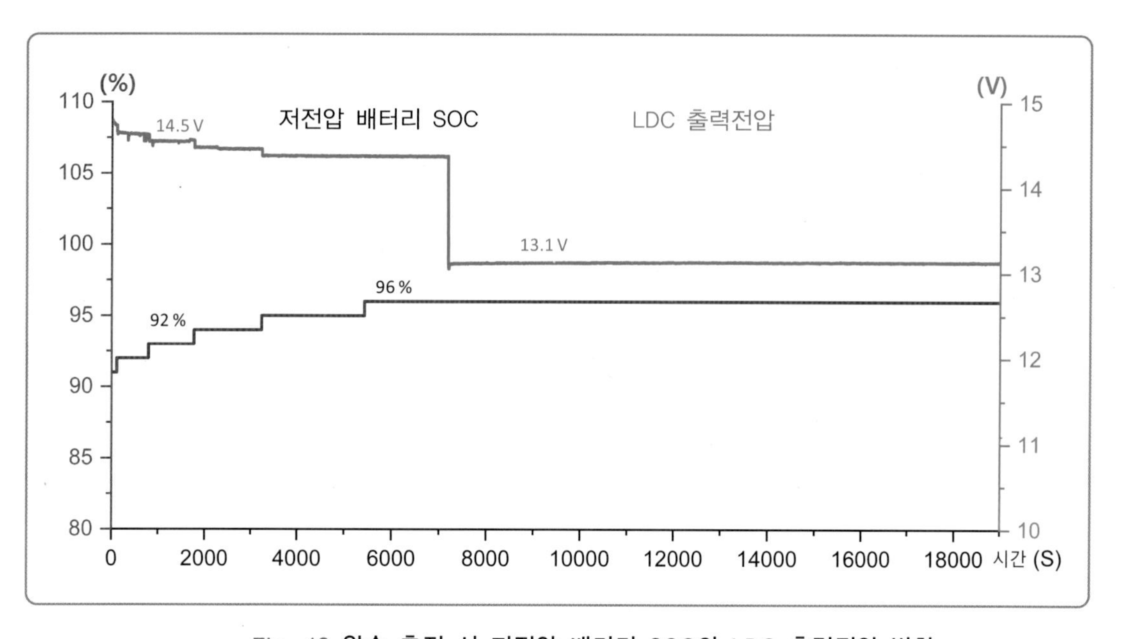

Fig. 12 **완속 충전 시 저전압 배터리 SOC와 LDC 출력전압 변화**

Fig. 13에서 저전압 직류 변환 장치(LDC) 출력 전류가 11.2A에서 8.2A까지인 구간에서는 저전압 배터리는 충전되는 구간이며, 8.2A가 된 이후부터는 저전압 배터리 전류는 0.0A를 안정적으로 유지하는 것을 알 수 있습니다. 저전압 직류 변환 장치(LDC)는 저전압 배터리가 어느 정도 충전이 된 이후에는 완속 충전에 필요한 제어기와 시스템 부품들이 필요로 하는 전류인 8.2A만 출력되므로 저전압 배터리는 더 이상 충전이나 방전은 되지 않는다.

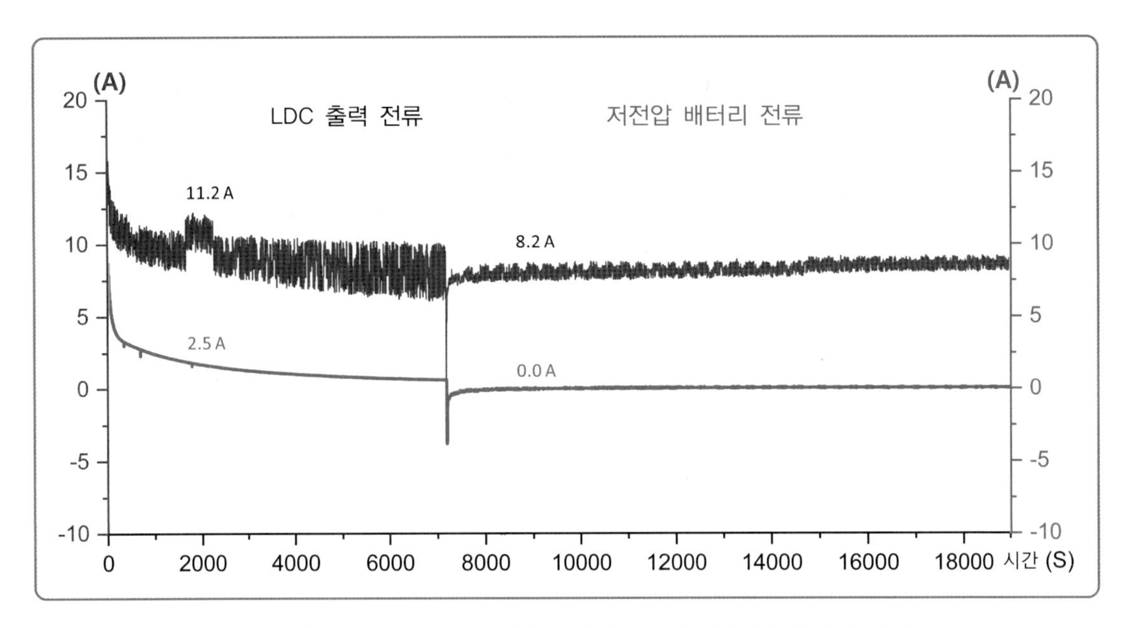

Fig. 13 **완속 충전 시 LDC 출력 전류와 저전압 배터리 전류 변화량**

Fig. 14에서 LDC 출력 전류가 11.2A에서 8.2A까지의 구간에서는 저전압 배터리가 충전되는 단계이며, 8.2A 이후에는 저전압 배터리 전류가 0.0A로 안정적으로 유지되는 것을 확인할 수 있다. 저전압 직류 변환 장치(LDC)는 어느 정도 충전된 이후에는 완속 충전에 필요한 제어기와 시스템 부품들이 필요한 전류로써 8.2A만을 출력하므로, 이후에는 저전압 배터리가 더 이상 충전이나 방전되지 않는다.

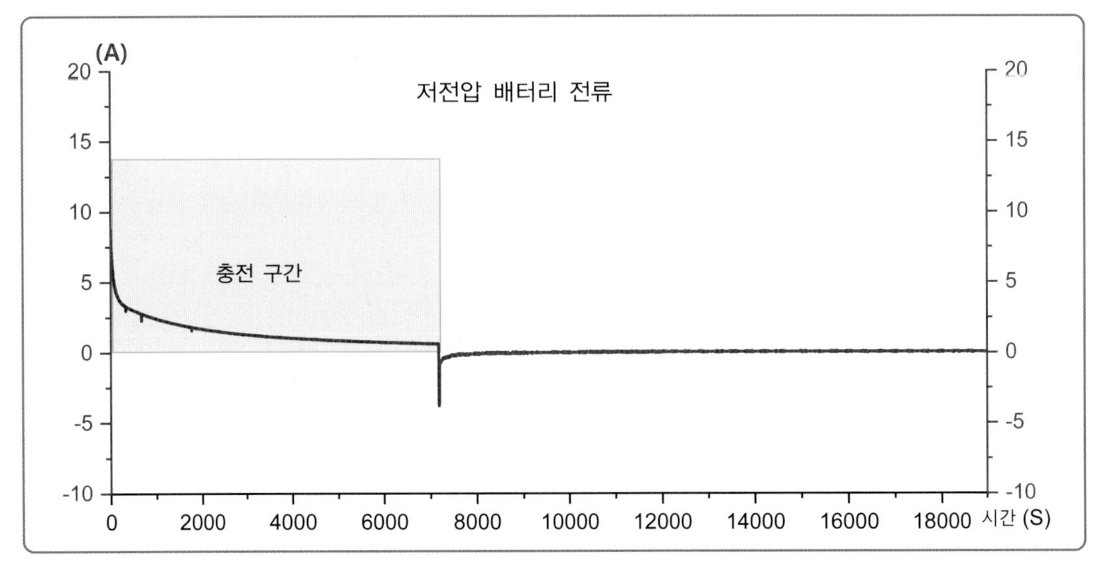

Fig. 14 **저전압 배터리 전류 변화에 따른 충전과 방전 구간**

라. 요 약

저전압 배터리와 저전압 직류 변환 장치(LDC)는 충전 및 방전 과정은 저전압 배터리의 충전량(SOC)과 관계가 깊다. 저 전류 직류 변환 장치(LDC)는 SOC가 97%에 이를 때까지 차량 운전에 필요한 전류를 출력하고, 그 이상이 되면 일시적으로 작동을 멈춘다. 저 전압 직류 변환 장치(LDC)가 잠시 비활성화되는 구간에서는 저전압 배터리에서 시스템에서 필요로 하는 전류를 공급한다.

저전압 배터리와 저전압 직류 변화장치(LDC)를 정확히 진단하기 위해서는 저전압 배터리의 전압과 함께 전류를 고려해야 합니다. 저전압 직류 변환 장치(LDC)에서 출력되는 전류의 크기에 따라 전압이 바뀌게 되므로 단순히 전압의 크기만을 가지고 충전과 방전 여부를 판단하기에는 충분하지 않다. 또한 테스트를 통해 확인된 것처럼 저전압 배터리 충전 및 방전은 저전압 배터리의 충전량(SOC)과 밀접한 관계가 있으므로 시스템 진단 시 같이 확인이 필요한 항목이다.

추가 테스트

모든 전기자동차가 저전압 배터리 충전량에 따라 저 전류 직류 변환 장치(LDC)를 동작시키는 것은 아니다. Fig. 15는 현대자동차 KONA 전기자동차의 완속 충전 시 저전압 배터리 전압의 변화를 나타낸다. 고전압 배터리 SOC가 15%에서 90%까지 충전되는 과정에 저 전류 직류 변환 장치(LDC)는 1시간 단위로 동작하는 것을 확인할 수 있다.

저 전류 직류 변환 장치(LDC) 동작 방식은 차량의 특성과 제조사의 정책에 따라 다르며, 이러한 동작 방식에 따라 차량의 성능과 배터리 수명, 에너지 효율도 달라진다.

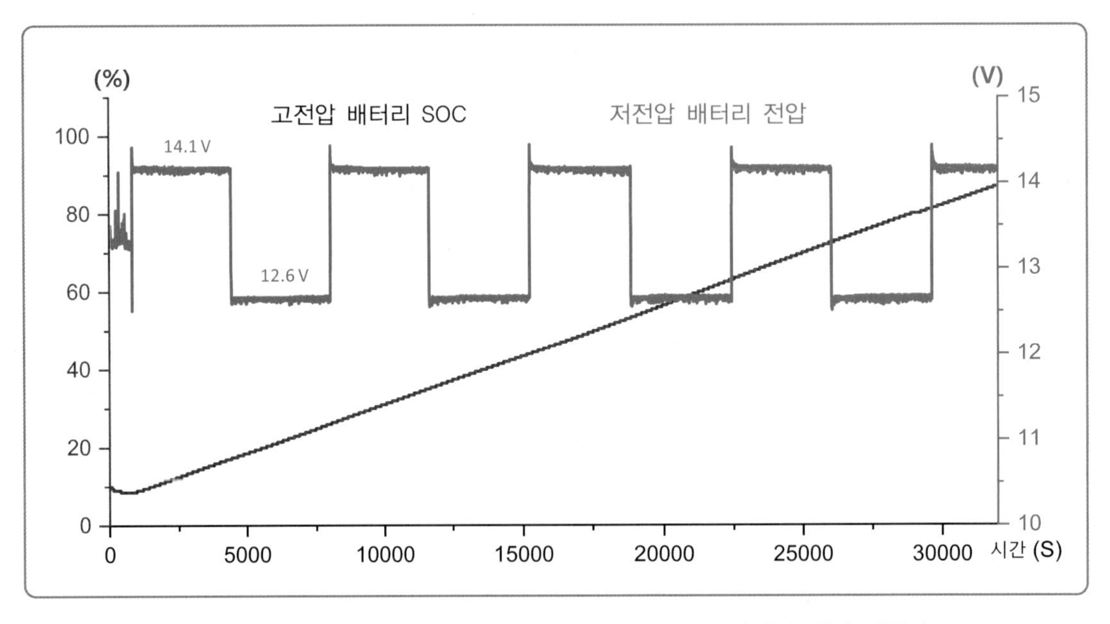

Fig. 15 KONA 전기자동차의 완속 충전 시 저전압 배터리 전압 변화량

보조 배터리

34 장기 주차 시 저전압 배터리 방전이 될까?

전기자동차에는 두 개의 배터리를 사용한다. 구동 모터 및 히팅 & 난방 시스템 구동에 필요한 전원을 공급하는 고전압 배터리와 고전압 시스템을 제어하는 각종 제어기 및 액추에이터에 전원을 공급하는 저전압 배터리로 구분된다.

내연기관에서는 엔진 작동 시 제너레이터에서 저전압 배터리에 전력을 공급해 주지만 전기자동차에는 제너레이터 대신 저전압 직류 변환 장치(LDC)가 고전압 배터리의 전력을 보조 배터리(14V) 전력(DC)으로 변환시켜 준다.

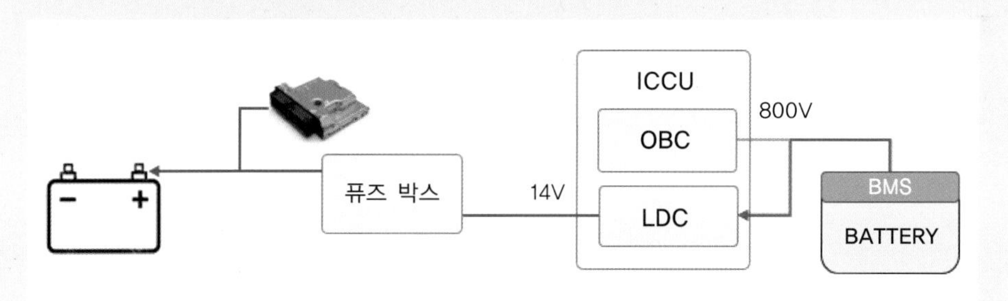

Fig. 16 통합 충전기 및 컨버터 유닛(ICCU)

내연기관에 장착된 제너레이터는 엔진이 가동되는 조건에서만 전력을 생성하므로 시동이 꺼진 상태에서는 전력을 제공하지 못한다. 따라서 시동이 꺼진 상태에서는 저전압 배터리에 저장된 전력만을 사용하여 차량의 점화장치, 제어기, 그리고 편의장치에 제공해야 한다.

이러한 시스템 구조로 인해, 블랙박스나 미등이 작동된 상태로 장기 주차 시 저전압 배터리가 방전되거나, 추운 겨울철에 성능이 저하되어 시동이 걸리지 않는 경우가 종종 있다.

반면에 전기자동차는 고전압 배터리의 전력을 활용할 수 있어 저전압 배터리 방전을 방지하는 기능이 있다. 이를 통해 전기자동차는 외부 상황에 따라 발생할 수 있는 시동 문제는 거의 없다.

가. 테스트 조건

차 종	현대 아이오닉 5 롱레인지
측정조건	Key OFF 후 주차
측정시간	24,500초 (6~7시간)

저전압 배터리에 외부 DC-AC 인버터를 설치하고, 이 인버터에 선풍기 및 다른 장비를 연결하여 전력이 지속해서 소모될 수 있도록 하였다.

구체적인 설치는 Fig. 17 사진과 같다. 그리고 차량의 문을 잠그고 주차된 상태에서 저전압 배터리의 전압을 장시간 모니터링하였다.

Fig. 17 **저전압 배터리 방전을 위한 테스트 환경**

나. 측정 데이터 확인

저전압 배터리에 장착된 데이터 로거를 통해 지속해서 전압을 모니터링하였다. 장기 주차 시 저전압 배터리의 전압이 11.8V까지 떨어지면, 저전압 직류 변환 장치(LDC)가 10분간 작동하여 저전압 배터리를 충전한 후 비활성화된다. 충전 시 저전압 배터리 전압은 14.1V까지 상승한다.

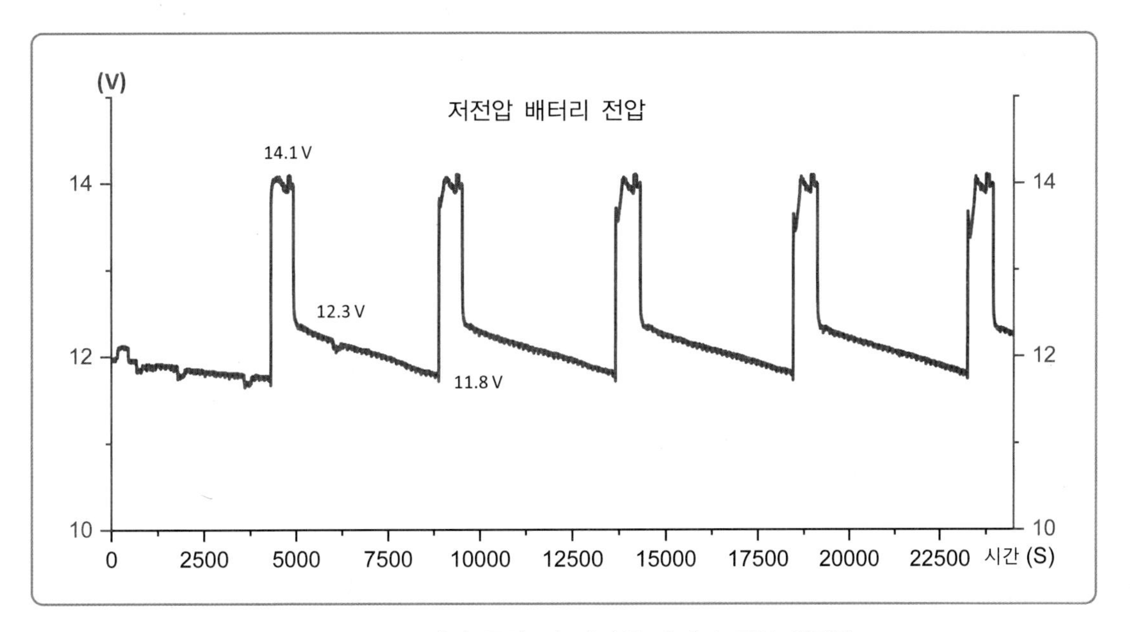

Fig. 18 **장기 주차 시 저전압 배터리 전압 변화량**

다. 요 약

전기자동차에 고전압 배터리가 장착되어 있으며, 이로 따라 내연기관이 적용된 차량에서는 구현할 수 없는 기술들이 적용된 것을 확인할 수 있다. 전기자동차에서는 미등을 켜 놓거나 주차하거나, 저전압 배터리 성능 저하가 있더라도 고전압 배터리의 전력을 이용하여 저전압 배터리를 상시 모니터링하면서 자동으로 충전을 시키는 기능이 구현되어 있으므로 저전압 배터리 방전으로 인한 어려움은 없어 보인다.

전기자동차에는 고전압 배터리가 장착되어 있어 내연기관이 적용된 차량에서는 구현할 수 없는 기술이 적용되어 있다. 전기자동차에서는 주차 중이거나 미등이 켜져 있을 때, 또는 저전압 배터리의 성능이 저하되었을 때 고전압 배터리의 전력을 활용하여 저전압 배터리를 상시 모니터링하면서 자동으로 충전하는 기능이 구현되어 있다. 이로 따라 저전압 배터리 방전으로 인한 어려움은 예방할 수 있다.

TIP

Fig. 19는 저전압 배터리 전류 센서에 대한 회로도 및 센서 형상이다. 이 센서는 저전압 배터리의(−) 단자에 부착되어 있다. 저전압 배터리에 충전 및 방전이 발생할 때, (−)단자에 흐르는 전류와 전압, 그리고 저전압 배터리의 온도를 측정하여 LIN 통신 방식으로 실시간으로 인텔리전트 파워 스위치(IPS)에 전송한다.

인텔리전트 파워 스위치(IPS)는 이 정보를 활용하여 저전압 배터리의 전류, 전압, 온도를 모니터링하고 현재 충전량을 계산한다. 이 결괏값은 CAN 통신을 통해 차량 제어 유닛(VCU)에 전송되며, 차량 제어 유닛(VCU)에서는 고전압 배터리 충전 상태, 저전압 배터리 충전 상태, 및 차량 상태를 모니터링한 후 LDC 작동 여부에 관한 명령 메시지를 통합 충전기 및 컨버터 유닛(ICCU)에 전송한다. 그리고 통합 충전기 및 컨버터 유닛(ICCU)은 이 요청 메시지에 따라 직류 전류 변환 장치(LDC)를 작동시킨다.

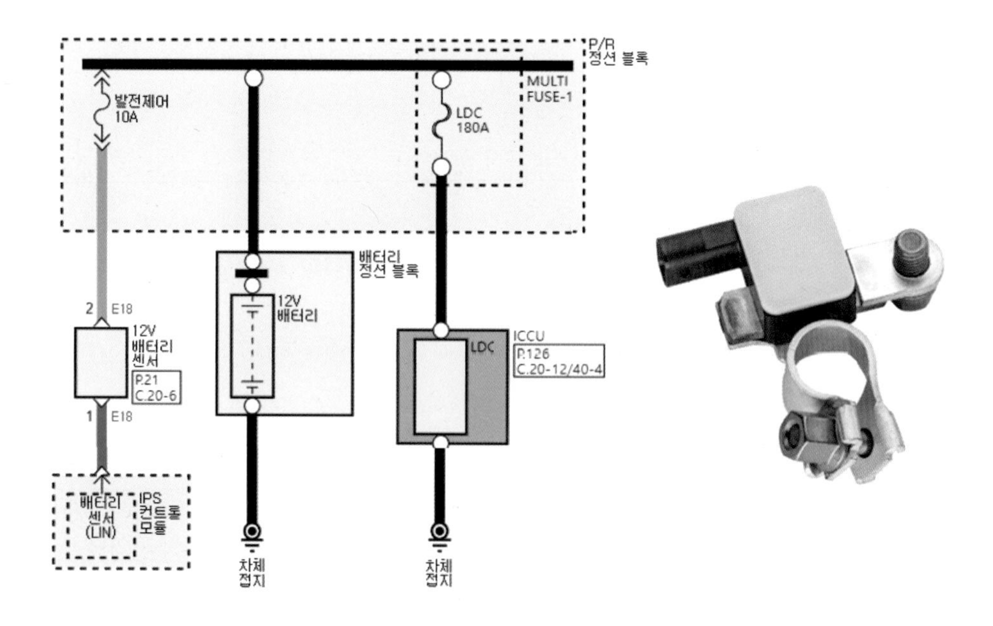

Fig. 19 **배터리 센서 회로도와 형상**

PART

06 부 록

전기자동차 데이터

01 빅데이터 분석을 위한 전처리 프로세스를 알아보자

고전압 배터리 성능평가는 현재 전기자동차 산업에서 핵심 이슈 중 하나로 간주된다.

먼저, 전기자동차의 가격 결정에 많은 부분을 차지한다. 배터리는 전기차의 주요 구성 요소 중 하나이며, 차량의 성능과 주행 거리에 직접적인 영향을 미치기 때문에 가격 결정에 큰 영향을 미친다. 따라서 배터리의 성능이 우수하면 차량의 가치가 높아지고, 반대로 성능이 저하되면 차량의 가치도 감소하게 된다.

또한, 사고 시 배터리 교체 비용은 상당히 과다하다. 전기차의 배터리는 비용이 매우 비싸며, 사고로 인해 손상된 배터리를 교체해야 할 경우 큰 비용이 소요된다. 배터리의 성능평가는 차량 소유자들에게 금전적인 부담을 덜어주는 역할을 한다.

중고차 거래 시에도 전기자동차의 가격 산정에는 배터리의 성능이 매우 중요합니다. 중고 전기차의 경우 배터리 용량과 성능이 중요한 판매 요소 중 하나이며, 배터리의 상태에 따라 차량의 시세가 크게 좌우된다.

마지막으로, 폐배터리의 재활용을 위해서도 배터리의 성능 평가가 필요하다. 수거된 배터리를 재활용하기 위해서는 그 성능과 상태를 정확하게 파악하는 것이 매우 중요하다. 배터리의 성능이 높으면 재활용 가능성도 높아지며, 이는 자원을 더욱 효율적으로 활용할 수 있음을 의미한다.

이러한 이유로 배터리 성능평가는 전기자동차 산업 및 시장에서 중요한 역할을 한다. 향후 배터리 기술의 발전과 함께 배터리 성능평가가 더 정확하고 효율적으로 이루어질 수 있도록 많은 노력이 계속되고 있다.

빅데이터를 활용한 성능평가에서 중요한 부분 중 하나는 데이터 전처리 과정이다. 데이터 전처리는 수집된 데이터를 정제하여 유효한 정보를 추출하기 위한 데이터베이스를 만드는 작업 과정이다. 자동차에서 취득되는 데이터는 다양한 운행 환경에서 취득되기 때문에 원하는 형태의 데이터를 획득하기 위해서는 다양한 경우에 대한 전처리 과정이 필요하다.

이 장에서는 전기 자동차의 운행 데이터를 활용하여 배터리 성능평가 알고리즘을 개발하는 과정에 필요한 데이터 전처리 방법을 소개하고자 한다. 이를 통해 자동차에서 취득되는 데이터들의 특성을 이해할 수 있기를 바란다.

가. 데이터 내용

차 종	현대 전기 포터
데이터 측정 기간	8개월
총 주행거리	12,000km

분석에 활용된 소스는 250여 개 가량의 변수를 1Hz 속도로 측정한 데이터이다. 이 데이터는 영업 운행하는 차량에서 수집되었으며, 충전 시간을 포함하여 평균적으로 하루에 10시간 가량 데이터가 수집되었다. 이렇게 수집된 데이터는 8개월 동안 계속해서 축적되어, 전체 데이터는 행의 수로는 5억 줄 이상에 이르는 매우 큰 데이터량이다.

5억 줄이 넘는 행을 처리하는 과정에 다양한 이슈가 발생하였다. 발생 된 이슈사항을 살펴보고 처리하는 과정을 설명하고자 한다.

Fig. 1 분석에 사용된 주요 변수

항목 변수명(한글)	항목 변수명(영어)
주행 마일리지	Cluster_Mileage
누적 충전 전류	BMS_Accumulated Charge Current
누적 방전 전류	BMS_Accumulated Discharge Current
배터리 셀 1번 전압	BMS_Cell Voltage_001
BMS 충전량	BMS_SOC
배터리 셀 온도 1번	BMS_Cell001
차량 속도	Vehicle Speed_STD

이슈 사항 1

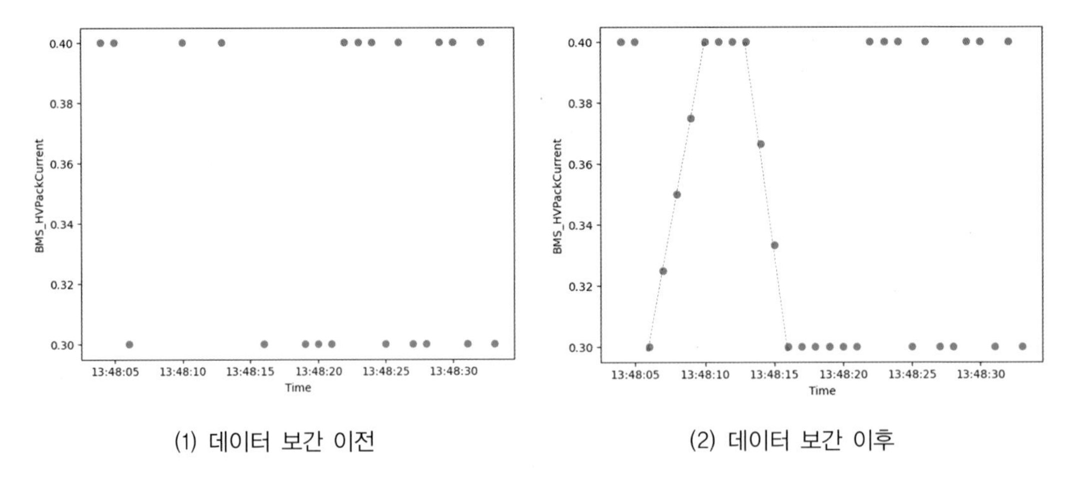

(1) 데이터 보간 이전　　　　(2) 데이터 보간 이후

Fig. 2 **결측 데이터 유형 1**

운행하는 차량에서 취득되는 모든 데이터는 1Hz로 세팅되어 데이터를 취득하고 있다. 200여 개의 신호를 1초에 1개씩 받은 데이터들은 서버에 시계열로 자동 저장된다. 하지만 Fig.2의 (1)번에서 보듯이 간헐적으로 데이터가 누락되는 경우가 있다.

데이터가 누락되는 원인 중 하나는 차량 제어기에서 데이터 로거에 데이터를 제공하는 과정에서 약간의 지연이 발생하는 경우이다. 데이터 로거는 차량 제어기와 통신하며 필요한 데이터를 취득하는데, 이 과정에서 차량 상태에 따라 데이터를 받아오는데 시간이 미묘하게 지연되어 그 구간의 데이터가 유실된다. 또 다른 원인으로는 차량이 통신 음영 지역을 통과할 때 데이터가 순간적으로 유실될 수 있다.

Fig.2의 (1)번과 같이 데이터가 유실되어 결측이 발생되는 경우 선행 보간(Linear Interpolation)을 이용하여 결측 데이터 보간하였다. 그리고 그 결과는 Fig. 2의 (2)와 같다.

이슈 사항 2

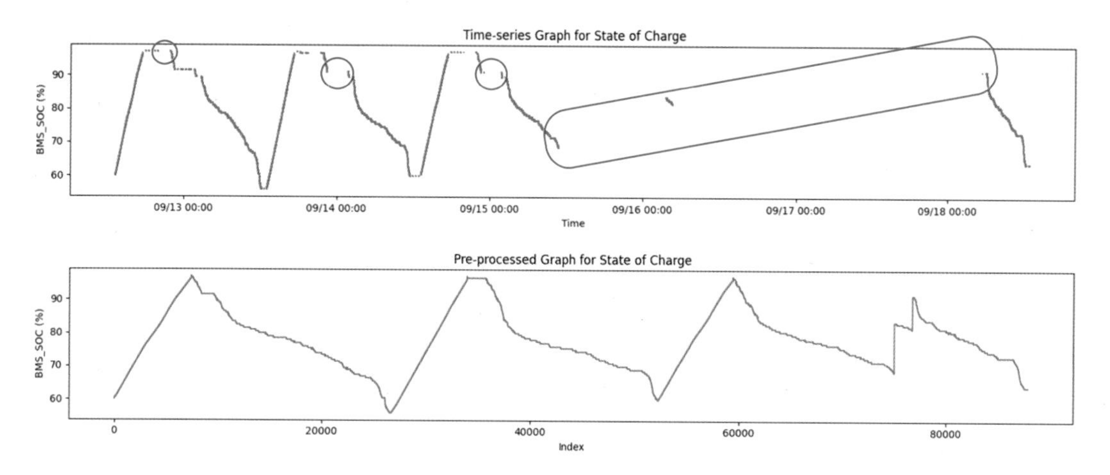

Fig. 3 **결측 데이터 유형 2**

Fig. 3은 일주일간의 BMS_SOC(%) 데이터를 시계열로 표시한 그래프이다.

BMS_SOC(%)가 상승하는 경우는 충전 구간이며, 하락하는 경우는 방전 구간이다. 그래프에서 BMS_SOC(%) 데이터를 살펴보면, 충전하는 구간의 데이터는 끊김없이 측정 되었으나 방전 구간에서는 데이터가 끊기는 것을 확인할 수 있다.

작은 원으로 표시된 구간은 차량이 운행하지 않은 구간으로 차량에서 측정된 데이터가 없는 경우이다. 그러므로 데이터 측정이 없는 시간을 삭제하고 데이터를 이어 붙이면 된다. 큰 타원으로 표시된 구간은 이틀간의 모든 데이터가 유실된 경우이다. 이런 경우 해당 사이클을 예외 처리하고 다음 충·방전 사이클을 이어 붙인다.

데이터 누락으로 인한 결측치를 처리하고 데이터를 이어서 붙이면 Fig. 3의 두 번째와 같이 표시된다.

이슈 사항 3

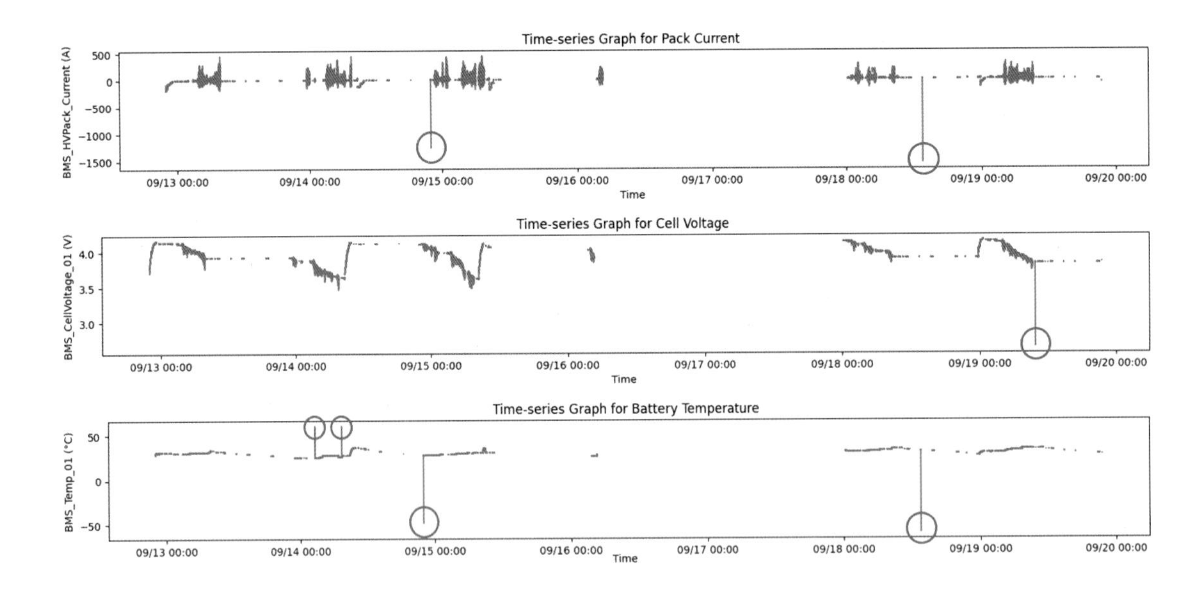

Fig. 4 **이상치 데이터 처리**

Fig. 4 데이터를 살펴보면, 가끔 차량에서 측정될 수 없는 값들이 확인된다. 이러한 현상은 차량에서 시동 ON/OFF 시 비정상적인 데이터가 간헐적으로 생성되거나, 정상적인 데이터를 취득했더라도 데이터 처리하는 과정에서 발생할 수 있다. 이러한 이상치 데이터가 발견되는 경우에는, 각 신호에 대한 하한값(MIN)과 상한값(MAX)을 설정하여 이를 벗어나는 값들을 예외 처리한다.

이슈 사항 4

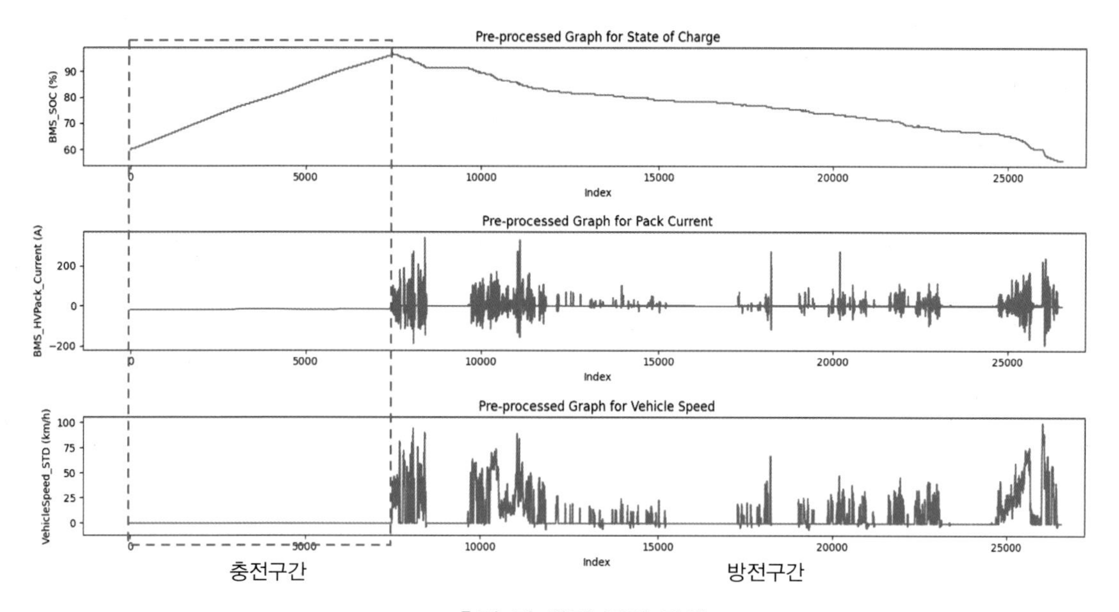

Fig. 5 **충전 및 방전 구간 정의**

Fig. 5는 하나의 충전 및 방전 사이클을 그래프 하나에 나타낸 것이다.

초기에는 BMS_SOC(%) 값을 기준으로 충전 및 방전 구간을 구분하였다. 그러나 차량이 주행 중임에도 불구하고 간헐적으로 BMS_SOC(%) 값이 미세하게 상승하는 현상을 발견되었다. 이는 회생제동으로 생성된 전류가 배터리에 충전되면서 발생하는 현상이다.

이러한 이슈를 해결하기 위해 Vehicle Speed_STD 값을 사용하였다. Vehicle Speed_STD 값이 0km/h를 나타내고 동시에 BMS_HVPack Current(A)가 음의 값을 나타내는 구간을 충전 구간으로 정의했으며, 그 외의 구간을 방전 구간으로 간주하였다.

참고로 BMS_HVPack Current(A)은 고전압 배터리팩 입구에 위치한 전류센서로, 배터리팩에 전류가 충전되면 (-)값을 나타내고, 방전되면 (+) 값을 나타낸다.

이슈 사항 5

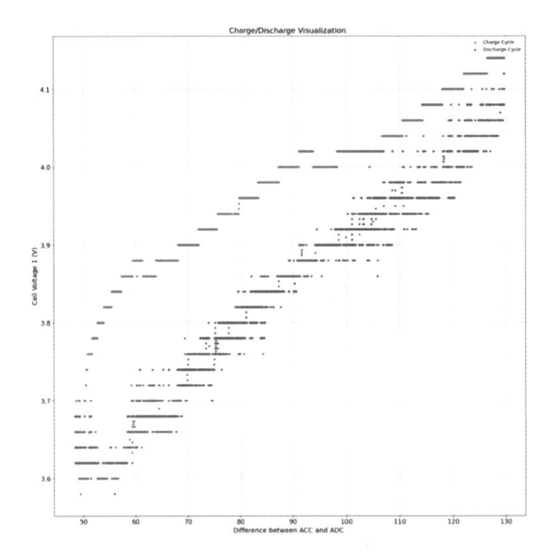

(1) 시작과 종료가 비슷함

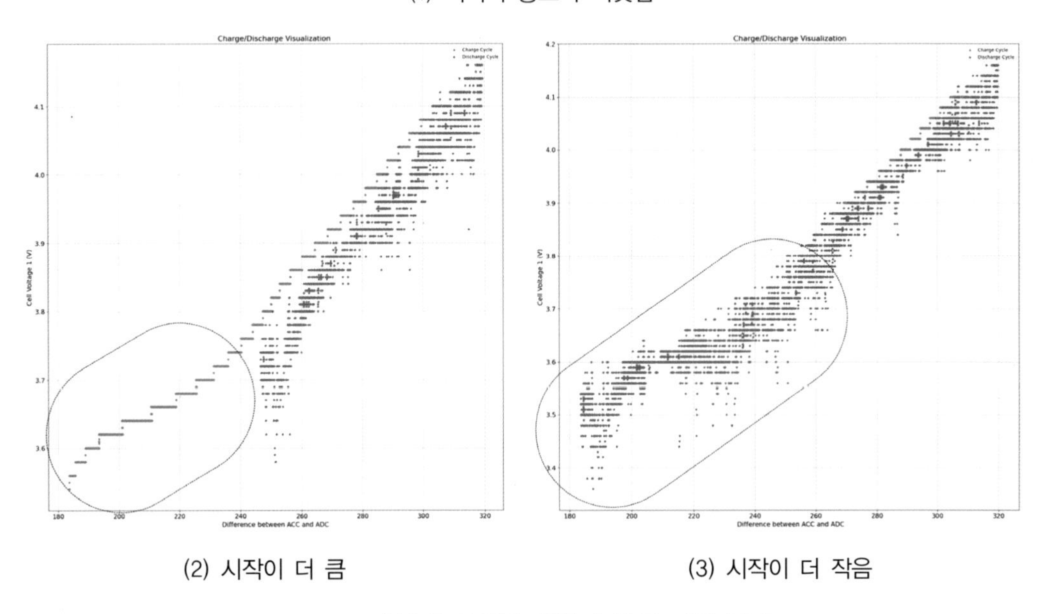

(2) 시작이 더 큼　　　　(3) 시작이 더 작음

Fig. 6 **충방전 사이클 시작과 종료 기준 정의**

고전압 배터리에 충전되는 총 전류량과 방전되는 총 전류량 데이터 차이 변화를 검토하였다. 이론적으로 동일한 BMS_SOC(%)에서 충전되는 총 전류량과 방전되는 총 전류량은 동일해야 한다. 그러나 주행거리가 증가함에 따라 두 값의 차이가 커지는 것을 발견하였다. 이러한 차이의 변화를 확인하기 위해, 총 전류량 값의 차이를 X축으로 하고, BMS_Cell001(V)의 데이터를 Y축으로 하여 충전 및 방전을 한 사이클로 표시하였다. 충전 구간은 붉은색으로,

방전 구간은 파란색으로 구분하였다.

그러나 한 사이클 내에서 충전 및 방전 사이클의 시작과 종료 시점이 다르기 때문에, 예상대로 완벽한 그래프가 나오지 않았다. 실험실에서 측정되는 데이터는 충전과 종료 시점을 정확히 제어할 수 있지만, 실제 운행하는 차량은 충전 시작과 종료 시점을 임의로 조절할 수 없기 때문에, Fig. 6의 2번, 3번과 같은 패턴의 사이클이 확인되었다.

Fig. 6의 2번 사이클은 BMS_SOC(%)가 낮은 지점에서 충전한 후 짧은 거리를 주행하였다. 그리고 BMS_SOC(%)가 이전보다 높은 지점에서 충전을 한 결과, 충전 구간의 데이터가 상대적으로 길게 나타난다.

Fig. 6의 3번 사이클은 BMS_SOC(%)가 높은 지점에서 충전한 후 많은 거리를 주행하였다. 그리고 BMS_SOC(%)가 이전보다 훨씬 낮은 지점에서 다음 충전을 한 결과, 방전 구간의 데이터가 길게 나타난다.

임의적으로 제어할 수 없는 환경에서 데이터를 취득해야 하는 상황이다. 이러한 환경에서 충전과 방전을 하나의 사이클로 만들기 위해 BMS_SOC(%) 값이 동일한 지점을 기준으로 데이터를 표시하고 벗어나는 범위의 데이터를 예외 처리하였다. 그 결과로 Fig. 7과 같이 하나의 충방전 사이클을 그릴 수 있었다.

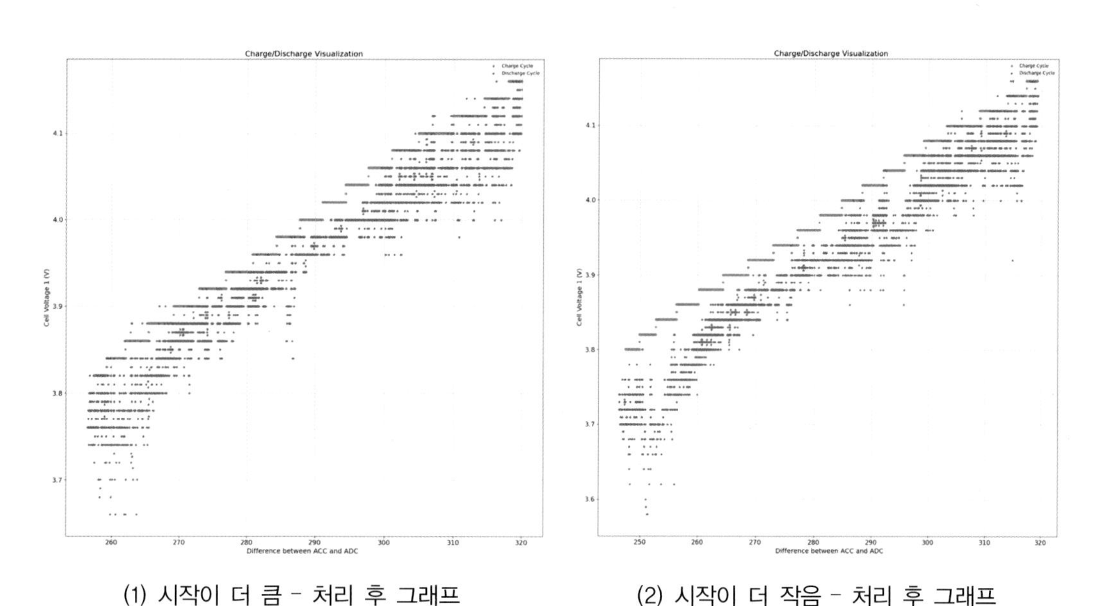

(1) 시작이 더 큼 - 처리 후 그래프

(2) 시작이 더 작음 - 처리 후 그래프

Fig. 7 데이터 처리 후 완성된 충방전 사이클

결론

차량 운행 데이터를 분석하여 성능 분석 알고리즘을 개발하기 위해서는 잘 정제된 데이터를 기반으로 이루어져야 한다. 만일 정제되지 않은 데이터를 그대로 사용할 경우 알고리즘의 결과가 부정확하고 신뢰성이 떨어진다.

이번 장에서 배터리 성능 알고리즘 개발을 위해 차 한 대에서 측정한 데이터를 정제하는 과정을 예제로 사용하였다. 차 한 대에서 취득한 데이터였지만 정제하는 과정에서 다양한 이슈들이 발견되었다. 일반적인 IoT 디바이스는 고정된 장소나 설비에 장착되며 자동차 운행 데이터와 비교 시 극히 소량의 데이터만을 전송한다. 하지만 자동차 운행 데이터는 계속 움직이고 운전자를 포함하여 외부 환경에 따라 다르게 반응하는 자동차에서 취득되기 때문에 예상치 못한 경우의 수가 너무 많다. 차량 대수가 늘어나거나, 적용된 시스템이 다른 경우를 고려하면 데이터를 정제하고 분석하는 과정은 더욱 복잡해진다.

알고리즘 개발 및 AI 학습을 위해 반드시 선행돼야 하는 데이터 정제 이슈들을 해결하기 위해서는 빅데이터를 처리할 수 있는 IT 전문가뿐 아니라 자동차 시스템에 대한 정확한 지식과 경험을 보유한 데이터 사이언티스트의 협업이 필수적이다. 또한 두 전문 분야를 필요로 하는 시장이 열릴 것이라 기대해 본다.

02 차량 신호 측정값

차량 진단기를 활용하여 전기자동차의 핵심 시스템에서 확인된 신호들을 정리하였다. 전체적으로 7가지의 환경에서 측정되었으며, 측정환경에 따라 신호의 변화량을 확인할 수 있다.

각 조건에서 측정된 값들은 시스템 진단 시 참고할 수는 있지만, 절대적인 값은 아니다. 차량 및 주변 환경에 따라 측정값은 변할 수 있으므로 참고용으로 활용하기 바란다.

[측정 시스템]

1. 에어컨 시스템
2. ICCU (통합충전제어장치)
3. 구동모터 시스템
4. VCMS(충전관리제어기)
5. 고전압 배터리 시스템

[측정 조건]

A : IG 스위치 ON 상태

B : Ready 상태

C : 계기판 차량 속도가 100 km/h 인 지점

D : 완속충전 상태에서 SOC가 80% 인 지점

E : 급속충전 상태에서 SOC가 80% 인 지점

F : 정차된 상태에서 AC 작동 상태

G : 정차된 상태에서 히터 작동 상태

1. 에어컨 시스템

신호명 (국문)	단위	측정 조건						
		A	B	C	D	E	F	G
조수석 토출구 위치센서		1.0	1.0	1.0	1.0	1.0	1.0	1.0
자동 습기 제거 토출구 위치센서	%	32.5	49.0	48.6	32.9	32.5	33.3	49.4
자동 습기제거 센서	%	24.0	34.0	32.0	53.0	48.0	34.0	34.0
BLDC모터 스피드	A	0.0	0.0	0.0	0.0	0.0	0.0	0.0
BLDC모터 전류	rpm	0.0	0.0	0.0	0.0	0.0	0.0	0.0
배터리 냉각용 EXV전자식 팽창밸브 작동상태		1.0	1.0	1.0	1.0	0.0	0.0	1.0
에어컨 냉매압력 절대값	kgf/cm^2	6.8	10.0	8.6	6.8	12.4	15.4	14.6
컴프레셔 작동상태		0.0	0.0	0.0	0.0	1.0	1.0	1.0
냉각수밸브#1 작동상태		1.0	1.0	1.0	1.0	1.0	1.0	1.0
DEHUM 전자식 팽창밸브 동작상태		0.0	0.0	0.0	0.0	0.0	0.0	0.0
덕트센서 운전석 Vent	℃	28.0	35.0	21.5	32.5	28.5	15.5	39.5
덕트센서 운전석 Floor	℃	21.0	29.5	19.5	35.0	24.0	7.5	29.5
증발기 센서	℃	13.0	19.5	24.5	29.0	15.0	2.5	10.5
운전석 HVPTC 작동상태		0.0	0.0	0.0	0.0	0.0	0.0	0.0
조수석 HVPTC 작동상태		0.0	0.0	0.0	0.0	0.0	0.0	0.0
고압 냉매 온도	℃	44.0	71.0	55.0	33.0	68.0	87.5	87.5
내외기 액추에이터 위치센서	%	6.3	5.5	82.0	94.9	5.5	94.5	6.3
실내 온도센서 Front		28.5	32.0	24.0	31.0	28.5	23.5	30.5
서압 냉배 온도	℃	26.0	35.0	32.5	33.0	14.0	17.5	36.0
저압센서 절대압력	kgf/cm^2	4.0	5.4	5.8	6.8	3.6	2.0	2.8
외기 온도센서	℃	25.0	27.0	29.5	24.5	24.5	27.0	27.0
운전석 토출구 위치 센서	%	55.3	34.9	55.3	55.3	6.3	14.9	34.9
조수석 토출구 위치 센서	%	100.0	100.0	100.0	100.0	100.0	100.0	100.0
REF밸브 작동상태		0.0	0.0	0.0	0.0	0.0	0.0	0.0
SOL밸브 EVAP		0.0	0.0	0.0	0.0	0.0	0.0	0.0
운전석 일사량 센서	V	0.9	0.0	0.6	0.0	0.0	0.0	0.0
운전석 온도조절 액추에이터 위치센서	%	43.1	6.7	6.3	40.0	6.3	6.3	36.1

〈비고〉

- 에어컨 컴프레셔는 AC 및 히터 작동 시 동작하며, 충전 시 고전압 시스템 냉각을 위해 작동되는 경우가 있음.
- 에어컨 냉매 압력_절댓값과 저압 센서_절대압력은 에어컨 시스템의 고압 라인과 저압 라인의 냉매 압력을 의미하며 두 작동값을 통해 에어컨 냉매량과 에어컨 컴프레셔 성능을 확인할 수 있음.

2. ICCU (통합충전제어장치)

신호명 (국문)	단위	측정 조건						
		A	B	C	D	E	F	G
보조배터리 센서 전류	A	– 8.3	0.8	– 12.1	1.0	1.0	2.1	0.5
보조배터리 센서 SOC	%	93.0	100.0	97.0	94.0	99.0	99.0	100.0
보조배터리 센서 온도	℃	27.5	42.5	40.5	32.0	36.0	42.5	44.5
보조배터리 센서 전압	V	12.5	13.8	12.7	13.0	14.3	13.8	13.8
LDC입력 전압	V	9.3	635.8	665.5	720.0	743.7	634.1	632.7
LDC출력 전류	A	0.0	17.3	5.5	8.8	52.1	56.7	40.1
LDC출력 전압	V	12.5	13.9	12.7	13.1	14.6	14.1	14.0
LDC파워모듈 온도	℃	33.0	50.0	42.0	53.0	56.0	63.0	56.0
LDC구동 전압	V	12.3	13.7	12.6	12.6	14.1	13.8	13.7
OBC AC전류A RMS	A	0.2	0.0	0.0	15.5	0.2	0.0	0.0
OBC AC전류B RMS	A	0.3	0.0	0.0	15.7	0.2	0.0	0.0
OBC AC총전류 RMS	A	0.0	0.0	0.0	31.2	0.0	0.0	0.0
OBC AC주파수	Hz	0.0	0.0	0.0	60.0	0.0	0.0	0.0
OBC AC전압A RMS	V	0.6	0.0	0.0	214.6	0.6	0.0	0.0
OBC 충전모드 DC지령 전류	A	0.0	0.0	0.0	8.6	0.0	0.0	0.0
OBC 충전모드 DC지령 전압	V	9.1	636.2	664.6	774.0	744.4	634.9	633.6
OBC DC전류A RMS	A	(0.0)	0.0	0.0	4.3	(0.1)	0.0	0.0
OBC DC전류B RMS	A	(0.2)	0.0	0.0	4.3	(0.5)	0.0	0.0
OBC DC총전류 RMS	A	0.0	0.0	0.0	8.6	0.0	0.0	0.0
OBC DC전압	V	9.2	636.9	665.8	721.0	744.4	634.7	632.7
OBC 내부DC 링크 전압		1.1	0.0	0.0	608.3	1.6	0.0	0.0
OBC 온도A		32.0	47.0	40.0	71.0	46.0	52.0	49.0
OBC 온도B		32.0	47.0	39.0	62.0	48.0	51.0	48.0
OBC V2L모드 AC지령 주파수	Hz	0.0	0.0	0.0	0.0	0.0	0.0	0.0
OBC V2L모드 AC지령 전압	V	0.0	0.0	0.0	0.0	0.0	0.0	0.0

〈비고〉

- 보조배터리센서 전류는 보조 배터리 (–)단자에 장착된 전류센서의 값을 의미하며 LDC작동으로 보조 배터리에 전류가 공급이 되면 (+)를 나타내며, 전류를 소모하면 (–)를 나타냄
- LDC 입력전압은 고전압 배터리와 연결된 부위이므로 고전압 배터리 전압과 유사한 값을 나타냄.
- LDC출력전류는 저전압을 사용하는 부품들의 소모 전류가 많은 경우 높게 나타남.

3. 구동모터 시스템

신호명 (국문)	단위	측정 조건						
		A	B	C	D	E	F	G
보조배터리 전압	V	12.2	13.4	12.4	12.7	14.1	13.4	13.4
커버 인터락 센싱 전압	V	12.7	13.9	12.8	13.1	14.4	13.9	13.9
인버터 DC 입력전압	V	9.4	637.2	665.5	718.7	746.2	635.4	633.4
구동모터 강제 구동상태		0.0	0.0	0.0	0.0	0.0	0.0	0.0
인터락 센싱 전압	V	1.3	1.3	1.2	1.3	3.0	1.3	1.3
인버터 온도	℃	39.7	47.7	39.1	50.3	47.7	53.5	50.5
구동모터 상전류 실효치	A	2.7	2.7	28.7	2.7	2.7	2.7	2.8
현재 구동모터 속도	rpm	0.0	0.0	7502	0.0	0.0	0.0	0.0
구동모터 온도	℃	61.4	37.9	58.4	41.2	52.0	38.1	38.8
현재 구동모터 출력 토크	Nm	0.0	0.0	26.5	0.0	0.0	0.0	0.0
목표 구동모터 토크 기준	Nm	0.0	0.0	26.5	0.0	0.0	0.0	0.0

〈비고〉

- 인버터 온도 상승 시 냉각시스템이 작동되어 일정 온도를 유지시켜 줌

4. VCMS(충전관리제어기)

신호명 (국문)	단위	측정 조건						
		A	B	C	D	E	F	G
AC인넷온도 1	℃	27.0	36.0	28.0	88.0	29.0	35.0	34.0
BMS지령 전류	A	0.0	0.0	0.0	37.0	150.0	0.0	0.0
BMS지령 전압	V	774.0	774.0	774.0	774.0	774.0	774.0	774.0
CP듀티	%	5.0	0.0	0.0	53.2	5.1	0.0	0.0
CP주파수	Hz	1000.0	0.0	0.0	1003.0	998.0	0.0	0.0
CP전압	V	5.8	0.7	0.7	5.9	6.0	0.7	0.7
DC인넷온도 1	℃	27.0	35.0	29.0	37.0	45.0	35.0	34.0
DC인넷온도 2	℃	28.0	36.0	29.0	36.0	45.0	35.0	34.0
EVSE 입력 출력	kW	0.0	0.0	0.0	0.0	115.0	0.0	0.0
EVSE 출력 전류	A	0.0	0.0	0.0	0.0	154.1	0.0	0.0
EVSE 전송 출력	Wh	250000.0	0.0	0.0	0.0	0.0	0.0	0.0
EVSE 출력 전압	V	48.0	0.0	0.0	0.0	751.0	0.0	0.0
고전압 배터리 SOC	%	5.0	15.5	53.5	80.0	79.0	15.0	13.5
고전압 배터리 전압	V	614.6	634.7	663.4	719.8	742.2	632.8	630.9
OBC충전 AC전류 지령	A	0.0	0.0	0.0	31.9	0.0	0.0	0.0
OBC충전 DC전류 지령	A	0.0	0.0	0.0	37.0	150.0	0.0	0.0
OBC충전 DC전압 지령	V	774.0	774.0	774.0	774.0	774.0	774.0	774.0
OBC방전 AC전류 지령	A	0.0	0.0	0.0	0.0	0.0	0.0	0.0
OBC방전 DC전류 지령	A	50.0	50.0	50.0	50.0	50.0	50.0	50.0
OBC방전 DC전압 지령	V	0.0	0.0	0.0	0.0	0.0	0.0	0.0
PD전압	V	1.5	4.4	4.5	1.5	1.5	4.4	4.5

〈비고〉

- BMS지령전류는 충전 시 BMS가 충전기에 요구하는 충전 전류를 의미함.
- CP듀티, CP주파수, CP전압을 통해 VCMS와 충전기 사이에 이루어지는 통신 상태를 확인할 수 있음.
- EVSE는 전력공급장치로 충전기를 의미한다. 급속충전 시 충전전류와 충전전압을 확인할 수 있음.
- PD전압의 변화량을 통해 충전기 연결 상태를 확인할 수 있음.

5. 고전압 배터리 시스템

신호명 (국문)	단위	측정 조건						
		A	B	C	D	E	F	G
보조 배터리 전압	V	12.4	13.4	12.3	12.6	13.6	13.4	13.4
누적 충전 전류량	Ah	4615.5	4375.3	4464.7	18078.4	4794.7	4375.3	4375.3
누적 충전 전력량	kWh	3242.5	3076.2	3138.7	12626.5	3368.0	3076.2	3076.2
누적 방전 전류량	Ah	4680.7	4429.1	4478.3	17969.0	4781.5	4429.9	4431.3
누적 방전 전력량	kWh	3189.4	3024.4	3058.2	12286.4	3256.3	3024.8	3025.7
누적 충전 에너지	kWh	1229.0	1174.0	1201.0	1824.0	1259.0	1174.0	1174.0
에어컨 컴프페서 RPM	rpm	0.0	0.0	0.0	0.0	3980	4220	4000
BMS 배터리 칠러 RPM 요청	rpm	0.0	0.0	0.0	0.0	4000	1200	0.0
배터리냉각수 인렛온도	℃	29.0	33.0	32.0	28.0	21.0	25.0	30.0
BMS 배터리 EWP RPM	rpm	0.0	1480.0	2000.0	0.0	3700.0	1480.0	1480.0
BMS 배터리 EWP RPM 요청	rpm	0.0	1500.0	2000.0	0.0	3700.0	1500.0	1500.0
배터리 LTR 후단온도	℃	30.0	44.0	38.0	29.0	39.0	48.0	46.0
배터리 외기온도	℃	26.0	36.0	29.0	30.0	33.0	39.0	38.0
배터리 잔량	Wh	2774	9490	33868	54272	51988	8988	8140
최대 셀전압 셀번호		56.0	40.0	42.0	118.0	25.0	58.0	58.0
최소 셀전압 셀번호		1.0	123.0	36.0	51.0	141.0	123.0	123.0
배터리 셀 1 ~ 180번	V	3.4	3.5	3.7	4.0	4.1	3.5	3.5
배터리 셀 181 ~ 192번	V	0.0	0.0	0.0	0.0	0.0	0.0	0.0
최대 셀전압	V	3.4	3.5	3.7	4.0	4.0	3.5	3.5
최소 셀전압	V	3.4	3.5	3.7	4.0	4.0	3.5	3.5
충전 횟수		34.0	34.0	34.0	217.0	34.0	34.0	34.0
목표 충전 전류	A	0.0	0.0	0.0	37.0	150.0	0.0	0.0
목표 충전 전압	V	0.0	0.0	0.0	774.0	774.0	0.0	0.0
최대 열화 셀번호		55.0	49.0	123.0	13.0	25.0	49.0	49.0
디스플레이 SOC	%	5.0	15.5	53.5	80.0	80.0	15.0	13.5
배터리 PRA 버스바 온도	℃	40.0	44.0	46.0	46.0	64.0	42.0	44.0
배터리팩 전류	A	0.0	0.4	29.2	− 8.4	−140.9	5.3	5.0
배터리팩 전압	V	614.6	634.7	663.7	719.8	741.6	632.7	630.9
히터 1 온도	℃	31.0	33.0	33.0	29.0	27.0	29.0	31.0

신호명 (국문)	단위	측정 조건						
		A	B	C	D	E	F	G
인버터 커패시터 전압	V	9.0	637.0	666.0	718.0	745.0	635.0	633.0
절연 저항	kΩ	3000	3000	3000	3000	3000	3000	3000
최대 충전 가능 파워	kW	253.0	253.0	253.0	227.7	132.3	253.0	253.0
최대 방전 가능 파워	kW	192.2	227.7	253.0	253.0	132.3	227.7	227.7
모터 회전수	rpm	0.0	0.0	7510.0	0.0	0.0	0.0	0.0
모터#2 회전수	rpm	0.0	0.0	0.0	0.0	0.0	0.0	0.0
PE 측 EWP 동작 RPM, EWP#2	rpm	0.0	0.0	0.0	0.0	3680.0	3680.0	3160.0
급속 충전 횟수		94.0	90.0	91.0	106.0	96.0	90.0	90.0
BMS 라디에이터 팬 듀티	%	0.0	0.0	0.0	0.0	0.0	0.0	0.0
BMS 라디에이터 팬 듀티 요청	%	0.0	0.0	0.0	0.0	0.0	0.0	0.0
SOC 상태	%	9.0	19.0	54.5	78.5	78.5	18.5	17.0
배터리 건강 상태 (신품기준 100%)	%	100.0	100.0	100.0	100.0	100.0	100.0	100.0
배터리 모듈 1 ~18온도	℃	29.0	33.0	31.0	32.0	44.0	33.0	30.0
총 동작시간	s	5249720	5127220	5156982	19966320	5285095	5128977	5130918

〈비고〉

- 배터리 셀 전압은 고전압 배터리 충전상태에 따라 변한다.
- 배터리 셀 181 ~192번은 해당 차량에는 없는 셀로 무의미한 값을 나타냄.
- 배터리팩 전류는 충전 시에는 (−)값을, 방전 시에는 (+)값을 나타냄.
- 디스플레이 SOC는 계기판에 표시되는 고전압 배터리 충전량을 의미함.
- SOC상태는 고전압 배터리 실제 충전량을 의미함.
- 배터리 건강 상태(신품기준 100%)는 고전압 배터리 노후화를 의미함.

03 측정 신호 데이터 리스트

자동차에 장착된 시스템을 제어하는 제어기들은 여러 개의 통신선으로 연결되어 있으며 게이트웨이를 통해 서로 다른 통신선에 연결된 제어기에 필요한 정보를 전송하는 구조로 되어 있다. 또한, 게이트웨이는 OBD 커넥터와도 통신선으로 연결되어 있으며, 이 OBD 커넥터를 통해 필요한 정보를 얻을 수 있다.

본 테스트에서 사용된 계측기는 OBD 커넥터를 통해 차량 내 제어기들로부터 데이터를 측정하는 방식으로 데이터를 획득하였다.

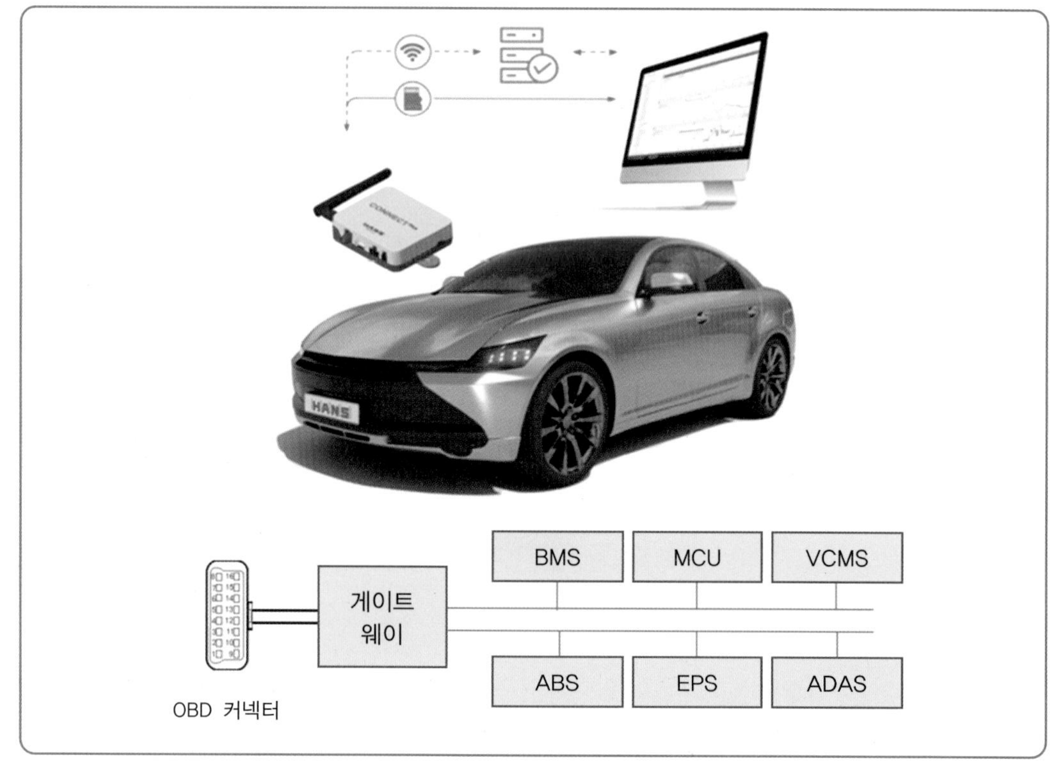

Fig. 1 **데이터 획득 시스템 구성도**

각 제어기로부터 획득한 데이터는 아래 표와 같다. 200여 개가 넘는 신호 중에서 극히 일부만을 활용하여 본 저서에 사용하였다.

1. 시스템 : 고전압 배터리 제어기 (BMS)

한글 컬럼명	영문 컬럼명	단위
BMS 고장코드	BMS_Fault Code	
SOC 상태	BMS_SOC	%
목표 충전 전압	BMS_Charge Target Voltage	V
목표 충전 전류	BMS_Charge Target Current	A
배터리팩 전류	BMS_HVPack Current	A
배터리팩 전압	BMS_HVPack Voltage	V
배터리모듈1 ~ 18 온도	BMS_Temperature_01 ~ 18	degC
배터리 외기온도	BMS_Battery Outside Temperature	degC
최대 셀전압	BMS_Cell Voltage_Max	V
최대 셀전압 셀번호	BMS_Cell Voltage Number_Max	
최소 셀전압	BMS_Cell Voltage_Min	V
최소 셀전압 셀번호	BMS_Cell Voltage Number_Min	
보조 배터리 전압	BMS_12V Battery Voltage	V
누적 충전 전류량	BMS_Accumulated Charge Current	Ah
누적 방전 전류량	BMS_Accumulated Discharge Current	Ah
누적 충전 전력량	BMS_Accumulated Charge Energy	kWh
누적 방전 전력량	BMS_Accumulated Discharge Energy	kWh
총 동작시간	BMS_Total Working Time	s
인버터 커패시터 전압	BMS_Inverter Capacitor Voltage	V
모터 회전수	BMS_Motor Speed	rpm
절연저항	BMS_Isolated Resistance	kOhm
배터리셀 1~192	BMS_Cell Voltage_001~192	V
최대 충전 가능파워	BMS_Max Chargable Power	kW
최대 방전 가능 파워	BMS_Max Dischargable Power	kW
히터1 온도	BMS_Heater Temperature_1	degC
배터리 건강 상태(신품기준 100%)	BMS_SOH	%

한글 컬럼명	영문 컬럼명	단위
최대 열화 셀번호	BMS_Deterioration Cell Number_Max	
배터리 잔량	BMS_Battery Remain Energy	Wh
계기판 SOC	BMS_Display SOC	%
배터리 냉각수 인렛온도	BMS_Battery Coolant Inlet Temperature	degC
배터리 냉각수 인렛온도	BMS_Battery Coolant Inlet Temperature	degC
배터리 LTR 후단온도	BMS_Battery LTR Temperature_Rear	degC
BMS 라디에이터 팬 듀티_요청	BMS_Radiator FanDuty_Request	%
BMS 라디에이터 팬 듀티	BMS_Radiator FanDuty	%
BMS 배터리 EWP RPM_요청	BMS_Battery EWP Speed_Request	rpm
BMS 배터리 EWP RPM	BMS_Battery EWP Speed	rpm
BMS 배터리 칠러 RPM_요청	BMS_Battery Chiller Speed_Request	rpm
에어컨 컴프레서 RPM	BMS_Aircon Compressor Speed	rpm
PE 측 EWP 동작 RPM, EWP#2	BMS_PEEWP Speed	rpm
배터리 PRA 버스바 온도	BMS_HV Battery Busbar Temprature	degC
충전 횟수	BMS_Charge Count	
급속 충전 횟수	BMS_Quick Charge Count	
누적 충전에너지	BMS_Accumulated Charge Engergy	kWh
누적 급속 충전 에너지	BMS_Accumulated Quick Charge Energy	kWh
모터#2 회전수	BMS_Motor Speed_2	rpm
배터리 모듈 17온도	BMS_Temperature_17	degC
배터리 모듈 18온도	BMS_Temperature_18	degC

2. 시스템 : 통합 충전기 및 컨버터 유닛 (ICCU)

한글 컬럼명	영문 컬럼명	단위
ICCU 고장코드	ICCU_Fault Code	
OBC AC전압A RMS	ICCU_OBC AC Voltage_A_RMS	V
OBC AC주파수	ICCU_OBC AC Frequency	Hz
OBC AC총전류 RMS	ICCU_OBC AC Current_Total_RMS	A
OBC AC전류A RMS	ICCU_OBC AC Current_A_RMS	A
OBC AC전류B RMS	ICCU_OBC AC Current_B_RMS	A
OBC 내부DC링크 전압	ICCU_OBC Internal DC Link Voltage	V
OBC DC전압	ICCU_OBC DC Voltage	V
OBC DC총전류 RMS	ICCU_OBC DC Current_Total_RMS	A
OBC DC전류A RMS	ICCU_OBC DC Current_A_RMS	A
OBC DC전류B RMS	ICCU_OBC DC Current_B_RMS	A
OBC 온도A	ICCU_OBC Temperature_A	
OBC 온도B	ICCU_OBC Temperature_B	
OBC 충전 모드 DC 지령 전압	ICCU_OBC Charge Mode DC Voltage_Command	V
OBC 충전 모드 DC 지령 전류	ICCU_OBC Charge Mode DC Current_Command	A
OBC V2L 모드 AC 지령전압	ICCU_OBC V2LAC Voltage_Command	V
OBC V2L 모드 AC 지령 주파수	ICCU_OBC V2LAC Frequency_Command	Hz
LDC 파워 모듈 온도	ICCU_LDC Power Module Temperature	degC
LDC 출력 전압	ICCU_LDC Output Voltage	V
LDC 출력 전류	ICCU_LDC Output Current	A
LDC 입력 전압	ICCU_LDC Input Voltage	V
LDC 구동 전압	ICCU_LDC Working Voltage	V
보조배터리 센서 전류	ICCU_12V Battery Sensor Current	A
보조배터리 센서 SOC	ICCU_12V Battery Sensor SOC	%
보조배터리 센서 전압	ICCU_12V Battery Sensor Voltage	V
보조배터리 센서 온도	ICCU_12V Battery Sensor Temperature	degC

3. 시스템 : 충전 제어 시스템 (VCMS)

한글 컬럼명	영문 컬럼명	단위
VCMS 고장코드	VCMS_Fault code	V
OBC 충전 DC 전압 지령	VCMS_OBC Charge DC Voltage_Command	V
OBC 충전 DC 전류 지령	VCMS_OBC Charge DC Current_Command	A
OBC 충전 AC 전류 지령	VCMS_OBC Charge AC Current_Command	A
OBC 방전 DC 전압 지령	VCMS_OBC Discharge DC Voltage_Command	V
OBC 방전 DC 전류 지령	VCMS_OBC Discharge DC Current_Command	A
OBC 방전 AC 전류 지령	VCMS_OBC Discharge AC Current_Command	A
EVSE 출력 전압	VCMS_EVSE_Output Voltage	V
EVSE 출력 전류	VCMS_EVSE_Output Current	A
EVSE 전송 출력	VCMS_EVSE_Output Power	kW
EVSE 입력 출력	VCMS_EVSE_Input Power	kW
CP전압	VCMS_CP Voltage	V
CP듀티	VCMS_CP Duty	%
CP주파수	VCMS_CP Frequency	Hz
PD전압	VCMS_PD Voltage	V
고전압 배터리전압	VCMS_HV Battery Voltage	V
고전압 배터리 SOC	VCMS_HV Battery SOC	%
BMS 지령 전압	VCMS_BMS Voltage_Command	V
BMS 지령 전류	VCMS_BMS Current_Command	A
DC인넷 온도1	VCMS_DC Inlet Temperature_1	degC
DC인넷 온도2	VCMS_DC Inlet Temperature_2	degC
AC인넷 온도1	VCMS_AC Inlet Temperature_1	degC

4. 시스템 : 구동모터 제어기 (MCU)

한글 컬럼명	영문 컬럼명	단위
MCUR 고장코드	MCU_Fault Code	
MCU 토크 제한 운전상태	MCU_Torque Limit_State	
구동모터 강제 구동상태	MCU_EWP Actiavation_State	
인버터 DC 입력전압	MCU_DC Input Voltage	V
보조배터리 전압	MCU_12V Battery Voltage	V
인터락 센싱 전압	MCU_Inter lock Sensing Voltage	V
커버인터락 센싱 전압	MCU_Cover Inter lock Sensing Voltage	V
현재 구동모터 속도	MCU_Motor Speed	rpm
목표 구동모터 토크 기준	MCU_Motor Torque_Target	Nm
현재 구동모터 출력 토크	MCU_Motor Torque_Actual	Nm
구동모터 상전류_실효치	MCU_Motor Phase Current_RMS	A
구동모터 온도	MCU_Motor Temperature	degC
인버터 온도	MCU_Inverter Temperature	degC
VCU 고장 코드	VCU_Fault Code	
브레이크 페달	VCU_Brake Pedal SW	
악셀 페달	VCU_Accelerator Position	%
차속	VCU_VehicleSpeed_STD	km/h
계기판 고장 코드	CLU_FaultCode	
주행거리	CLU_Mileage	km

5. 시스템: 냉·난방시스템 (AC)

한글 컬럼명	영문 컬럼명	단위
에어컨 고장코드	AC_FaultCode	
실내온도센서 Front	AC_Internal Temperature_Front	degC
외기온도센서	AC_Outdoor Temperature	degC
증발기센서	AC_Evaporator Tempature	degC
운전석 일사량센서	AC_Sunlight Sensor_Driver	V
운전석 온도조절 액추에이터 위치센서	AC_Temperature Control Actuator_Driver	%
운전석 토출구 위치센서	AC_Outlet Position Sensor_Driver	%
조수석 토출구 위치센서	AC_Outlet Position Sensor_Passenger	%
내외기 액추에이터 위치센서	AC_IDOD Actuator Position Sensor	%
자동습기제거 센서	AC_Anti Moisture Sensor	%
자동습기제거 토출구 위치센서	AC_Anti Moisture Outlet Position Sensor	%
덕트센서 운전석 Vent	AC_Duct Temperature_Driver Vent	degC
덕트센서 운전석 Floor	AC_Duct Temperature_Driver Floor	degC
스피드 센서	AC_Vehicle Speed	km/h
컴프레셔 작동상태	AC_Compressor_State	
고압 냉매 온도	AC_High Pressure Refrigerant Temperature	degC
REF밸브 작동상태	AC_REF Valve_State	
3웨이밸브 #1 작동상태	AC_3Way Valve_1_State	
냉각수밸브 #1 작동상태	AC_Coolant Valve_1_State	
운전석 HVPTC 작동상태	AC_HVPTC_Driver_State	
에어컨 냉매압력 절대값	AC_Compressor Refrigerant Pressure_Absolute	kgf/cm^2
SOL밸브 EVAP	AC_Solenoid Valve_EVAP	
배터리냉각용 EXV전자식 팽창밸브 작동상태	AC_Battery Cooling EXVEEV_State	
저압냉매온도	AC_Low Pressure Refrigerant Temperature	degC
저압센서 절대압력	AC_Low Pressure Sensor_Absolute	kgf/cm^2
조수석 HVPTC 작동상태	AC_HVPTC_Passenger_State	
BLDC 모터 스피드	AC_BLDC Motor Speed	rpm
BLDC 모터 전류	AC_BLDC Motor Current	A
DEHUM 전자식 팽창밸브 동작상태	AC_DEHUM EEV_State	

6. 시스템: 주행 보조 장치 (ADAS)

한글 컬럼명	영문 컬럼명	단위
ADAS 고장코드	ADAS_Fault Code	
FR 휠 속도 신호	ADAS_Wheel Speed_FR	km/h
FL 휠 속도 신호	ADAS_Wheel Speed_FL	km/h
RR 휠 속도 신호	ADAS_Wheel Speed_RR	km/h
RL 휠 속도 신호	ADAS_Wheel Speed_RL	km/h
스티어링 휠 각도	ADAS_Steering Wheel Angle	deg
종 가속도	ADAS_Acceleration_Longitudue	m/s^2
횡 가속도	ADAS_Acceleration_Lateral	m/s^2
요 각속도	ADAS_Acceleration_Yaw	deg/s
좌측 방향지시 스위치 신호	ADAS_Turn Signal_Left	
우측 방향지시 스위치 신호	ADAS_Turn Signal_Right	
차속	ADAS_Vehicle Speed	km/h
설정속도	ADAS_Vehicle Speed_Setting	km/h
타겟과의 거리	ADAS_Distance To Target	m
타겟과의 상대속도	ADAS_Relative Speed To Target	m/s
시스템 상태	ADAS_System Mode	

7. 시스템 : 전자식 파워 스티어링 제어기 (EPS)

한글 컬럼명	영문 컬럼명	단위
EPS 고장코드	EPS_Fault Code	
컬럼 토크	EPS_Column Torque	Nm
절대 조향각	EPS_Steering Angle_Absolute	deg
컬럼 속도	EPS_Column Speed	deg/s
모터전류	EPS_Motor Current	A
차속	EPS_Vehicle Speed	km/h

8. 시스템 : 브레이크 제어기 (ABS)

한글 컬럼명	영문 컬럼명	단위
ABS고장코드	ABS_Fault Code	
엔진회전수	ABS_Engine Speed	rpm
차속	ABS_Vehicle Speed	km/h
스로틀포지션-절대값	ABS_Throttle Position	%
시프트 레버위치	ABS_Shift Lever Position	
ECU 공급전원전압	ABS_ECU Supply Power Voltage	V
휠속도 FL	ABS_Wheel Speed_FL	km/h
휠속도 FR	ABS_Wheel Speed_FR	km/h
휠속도 RL	ABS_Wheel Speed_RL	km/h
휠속도 RR	ABS_Wheel Speed_RR	km/h
페달압력센서	ABS_Pedal Pressure Sensor	bar
마스터압력센서	ABS_Master Pressure Sensor	bar
스티어링 휠 각도	ABS_Steering Wheel Angle	deg
조향각센서 상태	ABS_Steering Angle Sensor_State	
조향각센서 영점 설정	ABS_Steering Angle Sensor_Zero Point Setting	
요레이트센서 - 횡방향가속도	ABS_Lataral Acceleration Sensor	G
요레이트센서 - 요레이트	ABS_Yaw Rate Sensor	deg/s
페달 스트로크 센서	ABS_Pedal Stroke Sensor	mm
주차브레이크 신호	ABS_Parking Brake_State	
요레이드센시 - 종방향 가속도	ABS_Longitudinal Acceleration Sensor	G
배터리 전압	ABS_12V Battery Voltage	V
이그니션 스위치	ABS_Ignition SW_State	
브레이크등	ABS_Brake Lamp_State	
스위치 잠금작동	ABS_Switch Lock_State	
스위치 해제작동	ABS_Switch Unlock_State	
EPB 경고등	ABS_EPB Warning Lamp_State	
EPB 작동등	ABS_EPB Lamp_State	

전기자동차 데이터

04 전기자동차 용어 표기

[현대자동차 사용 기준]

※ 본 저서 내용에 있는 약어, 풀네임, 한글 표기 등의 용어는 현대자동차 사용 기준으로 작성되었으니 참고하시기 바랍니다.

NO	약어	영문 표기 (Full name)	한글 표기
1	**4WD**	All Wheel Drive	올-휠 드라이브
2	**AAF**	Active Air Flap	액티브 에어 플랩
3	**ADAS**	Advanced Driver Assistance Systems	운전자 주행 보조
4	**AER**	All Electric Range	EV 주행 가능 거리
5	**AGM**	Absorbent Glass Material	AGM 배터리
6	**AVN**	Audio Video Navigation	오디오, 비디오, 내비게이션
7	**BMS**	Battery Management System	배터리 관리 시스템
8	**BMU**	Battery Management Unit	고전압 배터리 제어기
9	**CDM**	Charging Door Module	충전 도어 모듈 : 전동식
10	**CMU**	Cell Monitoring Unit	고전압 배터리 셀 모니터링 유닛
11	**CP**	Control Pilot	충전기와 차량 통신 신호
12	**DAS**	Disconnect Actuator System	디스 커넥터 시스템 : 프런트 구동 라인 차단
13	**DTE**	Distance To Empty	주행 가능 거리(=AER)
14	**DTE**	Distance to Empty	잔존 주행 가능 거리
15	**DWL**	Dynamic Welcome Lighting	다이나믹 웰컴 라이트
16	**E-GMP**	Electric-Global Modular Platform	전기차 전용 플랫폼
17	**EOP**	Electric Oil Pump	전기식 오일 펌프
18	**E-Pit**	Electric-Pit	초고속 충전 전기차 충전 브랜드
19	**EV**	Electric Vehicle	전기자동차
20	**EVSE**	Electric Vehicle Supply Equipment	전기차 충전기
21	**EWP**	Electric Water Pump	전기식 워터 펌프
22	**HTR**	High Temperature Radiator	고온 제어용 라디에이터 : PE 라인용

NO	약어	영문 표기 (Full name)	한글 표기
23	**HVAC**	Heating Ventilation Air–Conditioning	냉/난방 공조 장치
24	**IAU**	Identity Authentication Unit	디지털 키 시스템 인증제어기
25	**IBU**	Integrated Body control Unit	통합 바디 제어기
26	**ICCB**	In–Cable Control Box	220V 휴대용 충전 케이블
27	**ICCU**	Integrated Charging Control Unit	통합 충전기 및 컨버터 유닛
28	**ICU**	Integrated Central control Unit	통합 게이트 웨이 모듈(=SJB)
29	**IDA**	Integrated Drive Axle	통합 드라이브 액슬
30	**IEB**	Integrated Electronic Brake	통합 브레이크 모듈
31	**I–Pedal**	Intelligent–Pedal	지능형 가속페달
32	**LDC**	Low DC–DC Converter	직류 변환 장치
33	**LTR**	Low Temperature Radiator	저온 제어용 라디에이터 : 고전압 배터리용
34	**MCU**	Motor Control unit	모터 제어기(인버터)
35	**PE**	Power Electric	전기차 동력 시스템
36	**PFC**	Power Factor Correction	역률 개선
37	**PLC**	Power Line Communication	차량과 급속 충전기 통신
38	**PMSM**	Permanent Magnet Synchronous Motor	영구자석형 동기모터
39	**PnC**	Plug and Charge	충전 케이블 연결과 동시에 결제 (간편결제 시스템)
40	**PRA**	Power Relay Assembly	고전압 제어 릴레이
41	**psi**	pounds per square inch	타이어 공기압
42	**PTC**	Positive Temperature Coefficient heater	실내 난방 시스템
43	**SCU**	Shift–By–Wire Control Unit	SBW 제어기
44	**SOC**	State Of Charge	배터리 충전 상태
45	**SOH**	State Of Health	배터리 건강 상태
46	**V2G**	Vehicle To Grid	고전압 배터리 전력을 외부 시설로 공급하는 기능
47	**V2L**	Vehicle To Load	고전압 배터리 전력을 외부 전기 장치로 공급하는 기능
48	**VCMS**	Vehicle Charging Management System	충전 관리 시스템
49	**VCU**	Vehicle Control Unit	전기차 총합 제어기
50	**VESS**	Virtual Engine Sound System	가상 엔진음 시스템

김 용 현 (주) 한스네트워크
윤 재 곤 H&T 차량기계기술법인
김 성 호 (사)차량기술사회 / 서정대학교 자동차과

전기자동차 데이터로 답하다

초판 발행 | 2024년 5월 27일

지 은 이 | 김용현, 윤재곤, 김성호
발 행 인 | 김 길 현
발 행 처 | (주)골든벨
등 록 | 제 1987-000018 호
I S B N | 979-11-5806-707-6
가 격 | 28,000원

이 책을 만든 사람들

디 자 인	조경미, 박은경, 권정숙	**제 작 진 행**	최병석
웹매니지먼트	안재명, 양대모, 김경희	**오 프 마 케 팅**	우병춘, 이대권, 이강연
공 급 관 리	오민석, 정복순, 김봉식	**회 계 관 리**	김경아

㉾04316 서울특별시 용산구 원효로 245(원효로1가) 골든벨 빌딩 5~6F
• TEL : 도서 주문 및 발송 02-713-4135 / 회계 경리 02-713-4137
기획·디자인본부 02-713-7452 / 해외 오퍼 및 광고 02-713-7453
• FAX : 02-718-5510 • http : // www.gbbook.co.kr • E-mail : 7134135@ naver.com

현장 강의가 책으로!!

실무 노하우를 한 권에 담다

트러블 사례 중심으로 분석한

차내정보 CAN통신

김용현·이해택·윤대권·남일우·윤재곤 공저
ISNB 979-11-5806-345-0
234쪽 / 190*260mm
23,000원

CAN통신 개념을 설명하기 위해
정비 현장에서 사용되는 진단기, 멀티미터,
오실로스코프 뿐만 아니라 연구소에서 주로
사용하는 CAN-Spy장비를 이용하였다.

통신 파형을 분석하기 위한 용어의 개념 정리,
CAN통신 시스템이 적용된 사례,
현대·BMW·벤츠·폭스바겐 네트워크의 구성 방법,
파형의 데이터 분석(바이트 수치),
불량 코드에 의한 고장 진단, 트러블 사례,
CAN Spy 사용방법, 사고 기록 장치(EDR) 등 수록

EDR진단 및 응용, 사고분석을 위한

자동차 사고기록장치 [이론&실무]

EDR(Event Data Recorder) 시스템 소개,
시스템의 작동과 원리,
국내외 EDR 관련 법규의 동향,
EDR의 진단 및 추출방법,
EDR의 분석과 응용 등을 체계적으로 정리

사고 차량 운전자로부터 자동차를 전공하는 학생,
수사기관의 수사관, 보험사고 조사관,
충돌 및 사고 분석 전문가 등
차량의 EDR시스템을 쉽게 이해하고
실무적으로 활용할 수 있도록 사례를 곁들여 기술

윤대권·이해택·남일우·김용현·윤재곤 공저
ISNB 979-11-5806-236-1
312쪽 / 190*260mm
28,000원